全国科学技术名词审定委员会

公　布

测 绘 学 名 词

（第四版）

CHINESE TERMS IN SURVEYING AND MAPPING

(Fourh Edition)

2020

测绘学名词审定委员会

国家自然科学基金资助项目
测绘地理信息科技出版基金资助

测绘出版社

·北京·

内 容 简 介

本书是全国科学技术名词审定委员会审定公布的第四版测绘学名词，包括总论、大地测量学与导航定位、摄影测量学与遥感、地图学、地理信息工程、工程测量学、海洋测绘学七大类，共收词 2849 条。本书根据现代测绘学科的发展，对 2010 年公布的《测绘学名词》学科框架作了重要调整，并对各类词条按照学科分类进行了重新编排，将地理信息工程单独列类，对原有词条进行了认真的审定，删除了少量已淘汰词条，对部分不符合学科发展的词条的中英文名称、定义进行了修改，纠正了少量错误词条，增加了一些新词，每条词均给出了定义或注释。这些名词是科研、教学、生产、经营以及新闻出版等部门应遵照使用的测绘学规范名词。

图书在版编目（CIP）数据

测绘学名词 : 第四版 / 全国科学技术名词审定委员会公布 ; 测绘学名词审定委员会审定. -- 北京 : 测绘出版社, 2020.6（2023.6重印）

ISBN 978-7-5030-4192-1

Ⅰ.①测… Ⅱ.①全… ②测… Ⅲ.①测绘学—名词术语 Ⅳ.①P2-61

中国版本图书馆CIP数据核字(2019)第107633号

策 划	刘金婷					
责任编辑	王佳嘉	封面设计	槐寿明 李 伟	责任校对	石书贤	责任印制 陈姝颖

出版发行	测绘出版社	电　话	010-68580735（发行部）
地　址	北京市西城区三里河路 50 号		010-68531363（编辑部）
邮政编码	100045	网　址	www.chinasmp.com
电子邮箱	smp@sinomaps.com	经　销	中图社（北京）图书发行有限责任公司
成品规格	184mm×260mm	印　刷	北京捷迅佳彩印刷有限公司
印　张	16.75	字　数	396千字
版　次	2020年6月第1版	印　次	2023年6月第2次印刷
印　数	1001—1500	定　价	135.00 元
书　号	ISBN 978-7-5030-4192-1		

本书如有印装质量问题，请与我社发行部联系调换。

全国科学技术名词审定委员会
第七届委员会委员名单

特邀顾问:路甬祥　许嘉璐　韩启德

主　　任:白春礼

副 主 任:梁言顺　黄　卫　田学军　蔡　昉　邓秀新　何　雷　何鸣鸿
　　　　裴亚军

常　　委(以姓名笔画为序):

田立新　曲爱国　刘会洲　孙苏川　沈家煊　宋　军　张　军
张伯礼　林　鹏　周文能　饶克勤　袁亚湘　高　松　康　乐
韩　毅　雷筱云

委　　员(以姓名笔画为序):

卜宪群　王　军　王子豪　王同军　王建军　王建朗　王家臣
王清印　王德华　尹虎彬　邓初夏　石　楠　叶玉如　田　森
田胜立　白殿一　包为民　冯大斌　冯惠玲　毕健康　朱　星
朱士恩　朱立新　朱建平　任　海　任南琪　刘　青　刘正江
刘连安　刘国权　刘晓明　许毅达　那伊力江·吐尔干
孙宝国　孙瑞哲　李一军　李小娟　李志江　李伯良　李学军
李承森　李晓东　杨　鲁　杨　群　杨汉春　杨安钢　杨焕明
汪正平　汪雄海　宋　彤　宋晓霞　张人禾　张玉森　张守攻
张社卿　张建新　张绍祥　张洪华　张继贤　陆雅海　陈　杰
陈光金　陈众议　陈言放　陈映秋　陈星灿　陈超志　陈新滋
尚智丛　易　静　罗　玲　周　畅　周少来　周洪波　郑宝森
郑筱筠　封志明　赵永恒　胡秀莲　胡家勇　南志标　柳卫平
闻映红　姜志宏　洪定一　莫纪宏　贾承造　原遵东　徐立之
高　怀　高　福　高培勇　唐志敏　唐绪军　益西桑布
黄清华　黄璐琦　萨楚日勒图　龚旗煌　阎志坚　梁曦东
董　鸣　蒋　颖　韩振海　程晓陶　程恩富　傅伯杰　曾明荣
谢地坤　赫荣乔　蔡　怡　谭华荣

测绘学名词审定委员会委员名单

第一届

顾　问:陈永龄　王之卓　方　俊　陈述彭

主　任:杨　凯

副主任:宁津生　高　俊

委　员(以姓名笔画为序):

丁窨辋　于承潜　马伟民　刘自健　杨明辉　张赤军　张祖勋

周则尧　胡毓钜　洪立波　骆东森　顾旦生　钱曾波　高宝山

彭光宇　喻永昌　鲁　福　楼锡淳　赖锡安　廖　克

秘　书:刘小波

第二届

主　任:杨　凯

副主任:陈俊勇　李德仁　宁津生　高　俊

委　员(以姓名笔画为序):

丁窨辋　叶银虎　白　泊　仲思东　刘小波　刘思汉　许卓群

苏振礼　闵宜仁　张子英　张清浦　周则尧　郑汉球　胡建国

洪立波　胥燕婴　骆东森　钱曾波　徐承天　翁兴涛　郭达志

楚良才　管　铮　廖　克　魏子卿

秘　书:吴　岚

第三届

主　任:杨　凯

副主任:陈俊勇　李德仁　宁津生　高　俊

委　员(以姓名笔画为序):

丁窨辋　叶银虎　白　泊　仲思东　刘小波　刘思汉　许卓群

苏振礼　闵宜仁　张子英　张清浦　周则尧　郑汉球　胡建国

洪立波　胥燕婴　骆东森　钱曾波　徐承天　翁兴涛　郭达志

楚良才　管　铮　廖　克　魏子卿

秘　书:吴　岚

第四届

主　任:杨　凯

副主任:陈俊勇　李德仁　宁津生　高　俊

委　员(以姓名笔画为序):

丁窘辅　叶银虎　白　泊　仲思东　刘小波　刘思汉　许卓群
苏振礼　闵宜仁　张子英　张清浦　周则尧　郑汉球　胡建国
洪立波　胥燕婴　骆东森　钱曾波　徐承天　翁兴涛　郭达志
楚良才　管　铮　廖　克　魏子卿

秘　书:叶银虎(兼)

第五届

主　任:杨　凯

副主任:胥燕婴　陈俊勇　李德仁　宁津生　高　俊　李朋德

委　员(以姓名笔画为序):

万幼川　王任享　王家耀　白　泊　仲思东　刘雁春　苏振礼
杜清运　李建成　何平安　张继贤　张清浦　陈　克　陈德祥
周则尧　洪立波　骆东森　徐亚明　郭仁忠　郭达志　蒋景瞳
程鹏飞　翟国君

秘　书:叶银虎　贾广业

第六届

主　任:杨　凯

副主任:陈俊勇　李德仁　宁津生　高　俊　王家耀　胥燕婴　张继贤

委　员(以姓名笔画为序):

万幼川　刘纪平　刘雁春　刘耀林　苏振礼　李　莉　李朋德
李建成　汪云甲　张　远　陈永奇　周　琪　洪立波　贾广业
郭仁忠　唐新明　徐亚明　徐斌胜　程鹏飞　翟国君　燕　琴

秘　书:周　琪(兼)　唐新明(兼)

第七届

主　任:胥燕婴

副主任:陈俊勇　李德仁　高　俊　宁津生　王家耀　杨元喜　张继贤

委　员(以姓名笔画为序):

万大斌　王晏民　牛汝辰　文汉江　刘纪平　刘耀林　孙万民
杜清运　李　莉　李广云　李志林　李国建　李朋德　李建成
吴　岚　汪云甲　张　坤　陈永奇　陈金平　陈常松　武　芳
范大昭　周　琪　周成虎　周兴华　单　杰　胡　莘　闾国年
洪立波　徐亚明　徐斌胜　郭仁忠　彭认灿　程鹏飞　翟国君
燕　琴

秘　书:周　琪(兼)　李国建(兼)

第八届

顾　问(以姓名笔画为序):

王家耀　宁津生　刘先林　刘经南　许其凤　许厚泽　李朋德
张祖勋　陈俊勇　胥燕婴　高　俊　魏子卿

主　任:张继贤(2014—2015)　程鹏飞(2016—2017)

副主任:李德仁　李建成　杨元喜　龚健雅

委　员(以姓名笔画为序):

王晏民　文汉江　方圣辉　乐　鹏　朱建军　华一新　刘纪平
刘耀林　许才军　孙　群　孙万民　杜清运　李　莉　李广云
李平湘　李国建　吴　岚　汪云甲　张　超　张永军　张永红
陈金平　武　芳　苗天宝　范大昭　周　琪　周成虎　周兴华
单　杰　赵俊红　胡伍生　施　闯　袁修孝　党亚民　徐亚明
徐斌胜　郭仁忠　黄志刚　黄国满　彭　漪　彭认灿　翟国君
燕　琴

秘　书:周　琪(兼)　李国建(兼)

第九届

顾　问(以姓名笔画为序):

王家耀　宁津生　刘先林　刘经南　许其凤　许厚泽　李朋德
张祖勋　陈俊勇　魏子卿

白春礼序

　　科技名词伴随科技发展而生,是概念的名称,承载着知识和信息。如果说语言是记录文明的符号,那么科技名词就是记录科技概念的符号,是科技知识得以传承的载体。我国古代科技成果的传承,即得益于此。《山海经》记录了山、川、陵、台及几十种矿物名;《尔雅》19篇中,有16篇解释名物词,可谓是我国最早的术语词典;《梦溪笔谈》第一次给"石油"命名并一直沿用至今;《农政全书》创造了大量农业、土壤及水利工程名词;《本草纲目》使用了数百种植物和矿物岩石名称。延传至今的古代科技术语,体现着圣哲们对科技概念定名的深入思考,在文化传承、科技交流的历史长河中作出了不可磨灭的贡献。

　　科技名词规范工作是一项基础性工作。我们知道,一个学科的概念体系是由若干个科技名词搭建起来的,所有学科概念体系整合起来,就构成了人类完整的科学知识架构。如果说概念体系构成了一个学科的"大厦",那么科技名词就是其中的"砖瓦"。科技名词审定和公布,就是为了生产出标准、优质的"砖瓦"。

　　科技名词规范工作是一项需要重视的基础性工作。科技名词的审定就是依照一定的程序、原则、方法对科技名词进行规范化、标准化,在厘清概念的基础上恰当定名。其中,对概念的把握和厘清至关重要,因为如果概念不清晰、名称不规范,势必会影响科学研究工作的顺利开展,甚至会影响对事物的认知和决策。举个例子,我们在讨论科技成果转化问题时,经常会有"科技与经济'两张皮'""科技对经济发展贡献太少"等说法,尽管在通常的语境中,把科学和技术连在一起表述,但严格说起来,会导致在认知上没有厘清科学与技术之间的差异,而简单把技术研发和生产实际之间脱节的问题理解为科学研究与生产实际之间的脱节。一般认为,科学主要揭示自然的本质和内在规律,回答"是什么"和"为什么"的问题,技术以改造自然为目的,回答"做什么"和"怎么做"的问题。科学主要表现为知识形态,是创造知识的研究,技术则具有物化形态,是综合利用知识于需求的研究。科学、技术是不同类型的创新活动,有着不同的发展规律,体现不同的价值,需要形成对不同性质的研发活动进行分类支持、分类评价的科学管理体系。从这个角度来看,科技名词规范工作是一项必不可少的基础性工作。

我非常同意老一辈专家叶笃正的观点,他认为:"科技名词规范化工作的作用比我们想象的还要大,是一项事关我国科技事业发展的基础设施建设工作!"

科技名词规范工作是一项需要长期坚持的基础性工作。我国科技名词规范工作已经有110年的历史。1909年清政府成立科学名词编订馆,1932年南京国民政府成立国立编译馆,是为了学习、引进、吸收西方科学技术,对译名和学术名词进行规范统一。中华人民共和国成立后,随即成立了"学术名词统一工作委员会"。1985年,为了更好促进我国科学技术的发展,推动我国从科技弱国向科技大国迈进,国家成立了"全国自然科学名词审定委员会",主要对自然科学领域的名词进行规范统一。1996年,国家批准将"全国自然科学名词审定委员会"改为"全国科学技术名词审定委员会",是为了响应科教兴国战略,促进我国由科技大国向科技强国迈进,而将工作范围由自然科学技术领域扩展到工程技术、人文社会科学等领域。科学技术发展到今天,信息技术和互联网技术在不断突进,前沿科技在不断取得突破,新的科学领域在不断产生,新概念、新名词在不断涌现,科技名词规范工作仍然任重道远。

110年的科技名词规范工作,在推动我国科技发展的同时,也在促进我国科学文化的传承。科技名词承载着科学和文化,一个学科的名词,能够勾勒出学科的面貌、历史、现状和发展趋势。我们不断地对学科名词进行审定、公布、入库,形成规模并提供使用,从这个角度来看,这项工作又有几分盛世修典的意味,可谓"功在当代,利在千秋"。

在党和国家重视下,我们依靠数千位专家学者,已经审定公布了65个学科领域的近50万条科技名词,基本建成了科技名词体系,推动了科技名词规范化事业协调可持续发展。同时,在全国科学技术名词审定委员会的组织和推动下,海峡两岸科技名词的交流对照统一工作也取得了显著成果。两岸专家已在30多个学科领域开展了名词交流对照活动,出版了20多种两岸科学名词对照本和多部工具书,为两岸和平发展作出了贡献。

作为全国科学技术名词审定委员会现任主任委员,我要感谢历届委员会所付出的努力。同时,我也深感责任重大。

十九大的胜利召开具有划时代意义,标志着我们进入了新时代。新时代,创新成为引领发展的第一动力。习近平总书记在十九大报告中,从战略高度强调了创新,指出创新是建设现代化经济体系的战略支撑,创新处于国家发展全局的核心位置。在深入实施创新驱动发展战略中,科技名词规范工作是其基本组成部分,因为科技的交流与传播、知识的协同与管理、信息的传输与共享,都需要一个基于科学的、规范统一的科技名词体系和科技名词服务平台作为支撑。

我们要把握好新时代的战略定位,适应新时代新形势的要求,加强与科技的协同发展。一方面,要继续发扬科学民主、严谨求实的精神,保证审定公布成果的权威性和规范性。科技名词审定是一项既具规范性又有研究性,既具协调性又有长期性的综合性工作。在长期的科技名词审定工作实践中,全国科学技术名词审定委员会积累了丰富的经验,形成了一套完整的组织和审定流程。这一流程,有利于确立公布名词的权威性,有利于保证公布名词的规范性。但是,我们仍然要创新审定机制,高质高效地完成科技名词审定公布任务。另一方面,在做好科技名词审定公布工作的同时,我们要瞄准世界科技前沿,服务于前瞻性基础研究。习总书记在报告中特别提到"中国天眼"、"悟空号"暗物质粒子探测卫星、"墨子号"量子科学实验卫星、天宫二号和"蛟龙号"载人潜水器等重大科技成果,这些都是随着我国科技发展诞生的新概念、新名词,是科技名词规范工作需要关注的热点。围绕新时代中国特色社会主义发展的重大课题,服务于前瞻性基础研究、新的科学领域、新的科学理论体系,应该是新时代科技名词规范工作所关注的重点。

未来,我们要大力提升服务能力,为科技创新提供坚强有力的基础保障。全国科学技术名词审定委员会第七届委员会成立以来,在创新科学传播模式、推动成果转化应用等方面作了很多努力。例如,及时为113号、115号、117号、118号元素确定中文名称,联合中国科学院、国家语言文字工作委员会召开四个新元素中文名称发布会,与媒体合作开展推广普及,引起社会关注。利用大数据统计、机器学习、自然语言处理等技术,开发面向全球华语圈的术语知识服务平台和基于用户实际需求的应用软件,受到使用者的好评。今后,全国科学技术名词审定委员会还要进一步加强战略前瞻,积极应对信息技术与经济社会交汇融合的趋势,探索知识服务、成果转化的新模式、新手段,从支撑创新发展战略的高度,提升服务能力,切实发挥科技名词规范工作的价值和作用。

使命呼唤担当,使命引领未来,新时代赋予我们新使命。全国科学技术名词审定委员会只有准确把握科技名词规范工作的战略定位,创新思路,扎实推进,才能在新时代有所作为。

是为序。

白春礼

2018 年春

路甬祥序

我国是一个人口众多、历史悠久的文明古国,自古以来就十分重视语言文字的统一,主张"书同文、车同轨",把语言文字的统一作为民族团结、国家统一和强盛的重要基础和象征。我国古代科学技术十分发达,以四大发明为代表的古代文明,曾使我国居于世界之巅,成为世界科技发展史上的光辉篇章。而伴随科学技术产生、传播的科技名词,从古代起就已成为中华文化的重要组成部分,在促进国家科技进步、社会发展和维护国家统一方面发挥着重要作用。

我国的科技名词规范统一活动有着十分悠久的历史。古代科学著作记载的大量科技名词术语,标志着我国古代科技之发达及科技名词之活跃与丰富。然而,建立正式的名词审定组织机构则是在清朝末年。1909 年,我国成立了科学名词编订馆,专门从事科学名词的审定、规范工作。到了新中国成立之后,由于国家的高度重视,这项工作得以更加系统地、大规模地开展。1950 年政务院设立的学术名词统一工作委员会,以及 1985 年国务院批准成立的全国自然科学名词审定委员会(现更名为全国科学技术名词审定委员会,简称全国科技名词委),都是政府授权代表国家审定和公布规范科技名词的权威性机构和专业队伍。他们肩负着国家和民族赋予的光荣使命,秉承着振兴中华的神圣职责,为科技名词规范统一事业默默耕耘,为我国科学技术的发展做出了基础性的贡献。

规范和统一科技名词,不仅在消除社会上的名词混乱现象,保障民族语言的纯洁与健康发展等方面极为重要,而且在保障和促进科技进步,支撑学科发展方面也具有重要意义。一个学科的名词术语的准确定名及推广,对这个学科的建立与发展极为重要。任何一门科学(或学科),都必须有自己的一套系统完善的名词来支撑,否则这门学科就立不起来,就不能成为独立的学科。郭沫若先生曾将科技名词的规范与统一称为"乃是一个独立自主国家在学术工作上所必须具备的条件,也是实现学术中国化的最起码的条件",精辟地指出了这项基础性、支撑性工作的本质。

在长期的社会实践中,人们认识到科技名词的规范和统一工作对于一个国家的科技发展和文化传承非常重要,是实现科技现代化的一项支撑性的系统工程。没有这样一个系统的规范化的支撑条件,不仅现代科技的协调发展将遇到极大困难,而且在科技日益渗透人们生活各方面、各环节的今天,还将给教育、传播、交流、经贸等多方面带来困难和损害。

全国科技名词委自成立以来,已走过近 20 年的历程,前两任主任钱三强院士和卢嘉锡院士为我国的科技名词统一事业倾注了大量的心血和精力,在他们的正确领导和广大专家的共同努力下,取得了卓著的成就。2002 年,我接任此工作,时逢国家科技、经济飞速发展之际,因而倍感责任的重大;及至今日,全国科技名词委已组建了 60 个学科名词审定分委员会,公布了 50 多个学科的 63 种科技名词,在自然科学、工程技术与社会科学方面均取得了协调发展,科技名词蔚成体系。而且,海峡两岸科技名词对照统一工作也取得了可喜的成绩。对此,我实感欣慰。这些成就无不凝聚着专家学者们的心血与汗水,无不闪烁着专家学者们的集体智慧。历史将会永远铭刻着广大专家学者孜孜以求、精益求精的艰辛劳作和为祖国科技发展做出的奠基性贡献。宋健院士曾在 1990 年全国科技名词委的大会上说过:"历史将表明,这个委员会的工作将对中华民族的进步起到奠基性的推动作用。"这个预见性的评价是毫不为过的。

科技名词的规范和统一工作不仅仅是科技发展的基础,也是现代社会信息交流、教育和科学普及的基础,因此,它是一项具有广泛社会意义的建设工作。当今,我国的科学技术已取得突飞猛进的发展,许多学科领域已接近或达到国际前沿水平。与此同时,自然科学、工程技术与社会科学之间交叉融合的趋势越来越显著,科学技术迅速普及到了社会各个层面,科学技术同社会进步、经济发展已紧密地融为一体,并带动着各项事业的发展。所以,不仅科学技术发展本身产生的许多新概念、新名词需要规范和统一,而且由于科学技术的社会化,社会各领域也需要科技名词有一个更好的规范。另一方面,随着香港、澳门的回归,海峡两岸科技、文化、经贸交流不断扩大,祖国实现完全统一更加迫近,两岸科技名词对照统一任务也十分迫切。因而,我们的名词工作不仅对科技发展具有重要的价值和意义,而且在经济发展、社会进步、政治稳定、民族团结、国家统一和繁荣等方面都具有不可替代的特殊价值和意义。

最近,中央提出树立和落实科学发展观,这对科技名词工作提出了更高的要求。我们要按照科学发展观的要求,求真务实,开拓创新。科学发展观的本质与核心是以人为本,我们要建设一支优秀的名词工作队伍,既要保持和发扬老一辈科技名词工作者的优良传统，坚持真理、实事求是、甘于寂寞、淡泊名利，又要根据新形势的要求，面向未来、协调发展、与时俱进、锐意创新。此外，我们要充分利用网络等现代科技手段，使规范科技名词得到更好的传播和应用，为迅速提高全民文化素质做出更大贡献。科学发展观的基本要求是坚持以人为本，全面、协调、可持续发展，因此，科技名词工作既要紧密围绕当前国民经济建设形势，着重开展好科技领域的学科名词审定工作，同时又要在强调经济社会以及人与自然协调发展的思想指导下，开展好社会科学、文化教育和资源、生态、环境领域的科学名词审定工作，促进各个学科领域的相互融合和共同繁荣。科学发展观非常注重可持续发展的理念，因此，我们在不断丰富和发展已建立的科技名词体系的同时，还要进一步研究具有中国特色的术语学理论，以创建中国的术语学派。研究和建立中国特色的术语学理论，也是一种知识创新，是实现科技名词工作可持续发展的必由之路，我们应当为此付出更大的努力。

当前国际社会已处于以知识经济为走向的全球经济时代，科学技术发展的步伐将会越来越快。我国已加入世贸组织，我国的经济也正在迅速融入世界经济主流，因而国内外科技、文化、经贸的交流将越来越广泛和深入。可以预言，21世纪中国的经济和中国的语言文字都将对国际社会产生空前的影响。因此，在今后10到20年之间，科技名词工作就变得更具现实意义，也更加迫切。"路漫漫其修远兮，吾今上下而求索"，我们应当在今后的工作中，进一步解放思想，务实创新、不断前进。不仅要及时地总结这些年来取得的工作经验，更要从本质上认识这项工作的内在规律，不断地开创科技名词统一工作新局面，做出我们这代人应当做出的历史性贡献。

2004 年深秋

卢嘉锡序

　　科技名词伴随科学技术而生,犹如人之诞生其名也随之产生一样。科技名词反映着科学研究的成果,带有时代的信息,铭刻着文化观念,是人类科学知识在语言中的结晶。作为科技交流和知识传播的载体,科技名词在科技发展和社会进步中起着重要作用。

　　在长期的社会实践中,人们认识到科技名词的统一和规范化是一个国家和民族发展科学技术的重要的基础性工作,是实现科技现代化的一项支撑性的系统工程。没有这样一个系统的规范化的支撑条件,科学技术的协调发展将遇到极大的困难。试想,假如在天文学领域没有关于各类天体的统一命名,那么,人们在浩瀚的宇宙当中,看到的只能是无序的混乱,很难找到科学的规律。如是,天文学就很难发展。其他学科也是这样。

　　古往今来,名词工作一直受到人们的重视。严济慈先生60多年前说过,"凡百工作,首重定名;每举其名,即知其事"。这句话反映了我国学术界长期以来对名词统一工作的认识和做法。古代的孔子曾说"名不正则言不顺",指出了名实相副的必要性。荀子也曾说"名有固善,径易而不拂,谓之善名",意为名有完善之名,平易好懂而不被人误解之名,可以说是好名。他的"正名篇"即是专门论述名词术语命名问题的。近代的严复则有"一名之立,旬月踟蹰"之说。可见在这些有学问的人眼里,"定名"不是一件随便的事情。任何一门科学都包含很多事实、思想和专业名词,科学思想是由科学事实和专业名词构成的。如果表达科学思想的专业名词不正确,那么科学事实也就难以令人相信了。

　　科技名词的统一和规范化标志着一个国家科技发展的水平。我国历来重视名词的统一与规范工作。从清朝末年的科学名词编订馆,到1932年成立的国立编译馆,以及新中国成立之初的学术名词统一工作委员会,直至1985年成立的全国自然科学名词审定委员会(现已改名为全国科学技术名词审定委员会,简称全国名词委),其使命和职责都是相同的,都是审定和公布规范名词的权威性机构。现在,参与全国名词委领导工作的单位有中国科学院、科学技术部、教育部、中国科学技术协会、国家自然科学基金委员会、新闻出版署、国家质量技术监督局、国家广播电影电视总局、国家知识产权局和国家语言文字工作委员会,这些部委各自选派了有关领导干部担任全国名词委的领导,有力地推动科技名词的统一和推广应用工作。

全国名词委成立以后,我国的科技名词统一工作进入了一个新的阶段。在第一任主任委员钱三强同志的组织带领下,经过广大专家的艰苦努力,名词规范和统一工作取得了显著的成绩。1992年三强同志不幸谢世。我接任后,继续推动和开展这项工作。在国家和有关部门的支持及广大专家学者的努力下,全国名词委15年来按学科共组建了50多个学科的名词审定分委员会,有1800多位专家、学者参加名词审定工作,还有更多的专家、学者参加书面审查和座谈讨论等,形成的科技名词工作队伍规模之大、水平层次之高前所未有。15年间共审定公布了包括理、工、农、医及交叉学科等各学科领域的名词共计50多种。而且,对名词加注定义的工作经试点后业已逐渐展开。另外,遵照术语学理论,根据汉语汉字特点,结合科技名词审定工作实践,全国名词委制定并逐步完善了一套名词审定工作的原则与方法。可以说,在20世纪的最后15年中,我国基本上建立起了比较完整的科技名词体系,为我国科技名词的规范和统一奠定了良好的基础,对我国科研、教学和学术交流起到了很好的作用。

在科技名词审定工作中,全国名词委密切结合科技发展和国民经济建设的需要,及时调整工作方针和任务,拓展新的学科领域开展名词审定工作,以更好地为社会服务、为国民经济建设服务。近些年来,又对科技新词的定名和海峡两岸科技名词对照统一工作给予了特别的重视。科技新词的审定和发布试用工作已取得了初步成效,显示了名词统一工作的活力,跟上了科技发展的步伐,起到了引导社会的作用。两岸科技名词对照统一工作是一项有利于祖国统一大业的基础性工作。全国名词委作为我国专门从事科技名词统一的机构,始终把此项工作视为自己责无旁贷的历史性任务。通过这些年的积极努力,我们已经取得了可喜的成绩。做好这项工作,必将对弘扬民族文化,促进两岸科教、文化、经贸的交流与发展做出历史性的贡献。

科技名词浩如烟海,门类繁多,规范和统一科技名词是一项相当繁重而复杂的长期工作。在科技名词审定工作中既要注意同国际上的名词命名原则与方法相衔接,又要依据和发挥博大精深的汉语文化,按照科技的概念和内涵,创造和规范出符合科技规律和汉语文字结构特点的科技名词。因而,这又是一项艰苦细致的工作。广大专家学者字斟句酌,精益求精,以高度的社会责任感和敬业精神投身于这项事业。可以说,全国名词委公布的名词是广大专家学者心血的结晶。这里,我代表全国名词委,向所有参与这项工作的专家学者们致以崇高的敬意和衷心的感谢!

审定和统一科技名词是为了推广应用。要使全国名词委众多专家多年的劳动成果——规范名词,成为社会各界及每位公民自觉遵守的规范,需要全社会的理解和支持。国务院和4个有关部委[国家科委(今科学技术部)、中国科学院、国家教委(今教育部)和新闻出版署]已分别于1987年和1990年行文全国,要求全国各科研、教学、生产、经营以及新闻出版等单位遵照使用全国名词委审定公布的名词。希望社会各界自觉认真地执行,共同做好这项对于科技发展、社会进步和国家统一极为重要的基础工作,为振兴中华而努力。

值此全国名词委成立15周年、科技名词书改装之际,写了以上这些话。是为序。

卢嘉锡

2000 年夏

钱 三 强 序

科技名词术语是科学概念的语言符号。人类在推动科学技术向前发展的历史长河中,同时产生和发展了各种科技名词术语,作为思想和认识交流的工具,进而推动科学技术的发展。

我国是一个历史悠久的文明古国,在科技史上谱写过光辉篇章。中国科技名词术语,以汉语为主导,经过了几千年的演化和发展,在语言形式和结构上体现了我国语言文字的特点和规律,简明扼要,蓄意深切。我国古代的科学著作,如已被译为英、德、法、俄、日等文字的《本草纲目》《天工开物》等,包含大量科技名词术语。从元、明以后,开始翻译西方科技著作,创译了大批科技名词术语,为传播科学知识,发展我国的科学技术起到了积极作用。

统一科技名词术语是一个国家发展科学技术所必须具备的基础条件之一。世界经济发达国家都十分关心和重视科技名词术语的统一。我国早在1909年就成立了科学名词编订馆,后又于1919年中国科学社成立了科学名词审定委员会,1928年大学院成立了译名统一委员会。1932年成立了国立编译馆,在当时教育部主持下先后拟订和审查了各学科的名词草案。

新中国成立后,国家决定在政务院文化教育委员会下,设立学术名词统一工作委员会,郭沫若任主任委员。委员会分设自然科学、社会科学、医药卫生、艺术科学和时事名词五大组,聘任了各专业著名科学家、专家,审定和出版了一批科学名词,为新中国成立后的科学技术的交流和发展起到了重要作用。后来,由于历史的原因,这一重要工作陷于停顿。

当今,世界科学技术迅速发展,新学科、新概念、新理论、新方法不断涌现,相应地出现了大批新的科技名词术语。统一科技名词术语,对科学知识的传播,新学科的开拓,新理论的建立,国内外科技交流,学科和行业之间的沟通,科技成果的推广、应用和生产技术的发展,科技图书文献的编纂、出版和检索,科技情报的传递等方面,都是不可缺少的。特别是计算机技术的推广使用,对统一科技名词术语提出了更紧迫的要求。

为适应这种新形势的需要,经国务院批准,1985年4月正式成立了全国自然科学名词审定委员会。委员会的任务是确定工作方针,拟定科技名词术语审定工作计划、实施方案和步骤,组织审定自然科学各学科名词术语,并予以公布。根据国务院授权,委员会审定公布的名词术语,科研、教学、生产、经营以及新闻出版等各部门,均应遵照使用。

全国自然科学名词审定委员会由中国科学院、国家科学技术委员会、国家教育委员会、中国科学技术协会、国家技术监督局、国家新闻出版署、国家自然科学基金委员会分别委派了正、副主任担任领导工作。在中国科协各专业学会密切配合下,逐步建立各专业审定分委员会,并已建立起一支由各学科著名专家、学者组成的近千人的审定队伍,负责审定本学科的名词术语。我国的名词审定工作进入了一个新的阶段。

这次名词术语审定工作是对科学概念进行汉语订名,同时附以相应的英文名称,既有我国语言特色,又方便国内外科技交流。通过实践,初步摸索了具有我国特色的科技名词术语审定的原则与方法,以及名词术语的学科分类、相关概念等问题,并开始探讨当代术语学的理论和方法,以期逐步建立起符合我国语言规律的自然科学名词术语体系。

统一我国的科技名词术语,是一项繁重的任务,它既是一项专业性很强的学术性工作,又涉及亿万人使用习惯的问题。审定工作中我们要认真处理好科学性、系统性和通俗性之间的关系;主科与副科间的关系;学科间交叉名词术语的协调一致;专家集中审定与广泛听取意见等问题。

汉语是世界五分之一人口使用的语言,也是联合国的工作语言之一。除我国外,世界上还有一些国家和地区使用汉语,或使用与汉语关系密切的语言。做好我国的科技名词术语统一工作,为今后对外科技交流创造了更好的条件,使我炎黄子孙,在世界科技进步中发挥更大的作用,做出重要的贡献。

统一我国科技名词术语需要较长的时间和过程,随着科学技术的不断发展,科技名词术语的审定工作,需要不断地发展、补充和完善。我们将本着实事求是的原则,严谨的科学态度做好审定工作,成熟一批公布一批,提供各界使用。我们特别希望得到科技界、教育界、经济界、文化界、新闻出版界等各方面同志的关心、支持和帮助,共同为早日实现我国科技名词术语的统一和规范化而努力。

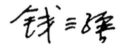

1992 年 2 月

第四版前言

　　测绘学名词审定委员会从 1987 年经当时全国自然科学名词审定委员会(现为全国科学技术名词审定委员会)批准成立至今,弹指一挥间,已走过 32 年的历程,这期间测绘学名词审定委员会经历了八届连续不断的工作,至今已是第九届了。在这九届工作期间,测绘学名词审定委员会根据全国科学技术名词审定委员会的部署和要求,对测绘学名词的分级分类、筛选、定名、赋义及编排等方面组织全国测绘学科领域的专家、学者进行了认真细致的研讨和编撰,先后完成了三版《测绘学名词》,并经全国科学技术名词审定委员会批准向社会正式出版发行。这三版《测绘学名词》中,第一版仅有词条,未有赋义,第二版为其注释本,第三版则是根据测绘科学技术的新进展和经济社会发展的需求,对第二版进行修订,充分吸收第二版使用过程中所反映出来的一些意见和建议,严格遵循全国科学技术名词审定委员会所颁布的《科学技术名词审定原则及方法》的规定进行词条的增删和赋义,其中包括旧词的淘汰或修正,新词的选取和注释,在修订过程中注重选词科学合理,注释名正义符,词意言简意赅,力求正确性和权威性。同时随着海峡两岸测绘科技交流的不断增强,两岸测绘学界人士普遍感到两岸测绘科技名词存在较为严重的不一致性。同文同种,却一词多名,相互之间往往不知所云,这对两岸测绘科技交流造成一定的困难,因此有必要将两岸测绘学名词进行对照,以便对两岸所用测绘学名词有恰当的理解和正确运用,进而促进两岸测绘科学技术的交流与发展。鉴于此,在全国科学技术名词审定委员会的倡导下,在中国测绘学会和台湾"中华地图学会"等相关学会的组织和推动下,海峡两岸测绘学界专家、学者历经十余年的合作研讨,编撰了《海峡两岸测绘学名词》(对照本),经全国科学技术名词审定委员会批准于 2009 年出版公布,可以说这是三版《测绘学名词》编制工作中的附产品。

　　以上这三版《测绘学名词》的出版发行,在我国测绘学科和行业的教学、科研和生产以及其他相关学科和行业的测绘科学技术应用等各个领域中规范名词术语和明晰其定义、促进专业知识学习和应用、提升科技素质和人文素养等方面发挥了重要作用,尤其是在期刊、图书以及各类工具书的出版工作中得到广泛使用,受到业界人士的广泛关注和高度评价,很好地体现了《测绘学名词》作为一种标准应该具有的鲜明时代性、严格科学性、高度权威性和一定普适性。从 2009 年《测绘学名词》第三版注释本被批准出版公布至今又过去 10 个年头,在这期间现代测绘学科正处于一个科学技术高速发展的新的历史阶段,为适应经济社会发展的新形势,我国的测绘学科发展正进入全面构建智慧中国的关键期、测绘产品服务需求的旺盛期、地理信息产业发展的机遇期、加快建设测绘强国的攻坚期。测绘学科与地理信息学科正在相互渗透和融合,测绘与地理信息数据获取、数据处理、分发服务等领域的关键技术不断取得突破,测绘信息化取得长足进展。当前国家明确测绘与地理信息行业为国家战略性生产型服务业和高新技术产业,中国测绘已由生产型向服务型转变,由事业型向管理型转变,由单一地图及地理数据服务向网络化综合性的地理信息服务转变,因而测绘与地理信息学科的内涵开始转型升级,传统的测量制图演变为包括3S技术、信息和网络、通信等多种科技手段的地理空间信息科学,并且推动云计算、物联网、移动互联、大数据等高新技术与测绘和地理信息的深度融合,重点建设空天地海多层次智能地理信息传感网及其一体化的对地观测系统,实现测绘与地理信息数据获取实时化、处理自动化、服务网络化、产品知识化、应用社会化。测绘学科的这种发展现状,必然涌现出大量的新理念、新名词,为此,第七届、第八届、第九届测绘学名词审定委员会在2011—2019年开展了第四版《测绘学名词》(注释本)的编撰工作,其具体工作内容包括:首先研制了测绘学科新的分类体系。第四版的学科编排分类有较大的变动,本次公布的《测绘学名词》第四版注释本总共包含2849条名词注释,即01总论66条,02大地测量学与导航定位785条,03摄影测量学与遥感618条,04地图学420条,05地理信息工程260条,06工程测量学318条,07海洋测绘学382条。其次在此基础上对《测绘学名词》(第三版)已有的2269条词和在此期间收集到的新词按照新的学科分类体系重新进行归类、编排、甄别、调整、合并、删减,并依据全国科学技术名词审定委员会颁布的《科学技术名词审定原则及方法》进行核定,形成第四版收词的中文条目总表;对被确定收入第四版的名词,进行中英文词形和定义的核订、撰写、完善、修编。经过四年的努力,最后于2015年完成第四版《测绘学名词》(注释本)的修订工作,并报全国科学技术名词审定委员会批准网络公示。2017年网络公示结束后,测绘学名词审定委员会与全国科学技术名词审定委员会事务中心,对网络征集意见进行了汇总和梳理,通过函件和会议的形式广泛征求专家意见,利用近两年的时间,对《测绘学名词》(第四版)做了进一步的修改,经批准出版公布。

在《测绘学名词》第四版的审定过程中,特别是在第四版名词网络公示征求意见的过程中,得到了全国测绘地理信息学界以及相关领域专家学者的关心、支持和大力帮助。原国家测绘地理信息局十分重视此项修订工作,给予了多方面的指导和资助。中国测绘科学研究院承担了全部修订意见的汇总、归类、修改等工作。除了参与本书编写工作的同志外,崔炳光、张过、蒋捷、王小刚、郑继武、李青元、张冠军、李国元、陈思、苏山舞、殷耀国、张九宴、华玉民、廖祥春等同志也为本书提供了许多宝贵的修改意见和建议。本委员会在此一并表示衷心的感谢!

希望读者继续提出宝贵意见,以便今后修订完善。

测绘学名词审定委员会

2019 年 6 月

第三版前言

自从《测绘学名词》(第一版)于1990年经全国科学技术名词审定委员会(当时名为全国自然科学名词审定委员会)公布实行至今,整整20年过去了。在此期间,于2002年又公布了《测绘学名词》(第二版)。20个春秋,两版《测绘学名词》在我国测绘学科和行业的教学、科研、生产以及其他相关学科和行业的测绘技术应用等各个领域中,规范名词术语和明析其定义、促进专业知识学习和应用、提升科技素质和人文素养等方面发挥着重要作用,受到业界人士的广泛关注和好评。而在这20年里,我国测绘科学技术经历了传统测绘到数字化测绘再到信息化测绘的跨越式发展,现代测绘学已成为一门研究与地球和其他实体与时空分布有关的地理空间信息的采集、处理、管理、显示和利用的科学与技术。特别是从《测绘学名词》(第二版)于2002年公布实行以来的十余年里,在国家信息化建设的大背景下,测绘信息化进程迅速加快,我们这个学科和行业又从数字化测绘向信息化测绘新阶段迈进,逐步形成信息化测绘体系。所谓信息化测绘,即在完全网络运行环境下,利用数字化测绘技术为社会经济实时有效地提供地理空间信息综合服务的一种新的测绘方式和功能形态,这里要求地理空间信息的获取、处理和服务等测绘业务流程必须实现信息化。这是一个巨大的转变,转变中测绘学科的理论基础、技术体系、研究领域和科学目标必定为适应新形势的需要而发生深刻的变化。这种变化必然产生大量新的测绘学术语和名词,同样需要去规范和释义,与此同时,还需要对那些使用频次不高的旧词和术语进行筛选、淘汰或修正。为此,中国测绘学会测绘学名词审定委员会根据全国科学技术名词审定委员会的部署,决定修订《测绘学名词》(第二版)。此次修订充分吸收第二版在使用过程中所反映出来的一些意见和建议,进行词条的增删和赋义,并由测绘学名词审定委员会的成员负责旧词的淘汰或修正,新词的选取和注释。在修订过程中力求选词科学合理、注释名正义符,词意言简意赅,具有正确性和权威性。在选词、注释和审定过程中严格遵循全国科学技术名词审定委员会颁布的《科学技术名词审定原则及方法》的规定。为此测绘学名词审定委员会经过近4年的努力,组织召开了五次全委会的审稿会议,保障了《测绘学名词》(第三版)注释本的审定工作于2009年完成,并报全国科学技术名词审定委员会批准出版公布。

本次公布的《测绘学名词》(第三版)总共包含2269条,删除了第二版中99条旧词,增加291条新词。第三版仍然保留第二版划分的7部分,总类91条,大地测量学429条,摄影测量与遥感学513条,地图学397条,工程测量318条,海洋测绘306条,测绘仪器215条。

在《测绘学名词》(第三版)的审定过程中得到了全国测绘学界以及相关领域的专家、学者大力支持和帮助,为此版的修订提供了很多宝贵意见和建议。全国科学技术名词审定委员会委托杨凯、陈俊勇、宁津生、王家耀、周琪等专家对上报稿进行了复审。国家测绘局十分重视此项修订工作,给予了多方面的指导和资助。中国测绘科学研究院承担了大部分新词的收集、撰写以及全部修订意见的汇总、归类、修改等工作。张剑清、舒宁、郑肇葆、孙家抦、张永军、成毅、武芳、秘金钟、杨俊志、何平安、华玉民、廖祥春、白欧、刘若梅、蒋景瞳、成英燕、文汉江、罗佳等同志也参加了第三版测绘学新名词的编写工作。本委员会在此一并表示衷心的感谢，同时恳请读者继续提出宝贵意见，以便进一步修订，使之日臻完善。

测绘学名词审定委员会

2009 年 9 月

第二版前言

测绘学是一门研究有关获取、处理、管理、表达、分发、利用地球表层自然、社会和人文地理空间信息的科学,是地球科学的重要组成部分。

我国测绘工作历史悠久,几千年的科学积淀丰富了测绘科学与技术的名词术语,构成了民族文化的一部分。新中国成立后,祖国测绘事业得到迅速恢复和发展,涌现出许多新理论、新技术、新方法,同时,大量的新名词也随之产生。鉴于规范名词及其定义是发展测绘科学技术的重要基础性工作,中国测绘学会经全国科学技术名词审定委员会(原为全国自然科学名词审定委员会,简称全国科技名词委)同意成立了测绘学名词审定委员会,于1989年完成了第一批测绘学基础名词2146条的审定工作,1990年由全国科技名词委正式公布。

近十几年来,随着空间科学、信息科学的飞速发展,以此为基础的测绘科学技术又上了一个新台阶,全球定位系统(GPS)、遥感(RS)、地理信息系统(GIS)技术已成为当前测绘工作的核心技术,计算机和网络通信技术已普遍采用,测绘技术体系也从模拟转向数字、从地面转向空间、从静态转向动态,并进一步向网络化和智能化方向发展。在这一转变过程中,大量的新词不断涌现,需要尽快予以正名赋义;对于使用频率较少的老词需要淘汰;对于某些老词需要赋予新的含义。而1990年正式公布的测绘学名词仅有词条,尚未赋义。为此,根据全国科技名词委的布置,测绘学名词审定委员会于1992年委托国家测绘局测绘标准化研究所提出草案,紧密结合测绘科技发展的需要,在1990年正式公布的测绘学名词基础上,进行词条增删,对每一词条赋予注释,形成《测绘学名词》注释本初稿。测绘学名词审定委员会于1993年、1996年、1999年先后三次组织全国测绘界及相关领域的高层次专家、学者进行了深入细致的讨论、修改和协调,力求使每条词及注释名正义符,清晰易懂,并于2000年8月完成注释本的审定工作,报请全国科技名词委审批公布。

本次公布的测绘学名词注释共计2077条,是在1990年正式公布的2146条测绘学名词基础上根据上述原则对原词条进行保留、删除和增加而确定的,计保留1737条,删除409条,增加340条。每一中文名词对应一个英文名,并对每一中文名词均赋予定义或注释,一一对应,使测绘学名词具备应有的准确性和权威性。本次仍然保留原来划分的7部分:总类91条、大地测量学350条、摄影测量与遥感学455条、地图学365条、工程测量283条、海洋测绘311条、测绘仪器222条。在审定赋予注释的过程中,严格遵循全国科技名词委制定的《科学技术名词审定的原则及方法》和国标GB/T 1.6、GB/T 10112的有关规定。

在近十年的审定过程中,得到了全国测绘学界以及相关领域的专家、学者大力支持和帮助,他们提供了很多宝贵意见和建议。国家测绘局对此项工作给予了大力资助;国家测绘局测绘标准化研究所自始至终承担了初稿撰写、意见汇集、归类、修改及草案的印刷等工作,保障了审定工作的顺利完成。本委员会在此一并表示衷心的感谢。同时恳请使用者继续提出宝贵意见,以便进一步修订,使之日臻完善。

测绘学名词审定委员会

2001年1月

第一版前言

  测绘学是一门历史悠久的学科。近几十年来发展极为迅速,新的理论、方法、仪器和技术手段不断涌现。测绘领域早已从陆地扩展到海洋、空间;测绘技术已广泛走向数字化、自动化;测绘成果已从三维发展到四维、从静态到动态;国际间测绘学术交流合作日益密切。为了适应学科发展的需要,中国测绘学会经全国自然科学名词审定委员会同意,于 1987 年 3 月成立了测绘学名词审定委员会,承担测绘学名词的审定工作。委员会按专业分支学科分为六个学科组,负责测绘学基本名词的搜集、整理、初选和预审等工作。委员会分别于 1987 年 8 月,1988 年 8 月,1988 年 12 月三次对第一批测绘学基本名词进行了审定,对名词的分级分类、筛选、定名、注释及编排等问题进行了反复讨论和修改。期间,曾将名词初稿征求测绘学各专业分支学科及台湾地区部分测量学专家、学者的意见;并与有关学科进行了数次反复的协调,于 1989 年 3 月完成了第一批测绘学基本名词的审定工作。王之卓、纪增觉、宁津生、胡毓钜、刘自健、陈永奇等先生受全国自然科学名词审定委员会的委托,对上报的测绘学名词进行复审,所提出的意见经测绘学名词审定委员会正、副主任委员等进行了认真讨论和处理,最后审定测绘学名词 2146 条,报请全国自然科学名词审定委员会审批公布。

  本批公布的测绘学名词,是测绘学中经常使用的专业基本词,同时附有国际惯用的英文或其他外文名词。汉文名按专业分支学科分为总类、大地测量学、摄影测量与遥感学、地图制图学、工程测量学、海洋测绘、测绘仪器共 7 类。类别的划分和名词排列主要是为了便于查索,而非严谨的分类研究。在审定中,一些与相邻学科间有同一含义,但有不同习惯用名的词,经协调后尽量取得一致,如"判读"一词还有"判释""判识""解释""解译"等用名,此次定为"判读",同时在注释栏中加又称"判释""解译";对由外国人名、地名构成的词,按译名原则定为规范的名词,如"Molodensky theory"以往译为"莫洛金斯基理论"或"莫洛琴斯基理论",此次定为"莫洛坚斯基理论";对测绘学科长期惯用而且经常使用的词,经反复讨论、协调,确定按约定俗成原则不作改动,如"中误差(mean square error)"一词。对英文名是否用复数,则根据其含义来确定,如"像片方位元素"由 6 个参数组成,其英文名用复数"photo orientation elements"。

  在两年的审定过程中,得到了全国测绘学界以及有关学科的专家、学者的大力支持和帮助,为几次修改提供了许多好的意见和建议。国家测绘局对这项工作给予了资助。国家测绘局测绘标准化研究所自始至终承担了对名词的意见汇集、归类、订正及草案的印制等工作,保障了审定工作的顺利完成。本委员会在此一并致谢。希望各界使用者继续提出宝贵意见,以便今后讨论修订。

测绘学名词审定委员会

1989 年 3 月

编 排 说 明

一、本书公布的是测绘学名词,共 2849 条,对每条名词均给出了定义或注释。

二、全书分 7 部分:总论、大地测量学与导航定位、摄影测量学与遥感、地图学、地理信息工程、工程
　　测量学、海洋测绘学。

三、正文按汉文名所属学科的相关概念体系排列。汉文名后给出了与该词概念相对应的英文名。

四、每个汉文名都附有相应的定义或注释。定义一般只给出其基本内涵,注释则扼要说明其特点。
　　当一个汉文名有不同的概念时,则用(1)、(2)……表示。

五、一个汉文名对应几个英文同义词时,英文词之间用","分开。

六、凡英文词的首字母大、小写均可时,一律小写;英文除必须用复数者,一般用单数形式。

七、"[ ]"中的字为可省略的部分。

八、主要异名和释文中的条目用楷体表示。"全称""简称"是与正名等效使用的名词;"又称"为非
　　推荐名,只在一定范围内使用;"俗称"为非学术用语;"曾称"为已淘汰的旧名。

九、正文后所附的英汉索引按英文字母顺序排列;汉英索引按汉语拼音顺序排列。所示号码为该词
　　在正文中的序码。索引中带"＊"者为规范名的异名或在释文中出现的条目。

目　录

正文

附录

01. 总 论

01.001 测绘学 surveying and mapping, SM
研究与地球及近地天体有关的空间信息采集、处理、分析、显示、管理和利用的科学与技术。

01.002 中华人民共和国测绘法 Surveying and Mapping Law of the People's Republic of China
中华人民共和国全国人民代表大会常务委员会制定的旨在规范在中华人民共和国领域和管辖的其他海域的测绘管理行为和测绘活动，促进和保障测绘事业为国家经济建设、国防建设、社会发展和生态保护服务的一部法律。

01.003 大地测量学 geodesy
研究和确定地球的形状及大小、重力场、整体与局部运动和地表面及近地空间点的几何位置及其变化的科学与技术。

01.004 导航 navigation
研究测定运动载体的位置、方向、速度、姿态等运动状态信息，引导运动载体到达目的地的科学与技术。

01.005 摄影测量学与遥感 photogrammetry and remote sensing
研究利用非接触传感器获取目标物的影像及相关数据，从中提取几何、物理、语义信息及其变化，并用图形、图像和数字形式表达的科学与技术。

01.006 地图学 cartography
研究以地图的形式描述和表达地理信息数据场、信息流及其应用的科学与技术。

01.007 地理信息工程 geographic information engineering
获取、存储、管理、传输、分析、显示和应用地理信息全过程的总称。

01.008 工程测量学 engineering surveying
研究工程建设和自然资源开发利用各阶段所进行的控制测量、地形测绘、施工放样、变形监测，建立专题信息系统等的科学与技术。

01.009 海洋测绘学 marine surveying and mapping
研究与海洋和陆地水域有关的地理空间信息的采集、处理、表示、管理和应用的科学与技术。

01.010 地理空间信息学 geomatics, geospatial information science
又称"地球空间信息学"。研究地球空间信息的获取、存储、管理、传输、分析、显示和应用的一门综合与集成的信息科学与技术。

01.011 地名学 toponomastics, toponymy
研究地名起源、词语特征、含义、演变、定位、分布及地名标准化的学科。

01.012 军事测绘 military surveying and mapping
为军事需要，研究测量与描绘地球及其自然表面形态和人工设施，确定目标的空间位置、绘制军用地图、建立军事地理信息系统和实施军事测绘保障的相关活动。

01.013 矿山测量学 mine surveying
研究与矿产资源开发有关的从地面到地下、

从矿体/工程到围岩的动静态信息监测监控、定向定位、集成分析、数字表达、智能感知和调控决策的科学与技术。

01.014　地籍测绘　cadastral surveying and mapping
调查和测定地籍要素、编制地籍图、建立和管理地籍信息系统的科学与技术。

01.015　地球形状　earth shape, figure of the earth
地球自然表面的形状或大地水准面的形状。

01.016　地球椭球　earth ellipsoid
近似表示地球质量、形状和大小,并且其表面为等位面的旋转椭球。

01.017　地理坐标　geographic coordinate
表示地球表面某一点位置的经度和纬度值。

01.018　经度　longitude
过某点的子午面与本初子午面的夹角。在本初子午面以东的称"东经",以西的称"西经"。按坐标系的不同,有地心经度、大地经度和天文经度等。

01.019　纬度　latitude
过某点的法线与赤道面的夹角。在赤道面以北的称"北纬",以南的称"南纬"。按坐标系的不同,有地心纬度、大地纬度和天文纬度等。

01.020　测绘基准　survey datum
又称"大地[测量]基准"。为开展测绘工作所确定和建立的各类起算点、起算面及其相应参数。中国已建立的测绘基准有大地坐标基准、高程基准、深度基准和重力基准。

01.021　大地坐标基准　geodetic coordinate datum
用于大地坐标计算的起算数据。包括参考椭球的大小、形状及其定位定向参数等。

01.022　平面基准　horizontal datum
用于测绘的平面坐标起算数据。

01.023　高程基准　height datum, vertical datum
根据验潮资料确定的水准原点高程及其起算面。

01.024　深度基准　sounding datum
水深测量依据的参考面及其实现标准。

01.025　重力基准　gravity datum
重力测量的起算值。

01.026　时间基准　time datum
产生和保持标准时间的技术系统。包括时刻的参考标准和时间间隔的尺度标准。

01.027　坐标系　coordinate system
确定空间点、线或面位置的参考系统。

01.028　地心坐标系　geocentric coordinate system
以地球质心为原点建立的大地坐标系。其原点 O 与地球质心重合,Z 轴指向地球北极,X 轴指向格林尼治平子午面与地球赤道的交点 E,Y 轴垂直于 XOZ 的平面构成右手坐标系。

01.029　参心坐标系　reference-ellipsoid-centric coordinate system
以地球椭球几何中心为原点建立的大地坐标系。

01.030　高程系统　height system
相对于不同性质的起算面(如大地水准面、似大地水准面、椭球面等)定义的高程体系。

01.031　海拔　height above the mean sea level
由平均海面起算的地面点高度。

01.032　置信水平　confidence level
又称"置信度"。根据来自母体的一组子样(即观测值),对表征母体的参数进行估计的统计可信程度。

01.033 精密度 precision
在相同观测条件下,对某一量的重复测量中各观测值间的接近程度。

01.034 准确度 accuracy
某一量的观测、计算或估计值与其真值的接近程度。

01.035 误差 error
测量结果与被测量真值之差。

01.036 偶然误差 random error
在相同测量条件下,误差的数值、符号随机变化,但总体服从于一定统计规律的误差。

01.037 系统误差 systematic error
在相同测量条件下,误差的数值、符号保持不变或按某确定规律变化的误差。

01.038 粗差 gross error, outlier, blunder
在相同测量条件下,由于设备、环境或人为因素导致的离群误差。

01.039 中误差 standard deviation
又称"标准差"。方差的平方根的估计值。一般表示内部符合精度,作为在一定条件下衡量测量精度的一种数值指标。

01.040 残差 residual
测量值的估值与测量值之差。

01.041 平差 adjustment
采用一定的估算原则处理各种测量数据,求得待定量最佳估值并进行精度估计的理论和方法。

01.042 图像 image, imagery
又称"影像"。物体反射或辐射电磁波能量强度的二维空间记录和显示。

01.043 图形 graphics
在载体上以几何线条和符号等反映事物各类特征与变化规律的表达形式。

01.044 地图 map
按照一定的数学法则,运用符号系统和综合方法,以图形或数字形式表示的具有空间分布特性的自然与社会现象的载体。

01.045 地形图 topographic map
标准化地表示地物、地貌的平面位置及其基本地理要素,且地貌用等高线描绘的普通地图。

01.046 国家系列比例尺地图 national series scale maps
国家统一规划出版的、按相关标准编制的具有通用比例尺的地图系列。

01.047 地图投影 map projection
按照一定的数学法则,将地球椭球面(或球面)投影到可展面上的理论、方法及应用。

01.048 地图符号 map symbol
地图上表示地物和现象空间分布、性质和相互关系的图形符号和注记的总称。

01.049 制图综合 cartographic generalization
又称"地图综合""地图概括"。地图制图者在将大比例尺地图缩编成小比例尺地图过程中,依据地图用途、比例尺和制图区域地理特点等因素,对地图内容按照一定规律和法则进行选取与概括,用以反映制图对象基本特征、典型特点及其内在联系的一种制图方法。

01.050 空间数据基础设施 spatial data infrastructure, SDI
对地理空间数据有效采集、管理、访问、维护、分发和利用,所必需的政策、技术、标准、基础数据集和人力资源的总称。

01.051 空间数据可视化 spatial data visualization
把非直观的、抽象的或不可见的数据,以图形图像信息的形式表达、处理和传递的技术。

01.052 地理信息 geographic information

描述与地理位置和时间相关事务或对象及其关系的信息。具有基础性、共享性、多维性和动态性的特征。

01.053　地理信息系统　geographic information system, GIS

在计算机软硬件支持下,按照空间分布及属性,把各种地理信息以一定的格式输入、存储、检索、更新、显示、制图、综合分析和应用的技术系统。

01.054　全球导航卫星系统　global navigation satellite system, GNSS

在全球范围提供定位、导航和授时服务的卫星系统的统称。如全球定位系统(GPS)、格洛纳斯(GLONASS)、伽利略(Galileo)和北斗(BeiDou)导航卫星系统等。

01.055　位置服务　location-based service, LBS

通过卫星定位、移动通信网络等方式获取位置信息,在地理信息系统或电子地图的支持下,实现定位、导航、查询、识别或事件检查的增值服务。

01.056　基础测绘　fundamental surveying and mapping

为国民经济和社会发展以及各部门和各项专业测绘提供基础地理信息而实施的测绘活动。

01.057　地理国情监测　national geographical census and monitoring

综合利用现代测绘地理信息技术,对自然与人文地理要素进行的动态观测、统计和分析。

01.058　测绘标准　standard of surveying and mapping

为使测绘活动获得最佳秩序,对测绘作业及其成果所规定共同和重复使用的规则、导则或特性的文件。

01.059　测量规范　survey specification

对测量成果内容、质量、规格以及测量作业中的技术事项做出统一规定的测绘标准。

01.060　地形图图式　graphic specification for topographic map

对地图上地物、地貌符号的样式、规格、颜色、使用以及地图注记和图廓整饰等所做的统一规定。

01.061　测绘仪器　instrument of surveying and mapping

为测绘作业设计制造的具备数据采集、处理、输出等功能的设备或装置。

01.062　测量标志　survey mark

标定地面测量控制点位置的标石、觇标以及其他用于测量的标记物。

01.063　测绘资质　licence for surveying and mapping

从事测绘活动的机构应当具备的条件和所达到的相应测绘活动等级的资格。

01.064　注册测绘师　registered surveyor

具有法定测绘执业资格的专业技术人员。

01.065　国际地球自转和参考系统服务　International Earth Rotation and Reference Systems Service, IERS

简称"国际地球自转服务"。提供地球自转速度、极移及其变化和定义国际地球参考系统及其框架的国际服务项目及其机构。

01.066　国际导航卫星系统服务　International Global Navigation Satellite System Service, IGS

通过在全球范围布设的一定数量的参考站进行长期联网观测和集中处理,为全球导航卫星系统提供各种精确信息服务的国际服务项目及其机构。包括全球定位系统、格洛纳斯、伽利略和北斗导航卫星系统等精密星历和钟差、参考站精确观测数据等服务。

02. 大地测量学与导航定位

02.001 空间大地测量学 space geodesy
研究利用自然或人造天体解决大地测量学问题的学科。是大地测量学的分支。

02.002 卫星大地测量学 satellite geodesy
研究利用人造地球卫星解决大地测量学问题的学科。是大地测量学的分支。

02.003 大地测量数据库 geodetic database
计算机存储的各种大地测量数据及其管理软件的集合。

02.004 国际地球参考系统 international terrestrial reference system, ITRS
由国际地球自转和参考系统服务(IERS)给出的地球坐标系统的定义和大地测量常数。

02.005 国际协议原点 conventional international origin, CIO
国际大地测量学和地球物理学联合会(IUGG)于1960年在赫尔辛基会议上决定的采用由国际纬度局5个极移监测站在1900—1905年获取的天文纬度观测数据所确定的固定平极。

02.006 大地测量参考系统 geodetic reference system
确定地球椭球的一组几何和物理参数。

02.007 大地坐标系统 geodetic coordinate system
以地球椭球中心为原点、起始子午面和赤道面为基准面的地球坐标系统。

02.008 1984 世界大地测量系统 world geodetic system 1984, WGS-84
美国军用大地坐标系统,坐标系定义与国际地球参考系统(ITRS)一致,大地测量基本常数为: $GM = 3.986\ 004\ 418 \times 10^{14} \text{m}^3 \text{s}^{-2}$, $a = 6\ 378\ 137$ m, $1/f = 298.257\ 223\ 563$, $\omega = 7.292\ 115 \times 10^{-5} \text{rad} \cdot \text{s}^{-1}$。

02.009 地极坐标系统 coordinate system of the pole
用于表示地球瞬间极点位置的笛卡儿平面直角坐标系。该坐标系以固定平极为原点,以与该点相切的面为坐标平面,且 X 轴指向本初子午线切线正方向,Y 轴指向从 X 轴顺时针旋转 $90°$ 的方向。

02.010 惯性坐标系统 inertial coordinate system
相对于惯性空间静止或做匀速直线运动的坐标系统。

02.011 天球坐标系统 celestial coordinate system
以天极和春分点作为天球定向基准的坐标系统。

02.012 轨道坐标系统 orbital coordinate system
以地球质心为原点,以指向瞬时天极为 Z 轴,以指向位于瞬时赤道上某一假想的春分点为 X 轴的右手笛卡儿直角天球坐标系统。

02.013 地固坐标系统 earth-fixed coordinate system
以地球质心为原点,以指向固定平极为 Z 轴,以指向经度原点为 X 轴,Y 与 Z、X 轴构成右手直角坐标系统。

02.014 站心坐标系统 topocentric coordinate system

以测站为原点的坐标系统。

02.015 平移参数 translation parameter
两坐标系转换时,新坐标系原点在原坐标系中的坐标分量。

02.016 旋转参数 rotation parameter
两坐标系转换时,把原坐标系中的各坐标轴左旋转到与新坐标系相应的坐标轴重合或平行时坐标系各轴依次转过的角度。

02.017 尺度参数 scale parameter
两坐标系转换时,引入的两坐标系中长度变化参数。

02.018 国际天球参考框架 international celestial reference frame, ICRF
由国际地球自转和参考系统服务(IERS)推荐的,根据 J2000.0 动力学春分点和天极,以 IERS 天文常数为基础所定义的一种天球参考系统和太阳系质心坐标系。

02.019 国际地球参考框架 international terrestrial reference frame, ITRF
国际地球参考系统(ITRS)的实现,由国际地球自转和参考系统服务(IERS)根据空间大地测量技术,包括甚长基线干涉测量(VLBI)、卫星激光测距(SLR)、多里斯系统(DORIS)、全球导航卫星系统(GNSS)等,所确定的一组地面点坐标集。

02.020 全球大地测量观测系统 global geodetic observing system, GGOS
综合利用多种空间大地测量观测技术和方法,统一监测地球系统及其全球变化(包括地球形状、地球自转和地球重力场)的全球观测系统。

02.021 多里斯系统 Doppler orbitograph and radio positioning integrated by satellite, DORIS
利用多普勒定位原理,由地面发射多普勒信号,星载多普勒接收机接收并进行定轨的系统。

02.022 空基系统 space-based system
观测平台在空间的测量系统。

02.023 地基系统 ground-based system
观测平台在地面的测量系统。

02.024 卫星星座 satellite constellation
一组卫星空间位置的分布和排列。

02.025 卫星构形 satellite configuration
多颗卫星在空间构成的几何图形。

02.026 接收机通用交换格式 receiver independent exchange format, RINEX
用于定义不同型号接收机观测数据存储的一种标准数据格式。

02.027 虚拟参考站 virtual reference station, VRS
又称"虚拟基准站"。可利用周围各基准站的实际观测值,计算出所处位置坐标和仿真测量观测值的数据点位。该点位一般选在用户待测量站点附近,不需要布设实体测量设备,但可依靠构成网状覆盖的基准站计算出需要的数据,扩大基准站的作用距离,实现用户待测量站点的高精度定位。

02.028 卫星导航定位[连续运行]基准站 global navigation satellite system continuously operating reference station, GNSS CORS
简称"基准站"。对卫星导航信号进行长期连续观测,获取观测数据,并通过通信设施将观测数据实时或者定时传送至数据中心的地面固定观测站。

02.029 大地测量基准站 geodetic reference station
建立和维持特定地球参考框架的大地测量地面基础设施。可提供任意历元测站精确坐标,为大地测量、测图控制、精密卫星定轨等提供空间坐标起算数据。

02.030 跟踪站 tracking station
导航卫星系统运行控制系统的重要组成部分,用于导航卫星系统的卫星轨道确定等,直接服务于导航卫星系统的运行维护。按功能可分为主控站、监控站和注入站。

02.031 大地控制点 geodetic control point
按照一定精度标准建立的具有大地坐标起算数据的基准点。主要为大地测量、测图控制、工程测量等提供高等级起算数据。

02.032 卫星高度 satellite altitude
卫星距离地球椭球面的高度。

02.033 摄动力 disturbing force
对天体运动起支配作用的质心万有引力以外的附加作用力。

02.034 地球引力摄动 terrestrial gravitational perturbation
由于地球质量分布不均匀和非球性对称引起的卫星运行轨道的摄动。

02.035 大气阻力摄动 atmospheric drag perturbation
由于大气阻力作用引起的卫星运行轨道的摄动。

02.036 太阳光压摄动 solar radiation pressure perturbation
由于太阳辐射压力作用引起的卫星运行轨道的摄动。

02.037 日月引力摄动 lunisolar gravitational perturbation
由太阳和月亮的直接引力作用引起的卫星运行轨道的摄动。

02.038 潮汐摄动 tidal perturbation
由于潮汐形变作用引起的卫星运行轨道的摄动。

02.039 摄动函数 disturbing function
摄动力的位函数。

02.040 受摄轨道 disturbed orbit
有摄动力作用时天体运行的轨道。

02.041 卫星受摄运动 perturbed motion of satellite
卫星受摄动力作用时的运动。

02.042 状态向量 state vector
表示天体运动状态的位置和速度的向量。

02.043 平均运动 mean motion
天体运动的平均角速度。

02.044 卫星运动方程 equation of satellite motion
表示卫星运动的加速度和作用力之间关系的微分方程。

02.045 运动方程解析解 analytical solution of motion equation
用解析方法求解的运动方程在给定时刻的位置数值。

02.046 运动方程数值解 numerical solution of motion equation
用数值方法求解的运动方程在给定时刻的位置数值。

02.047 卫星共振分析 analysis of satellite resonance
对地球引力摄动位引起人造地球卫星共振摄动的条件所作的分析。

02.048 卫星轨道改进 improvement of satellite orbit
利用测站观测数据和动力学模型精化卫星轨道的方法。

02.049 信号失锁 signal loss of lock
由于电磁波信号受到干扰,致使接收机不能正常接收信号或使信号跟踪测量过程产生中断的现象。

02.050 多普勒计数 Doppler count
本振频率与接收到的频率之差在一定时间间隔内对时间的积分。

02.051 FK4 星表 fourth fundamental catalogue, FK4
按照纽科姆太阳系运动理论和武拉德基于刚性的地球模型,相对于历元 1950.0 建立的恒星星历表。

02.052 FK5 星表 fifth fundamental catalogue, FK5
由德国海德堡天文计算研究所在 FK4 的基础上采用 IAU1976 天文常数和 J2000.0 动力学春分点建立的恒星星历表。

02.053 中国大地测量星表 Chinese geodetic stars catalogue, CGSC
中国于 1990 年建立的供大地测量用的恒星星历表,属 FK5 星表系统。

02.054 星历误差 ephemeris error
由卫星星历给出的卫星轨道与卫星的实际轨道之差。

02.055 粗码 coarse/acquisition code, C/A code
卫星发播的一种用于粗略测距及快速捕获精码的伪随机噪声码。

02.056 精码 precise code, P code
卫星发播的一种用于精密测距的伪随机噪声码。

02.057 钟速 clock rate
某一钟面时间段内钟差的变化率。

02.058 频偏 frequency offset
实际频率相对于标准频率的偏差。

02.059 频漂 frequency drift
相对于起始频偏的变化。

02.060 窄巷观测值 narrow lane observation
全球导航卫星系统中,两个不同频率的相位伪距观测值相加所得到的观测值,组合后的观测值对应的信号波长变小。

02.061 宽巷观测值 wide lane observation
全球导航卫星系统中,两个不同频率的相位伪距观测值相减所得到的观测值,组合后的观测值对应的信号波长变大。

02.062 电离层折射改正 ionospheric refraction correction
对电磁波通过电离层时由于传播速度变化以及传播路线弯曲产生折射误差的改正。

02.063 对流层折射改正 tropospheric refraction correction
对电磁波通过对流层时由于传播速度变化以及传播路线弯曲产生折射误差的改正。

02.064 电磁波传播改正 correction for radio wave propagation of time signal
全称"电磁波传播时延改正"。时间信号通过无线电传播所引起的改正。

02.065 大气天顶延迟 atmosphere zenith delay
电磁波从天顶方向通过大气层时由于传播速度变化和传播路线弯曲引起的时间延迟。

02.066 电离层图交换格式 ionosphere map exchange format, IONEX
为使基于各种理论和技术获得的电离层图能在统一规格的基础上进行综合和比较,IGS 提出的一种电离层图交换格式。

02.067 天顶方向总电子含量 vertical total electron content, VTEC
垂直于测站上方的电离层单位面积柱体中的电子总数。

02.068 相位滞后 phase lag
输出正弦波与输入正弦波信号的相位差值。

02.069 锁相环 phase locked loop，PLL
利用外部输入的参考信号控制环路内部振荡信号的频率和相位，实现输出信号频率对输入信号频率自动跟踪的方法。

02.070 同步观测 simultaneous observation
同一时刻在至少两个测站上对相同目标进行观测的方法。

02.071 实时动态测量 real-time kinematic survey
通过基准站和流动站的同步观测，利用载波相位观测值实现快速高精度定位功能的差分测量技术。

02.072 卫星多普勒[频移]测量 satellite Doppler shift measurement
测定卫星发播的无线电信号的多普勒频移或多普勒计数，以确定测站到卫星的距离变化率的技术和方法。

02.073 卫星测高 satellite altimetry
利用星载测高仪测定卫星到地球表面的垂直距离的技术和方法。

02.074 载波相位测量 carrier phase mea-surement
利用接收机对卫星导航信号的载波相位进行跟踪测量的过程。

02.075 整周模糊度 integer ambiguity
接收机开始跟踪卫星信号时载波相位测量所包含的待解未知整周数。

02.076 相位模糊度解算 phase ambiguity resolution
在全球导航卫星系统载波相位观测的数据处理中，恢复相位观测整周数的技术。

02.077 周跳 cycle slip
在接收机进行载波相位跟踪时，由载波跟踪环路的暂时失锁产生整数载波周期跳变的现象。

02.078 周跳修复 cycle slip repair
将发生跳变或中断后的载波相位整周计数进行修正的过程。

02.079 精密星历 precise ephemeris
通过精确观测处理得到的表达卫星轨道位置的参数。

02.080 天线相位中心 antenna phase center
接收机天线的电气中心。其理论设计应与天线的几何中心一致。

02.081 非差相位观测 un-differenced carrier phase observation
以载波作为量测信号，测定其不足一个波长的原始相位观测值。

02.082 单差相位观测 single-difference phase observation
相位观测值相减所获得的虚拟观测值。包括在卫星间求一次差，在接收机间求一次差，在不同历元间求一次差三种单差相位观测值。

02.083 双差相位观测 double-difference phase observation
两颗卫星单差相位观测值再次组差。一般用于相对定位或基线测量。

02.084 三差相位观测 triple-difference phase observation
在某一历元获得的双差相位观测值与其他历元的双差相位观测值组差。

02.085 精密星历服务 precise ephemeris service
为满足大地测量、地球动力学研究等精密应用需求而提供的全球导航卫星系统高精度后处理卫星星历的服务。

02.086 精密钟差服务 precise clock error service
为满足大地测量、地球动力学研究等精密应

用需求而提供的全球导航卫星系统高精度后处理卫星钟差的服务。

02.087　参考站精密数据服务　precise data service of reference station

为满足高精度测量用户基线解算的精度和稳定度需求,而提供的全球导航卫星系统参考站原始精确观测数据及已知坐标的服务。

02.088　标准定位服务　standard positioning service, SPS

用粗码获得的民用级精度的单点定位服务。

02.089　单点定位　point positioning

利用单台接收机的观测数据测定观测点位置的卫星定位。

02.090　相对定位　relative positioning

通过在多个测站上进行同步观测,测定测站之间相对位置的定位。

02.091　静态定位　static positioning

确定静止测站位置的定位方法。

02.092　动态定位　kinematic positioning

确定运动测站位置的定位方法。

02.093　实时定位　real-time positioning

实时确定测站位置的定位方法。

02.094　精密单点定位　precise point positioning, PPP

利用单台全球导航卫星系统双频双码接收机的观测数据,以及全球导航卫星系统卫星精密星历和精密卫星钟,进行分米级的实时动态定位和厘米级的快速静态定位。

02.095　卫星多普勒定位　satellite Doppler positioning

利用多普勒频移测量原理进行的卫星定位。

02.096　多普勒单点定位　Doppler point positioning

在单个测站上进行卫星多普勒定位的方法。

02.097　多普勒联测定位　Doppler translocation

在多个测站上进行卫星多普勒定位的方法。

02.098　多普勒短弧法定位　Doppler positioning by the short arc method

在多个测站上观测某一轨道短弧段上的卫星,并把这一弧段上的卫星轨道参数全部或部分作为未知数处理的多普勒定位方法。

02.099　网络实时动态定位　network real-time kinematic positioning, network RTK

利用多个基准站计算改正数,对基准站覆盖区域内及周边的卫星定位用户进行实时定位误差改正,并固定载波相位整周模糊度的实时定位方式。

02.100　差分全球导航卫星系统　differential GNSS, differential global navigation satellite system

利用差分定位原理进行定位的系统,由地面全球导航卫星系统基准站、发送全球导航卫星系统差分信号的中心站和用户站组成。

02.101　局域差分全球导航卫星系统　local area differential GNSS, local area differental global navigation satellite system

用户根据局部区域中的多个基准站提供的改正信息计算改正数并进行定位。一般不固定载波相位模糊度,精度达不到实时动态定位精度。

02.102　广域差分全球导航卫星系统　wide area differential GNSS, wide area differential global navigation satellite system

对全球导航卫星系统观测量的各种误差源进行“模型化”,将计算出来的每一个误差源的差分改正值通过数据通信链传输给用户,改正用户观测误差,提高用户全球导航卫星系统定位精度。

02.103　行星大地测量学　planetary geodesy
利用大地测量方法研究太阳系行星和其卫星的形状、大小及重力场等问题的一门学科。是大地测量学的一个分支。

02.104　深空基准　deep space datum
确定深空探测器位置及深空天体位置、大小、形状和外部重力场所采用的时间和坐标系统及其框架。

02.105　行星参考系统　planet reference system
确定行星的大小、形状、外部重力场和行星的卫星位置所采用的坐标系统。

02.106　行星参考框架　planet reference frame
在行星表面由一系列已知行星参考系统坐标的点所组成的参考基准网。

02.107　行星重力场　planetary gravity field
行星的一种物理属性。表征行星内部、表面或外部各点所受行星重力作用的空间,在该空间中,每一点都对应一个重力矢量。

02.108　激光测月　lunar laser ranging, LLR
利用激光测距仪在地面跟踪观测月球表面上安置的激光反射棱镜,测定地面测站到月球的距离的技术和方法。

02.109　月球测绘　lunar surveying and mapping, selenodesy
以地球表面的光学仪器测量技术、激光测月(LLR)技术、甚长基线干涉测量(VLBI)技术和无线电技术等测量月球的定位定向技术为基础,并利用探月卫星测高仪和探月卫星摄影仪等测量技术,将月面已有的特征点和特征线通过测量手段获得反映月面现状的图形和位置信息。

02.110　月面测量学　lunar surface surveying,

selenodesy
研究月球的形状、大小及外部重力场的一门学科。

02.111　月球重力场　lunar gravity field
月球产生的引力场和离心力场之和。分别由月球质体(质量分布及形体)及月球自转(相对于恒星系统)产生。

02.112　河外致密射电源　extragalactic compact radio source
又称"类星体"。银河系以外发射无线电磁波的密集信号源。

02.113　地球重力场　earth's gravity field
地球重力作用的空间。是地球的一种重要物理特性,反映地球内部物质发布、运动和变化状态,并制约地球及其邻近空间的物理事件。

02.114　物理大地测量学　physical geodesy
又称"大地重力学"。研究利用重力等物理观测量解决大地测量学科问题的大地测量学分支。

02.115　引力　gravitation
宇宙空间中物质之间按照牛顿万有引力定律相互吸引的力。

02.116　离心力　centrifugal force
由于物体旋转而产生脱离旋转中心的力。

02.117　重力　gravity
单位质点受地球及其他天体的引力和地球自转所产生的惯性离心力的合力。

02.118　重力场　gravity field
重力作用的空间。在该空间中,每一点都有唯一的重力矢量与之相对应。

02.119　重力位　gravity potential
引力位和惯性离心力位之和。

02.120　正常重力　normal gravity

正常重力场中的重力。

02.121 正常重力位 normal gravity potential
正常引力位与离心力位之和。

02.122 重力线 gravity line
又称"铅垂线(plumb line)"。重力场中描述重力方向的连续曲线,并与重力等位面(水准面)正交。

02.123 正常重力线 normal gravity line
正常重力场中的力线。

02.124 地心引力常数 geocentric gravitational constant
万有引力常数和地球总质量的乘积。

02.125 引力位 gravitational potential
其一阶导数为引力的标量函数。

02.126 正常引力位 normal gravitational potential
地球椭球产生的引力位。

02.127 离心力位 potential of centrifugal force
其一阶导数为离心力的标量函数。

02.128 负荷位 load potential
由于质量迁移(如海潮、大气扰动等)导致地球负荷变化而产生的地球引力位变化。

02.129 地球位 geopotential
又称"大地位"。真实地球产生的重力位。

02.130 地球位数 geopotential number
地面点与大地水准面的重力位差。

02.131 地球位系数 potential coefficient of the earth
地球引力位的球谐函数级数展开式中的系数。

02.132 带谐系数 coefficient of zonal harmonics
地球引力位的球谐函数展开式中次为零的位系数。

02.133 扇谐系数 coefficient of sectorial harmonics
地球引力位的球谐函数展开式中阶与次相同的位系数。

02.134 田谐系数 coefficient of tesseral harmonics
地球引力位的球谐函数展开式中阶与次不同的位系数。

02.135 高程 height
地面点到高度起算面的垂直距离。

02.136 正高 orthometric height
地面点沿该点的重力线到大地水准面的距离。

02.137 正常高 normal height
地面点沿正常重力线到似大地水准面的距离。

02.138 力高 dynamic height
某点的地球位数与大地纬度为45°处或测量区域平均大地纬度处的正常重力值之比值。

02.139 大地水准面高 geoid height
大地水准面至地球椭球面的垂直距离。

02.140 异常高程 height anomaly
似大地水准面至地球椭球面的高度。

02.141 扰动重力 disturbing gravity
地面(或其他天体)同一点的实际重力值与该点的正常重力值之差。

02.142 扰动位 disturbing potential
某点的重力位与正常重力位之差。

02.143 布隆斯公式 Bruns formula
表示大地水面高与扰动位的关系式。

02.144 正常重力场 normal gravity field

由正常椭球所产生的重力场。

02.145 正常重力公式 normal gravity formula

计算地球椭球面上正常重力的公式。

02.146 重力扁率 gravity flattening

地球极点与赤道的正常重力差同赤道正常重力的比值。用 β 表示。

02.147 时变重力场 time-varying gravity field

由于质量重新分布引起的相对于稳定平均重力场随时间变化的重力场信息。

02.148 地球重力场模型 earth gravity field model

用位系数的数据集表示的地球重力场。

02.149 克莱罗定理 Clairaut theorem

表示地球几何扁率和重力扁率关系的定理。

02.150 平均地球椭球 mean earth ellipsoid

与全球大地水准面最佳符合,具有与地球相同的质量、自转速率,中心位于地球质心,椭球旋转轴与地球自转轴重合的地球椭球。

02.151 [正常]水准椭球 [normal] level ellipsoid

其表面为正常重力位水准面的旋转椭球。

02.152 椭球面大地测量学 ellipsoidal geodesy

研究椭球面的数学性质以及以该面为参考的大地测量解算理论与方法的大地测量学分支。

02.153 重力测量 gravity measurement

测定重力加速度的技术和方法。

02.154 重力梯度测量 gravity gradient measurement, gradiometry

重力位二阶导数的测量技术和方法。

02.155 重力垂直梯度 vertical gradient of gravity

重力在垂直方向上的变化率。

02.156 重力水平梯度 horizontal gradient of gravity

重力在水平方向上的变化率。

02.157 重力点 gravimetric point

测定重力值的点。

02.158 基本重力点 basic gravimetric point

一个国家或地区最高精度等级的重力控制点。

02.159 重力基线 gravimetric baseline

由若干个高精度重力点组成的作为重力仪格值检测基准的基线。

02.160 波茨坦重力系统 Potsdam gravimetric system

由德国波茨坦地学研究中心(GFZ-Potsdam)内的绝对重力点的起算值推算的重力值体系(1967 年国际大地测量协会把此点重力值定义为 $981\ 260 \times 10^{-5}\ \mathrm{m \cdot s^{-2}}$)。

02.161 国家重力基准网 national gravity fundamental network

确定全国重力值的基准网,提供重力测量的基准(起算)数据。

02.162 1971 国际重力基准网 International Gravity Standardization Net 1971, IGSN 1971

国际大地测量学与地球物理学联合会(IUGG)将 1950—1970 年通过国际合作建立的全球重力网作为国际重力基准。

02.163 1957 国家重力基准网 National Gravity Fundamental Network 1957, NGFN 1957

1957 年中国建立的由 27 个基本重力点组成的重力基准网。没有绝对重力测量点。

02.164 1985 国家重力基准网 National

Gravity Fundamental Network 1985，NGFN 1985

1985 年中国建立的由 6 个重力基准点、46 个基本重力点和 5 个引点组成的重力基准网。

02.165　2000 国家重力基准网　National Gravity Fundamental Network 2000，NGFN 2000

2000 年中国建立的由 21 个重力基准点、126 个基本重力点组成的重力基准网。

02.166　矢量重力测量　vector gravimetry

测定重力的大小和方向或三维分量的重力测量。

02.167　微重力测量　microgravimetry

微弱重力异常的测量技术与方法。

02.168　绝对重力测量　absolute gravity measurement

测定绝对重力加速度的技术和方法。

02.169　相对重力测量　relative gravity measurement

测定两点间重力加速度差值的技术和方法。

02.170　卫星重力梯度测量　satellite gravity gradiometry

利用在近地卫星上携带的重力梯度仪，测定地球重力梯度以求定重力场的方法。

02.171　零漂改正　correction of zero drift

对测量仪器零点漂移引起的测量值随时间变化所加的改正。

02.172　重力潮汐改正　correction of gravity measurement for tide

对日、月引力引起地面点重力变化所加的改正。

02.173　航空重力测量　airborne gravimetry

利用机载重力仪或重力梯度仪在空中进行的重力测量。

02.174　卫星重力测量　satellite gravimetry

利用卫星携带的传感器，观测由地球重力场引起的卫星轨道摄动及其他要素，以观测数据反演和恢复地球重力场的技术。主要实施模式有卫星地面跟踪、卫星测高、卫星跟踪卫星和卫星重力梯度测量。

02.175　惯性测量系统　inertial surveying system，ISS

由加速度计和陀螺平台等惯性器件组成的用于测定载体空间位置、姿态和重力场参数的系统。

02.176　惯性测量单元　inertial measurement unit，IMU

又称"惯性测量装置"。输出确定导航参数如姿态（航向、俯仰、横滚）、速度和位置的设备。

02.177　惯性大地测量　inertial geodetic surveying

通过惯性元件（陀螺仪和加速度计等）感受载体（汽车或飞机等）在运动过程中的加速度，进而求得载体在空间的位置变化的技术与方法，如经纬度、高程、方向角、重力异常和垂线偏差的增量等。

02.178　卫星跟踪卫星　satellite to satellite tracking，SST

利用一颗卫星跟踪另一颗卫星，测定彼此间的距离变化或相对速度变化的技术和方法。

02.179　恒星敏感器　stellar sensor

通过拍摄恒星位置确定卫星姿态的高精度摄影机。

02.180　姿态控制系统　attitude control system，ACS

在确定卫星姿态的基础上，实现卫星在某个规定或预定的方向上定向的一种控制系统。

02.181　重力垂线偏差　gravimetric deflection of the vertical

一点的重力方向与正常重力方向的空间夹角。

02.182 垂线偏差改正 correction for deflection of the vertical

将地面上以重力线为准观测的水平方向归算为以椭球面法线为准的水平方向所加的改正。

02.183 标高差改正 correction for skew normals

将地面以椭球面法线为准的水平方向观测值归算到椭球面上时,顾及照准点标志的大地高对水平方向观测值的影响所加的改正。

02.184 截面差改正 correction from normal section to geodesic

将法截线方向化算为大地线方向所加的改正。

02.185 重力数据库 gravimetric database

计算机存储的各种重力数据及其管理软件的集合。

02.186 重力异常 gravity anomaly

大地水准面上一点的重力值与其在地球椭球面上投影点的正常重力值之差。或地球自然表面上一点的重力值与其在似地球面投影点的正常重力值之差。

02.187 空间异常 free-air anomaly

施加空间改正后的重力异常。

02.188 布格异常 Bouguer anomaly

施加布格改正后的重力异常。

02.189 纯重力异常 pure gravity anomaly

同一点的重力值与正常重力值之差。

02.190 重力异常阶方差 degree variance of gravity anomaly

重力异常球谐函数中某阶各次球谐系数平方和的均方值。

02.191 地壳均衡 isostasy

地壳各个地块在一定深度趋向静力平衡的状态。

02.192 地形均衡异常 topographic-isostatic anomaly

在观测的重力值加上空间改正、布格改正、局部地形改正和地壳均衡改正后并减去对应椭球面上的正常重力值。

02.193 地壳均衡改正 isostatic correction

根据地壳均衡假说,对重力值所加的改正。

02.194 重力归算 gravity reduction

将地面观测的重力值归算到大地水准面或其他参考面上的过程。

02.195 空间改正 free-air correction

将地面点的重力值按高度进行重力归算所加的改正。

02.196 层间改正 plate correction

在重力归算中移去过重力点的水准面与大地水准面之间的质量所加的改正。

02.197 地形改正 topographic correction

重力值归算时,顾及重力点周围地形起伏的质量所加的改正。

02.198 布格改正 Bouguer correction

在重力归算中空间改正与层间改正之和。

02.199 法耶改正 Faye correction

在重力归算中空间改正与地形改正之和。

02.200 大地测量边值问题 geodetic boundary value problem

已知地球表面或大地水准面上有关的重力或重力位数据,并满足一定的条件确定地球形状的边值问题。

02.201 重力基本微分方程 fundamental gravity differential equation

表征大地水准面上重力异常、正常重力、扰

动位及其一阶径向导数基本关系的微分方程。

02.202　布耶哈马问题　Bjerhammar problem
根据在地球内部的等效球面上的边值条件，并使其结果与用地面上的边值条件求得的同一点的外部扰动位相等，从而确定地球形状的大地测量边值问题。

02.203　斯托克斯理论　Stokes theory
假设在大地水准面之外没有质量，利用在该面上的重力异常，并使其满足一定的边界条件确定大地水准面的理论。

02.204　斯托克斯公式　Stokes formula
根据斯托克斯理论建立的计算大地水准面上及其外部空间扰动位的公式。

02.205　莫洛坚斯基理论　Molodensky theory
由地面重力数据研究地球自然表面形状的理论。

02.206　莫洛坚斯基公式　Molodensky formula
根据莫洛坚斯基理论建立的以地形面为边界面，用混合重力异常作为边界值，解算地面及其外部空间扰动位的公式。

02.207　维宁·曼尼斯公式　Vening Meinesz formula
利用斯托克斯理论或莫洛坚斯基理论建立的计算重力垂线偏差的公式。

02.208　大地水准面　geoid
一个与静止的平均海水面密合并延伸到大陆内部的封闭的重力等位面。

02.209　水准面　level surface
重力位相等的曲面。

02.210　天文水准　astronomical leveling
用天文大地垂线偏差推算两点间的大地水准面高差或高程异常差的方法。

02.211　天文重力水准　astro-gravimetric leveling
用天文大地垂线偏差和重力数据推算两点间的大地水准面高差或高程异常差的方法。

02.212　似大地水准面　quasi-geoid
从地面点沿正常重力线量取正常高所得端点构成的封闭曲面。

02.213　地球定向参数　earth orientation parameter，EOP
表示地球参考系统相对天球参考系统的定向参数。

02.214　地球自转参数　earth rotation parameter，ERP
表示地球自转的速率、自转轴方向及其变化的参数。

02.215　地球自转角速度　rotational angular velocity of the earth
地球本体绕通过其质心的旋转轴自西向东旋转的角速度。

02.216　岁差　precession
地球瞬时自转轴在惯性空间不断改变方向的长期性运动。

02.217　章动　nutation
地球瞬时自转轴在惯性空间不断改变方向的周期性运动。

02.218　地球动力扁率　dynamic ellipticity of the earth
表征地球力学性质的一个量，用公式表示则为：$H=C-A$ 或 $H=\alpha-\alpha^2/2$。式中：H 为动力扁率；C 为地球转动惯量；A 为转动惯量平均值；α 为几何扁率。

02.219　地球动力因子　dynamic factor of the earth
地球引力位球谐函数级数展开式中的二阶带谐系数。

02.220 瞬时极 instantaneous pole
地球瞬时自转轴与地球表面的交点。

02.221 极移 polar motion
地球瞬时自转轴相对于地球惯性轴的运动。

02.222 平极 mean pole
由若干极移监测站在一定时期内大量持续的纬度观测数据算得的平均地(北)极位置。

02.223 固定平极 fixed mean pole
作为长期固定采用的一种平极。

02.224 历元平极 mean pole of the epoch
由某一历元的观测数据并消去周期项变化后确定的一种平极。

02.225 天球历书极 celestial ephemeris pole
消除了周日极移的地球角动量轴与天球的交点,章动系列的参考极。

02.226 引潮力 tide-generating force
引起地球上潮汐现象的力。

02.227 引潮位 tide-generating potential
日、月等天体对地球表面点的引力位与对地心的引力位之差。

02.228 附加位 additional potential
在日、月等天体引力作用下,弹性地球形变引起物质重新分布所产生的位。

02.229 海洋潮汐 ocean tide
海水在天体(主要是月球和太阳)引潮力作用下所产生的周期运动。

02.230 海洋负荷 ocean load
由于日、月等天体的引力影响引起海水变化所导致的负荷。

02.231 负荷潮 load tide
由于日、月等天体的引力影响引起海水负载变化,使地面在一定区域产生周期性形变的现象。

02.232 固体潮 earth tide
在日、月等天体引力作用下,固体地球产生周期性变化的现象。

02.233 平衡潮 equilibrium tide
假设地球为刚体,其表面均匀覆盖着海水,在日、月引力的作用下所产生的周期性的形变现象。

02.234 无潮汐系统 free-tidal system
消除由月球和太阳引潮力作用的直接和间接潮汐影响后的潮汐参考系统。

02.235 零潮汐系统 zero-tidal system
消除由月球和太阳引潮力作用的直接影响,保留地面潮汐形变及附加位有关部分间接影响的潮汐参考系统。

02.236 平均潮汐系统 mean-tidal system
只保留月球和太阳引潮力作用的永久性潮汐影响的潮汐参考系统。

02.237 潮汐因子 tidal factor
固体潮的观测振幅与理论振幅之比值。

02.238 杜德森常数 Doodson constant
用下式表示的常数(D):$D = 3GM \cdot R^2 / (4C^3)$且$R = a^{2/3} b^{1/3}$。式中:$C$为地心、月心之间的平均距离;$GM$为地心引力常数;$a$为椭球长半轴;$b$为椭球短半轴。

02.239 志田数 Shida's number
地面点的固体潮水平位移与相应平衡潮水平位移之比值。

02.240 勒夫数 Love number
平衡潮与真实固体潮之间的比例常数。

02.241 潮汐波 tidal wave
由引潮力所产生的地球表面的周期性波动。

02.242 海潮模型 ocean tidal model
以一定的数字形式表示海潮位的数学模型。

02.243 潮汐频谱 tidal spectrum

潮汐内部能量相对于频谱的分布。

02.244 地形变监测 crustal deformation monitoring
通过各种观测手段测量地表点位的相对变化,来监测地面运动和变形过程。

02.245 地壳形变 crustal deformation
在地球内力和外力作用下,地球的地壳表面产生的升降、倾斜、错动等现象及其相应的变化量。

02.246 地壳应变 crustal strain
地壳在不超过岩石弹性强度的地壳应力作用下发生的弹性形变。

02.247 地倾斜观测 ground tilt measurement
对引潮力水平分量引起的地球表面法线方向变化所做的观测。

02.248 断层位错测量 fault dislocation surveying
对完整的地质块体中的滑移地区和未滑移地区分界滑移量(即断层位错)进行的直接或间接测量。

02.249 天文经度 astronomical longitude
本初子午面到过某点的沿重力线在大地水准面上的交点所在的天球子午面间的夹角。

02.250 天文纬度 astronomical latitude
过某点的沿重力线在大地水准面上的切线与天球赤道面的夹角。

02.251 天文方位角 astronomical azimuth
过某点的重力线在大地水准面上交点的天球子午面和过另一点的重力线在大地水准面上的交点所组成的平面的夹角。

02.252 天顶距 zenith distance, zenith angle
由天顶沿地平经度圈量度到观测目标的角度。

02.253 高度角 elevation angle, altitude angle
测站至观测目标的方向线与水平面间的夹角。

02.254 天文点 astronomical point
测定天文经纬度的地面点。

02.255 经度起算点 origin of longitude
由若干天文台采用的天文经度起算值算得的平均天文经度零点。

02.256 本初子午线 prime meridian
通过固定平极和经度原点的天文子午线。

02.257 钱德勒摆动 Chandler wobble
地面点的天文纬度呈 427 天的近似周期性的变量。

02.258 中天法 transit method
通过观测中天时的恒星来测定天文经度、天文纬度或天文方位角的方法。

02.259 恒星中天测时法 method of time determination by star transit
通过观测恒星中天时的时刻来测定天文经度的方法。

02.260 津格尔测时法 method of time determination by Zinger star-pair
又称"东西星等高测时法"。通过观测对称于子午圈的东西两颗恒星在同一高度上的时刻来测定天文经度的方法。

02.261 塔尔科特测纬度法 Talcott method of latitude determination
通过观测南北两颗近似等高的恒星中天时的天顶距差以测定天文纬度的方法。

02.262 北极星任意时角法 method by hour angle of polaris
通过观测在任意时角时的北极星(并记录时刻)和目标对测站的水平夹角以测定测站到目标的天文方位角的方法。

02.263 多星等高法 equal altitude method of multi-star

通过观测均匀分布于各象限内的若干恒星经过同一等高圈的时刻以同时测定天文经纬度的方法。

02.264 轴颈误差 error of pivot

由于经纬仪或子午仪等仪器的水平轴两端直径不等、不同心及不圆引起水平轴倾斜所产生的观测误差。

02.265 人仪差 personal and instrumental equation

观测结果因观测者和仪器不同而产生的系统误差。

02.266 时号 time signal

由授时台发播的用于提供标准时刻的电磁波信号。

02.267 时号改正数 correction to time signal

计划发播的时号时刻与实际发播的时号时刻之差。

02.268 收时 time receiving

通过接收时号将守时设备的时刻与标准时刻进行比较,以确定守时设备的钟差或钟速的过程。

02.269 天文年历 astronomical ephemeris, astronomical almanac

刊登天体位置和天象及有关数据的一种定期出版物。

02.270 大地原点 geodetic origin

大地坐标的起算点。

02.271 天文大地垂线偏差 astro-geodetic deflection of the vertical

一点的垂线与椭球面法线间的夹角。

02.272 拉普拉斯方位角 Laplace azimuth

由实测的天文方位角按拉普拉斯方程改正后得出的大地方位角。

02.273 精密导线测量 precise traversing

相邻点位的相对中误差不超过二等及二等以上规范限差要求的导线测量。

02.274 全组合测角法 method in all combinations

通过观测任意两个方向所能组成的全部水平角,确定一组相互独立的各方向间的水平角的观测方法。

02.275 方向观测法 method of direction observation, method by series

从起始方向开始依次观测所有方向,从而确定各方向相对于起始方向的水平角的观测方法。

02.276 归心元素 elements of centring

观测仪器定位中心或观测目标中心相对于控制点的标石中心偏差的坐标分量,即偏心距、偏心角。

02.277 归心改正 reduction to centring

将偏心观测值归化为控制点标石中心的观测值所进行的改正计算。

02.278 水平折光差 horizontal refraction error

视线通过不同密度的大气在水平方向产生的偏差。

02.279 垂直折光差 vertical refraction error

视线通过大气层时在垂直方向上产生折射所引起的偏差。

02.280 垂直折光系数 vertical refraction coefficient

视线通过上疏下密的大气层折射形成曲线的曲率半径与地球曲率半径之比。

02.281 三角点 triangulation point

按照三角测量方法测设的水平控制点。

02.282 三角网 triangulation network

由一系列相联系的三角形构成的网状水平

控制网。

02.283 三角锁 triangulation chain
由一系列相邻三角形构成链形的水平控制网。

02.284 三角测量 triangulation
通过观测相联系三角形内各水平角,并利用已知起始边长、方位角和起始点坐标确定其他各三角点水平位置的测量技术和方法。

02.285 边长中误差 mean square error of side length
表示测量控制网边长精度的一种数值指标。通常采用相对中误差的形式,其值为中误差与边长之比。

02.286 大地网 geodetic network
利用大地测量技术和方法确定地球表面点位的测量控制网。

02.287 国家天文大地网 national astro-geodetic network
在全国范围内,按国家统一规范建立的布设有拉普拉斯点和天文点的国家高等级水平控制网。

02.288 天文大地网平差 adjustment of astro-geodetic network
按最小二乘法求定天文大地网中各要素(角度、边长、方位角、坐标)的最佳估值和评定其精度所进行的平差计算。

02.289 1954 北京坐标系 Beijing Geodetic Coordinate System 1954
将我国大地控制网与苏联 1942 普尔科沃(Pulkovo)大地坐标系相联结后建立的我国过渡性大地坐标系。

02.290 1980 西安坐标系 Xi'an Geodetic Coordinate System 1980
采用 1975 国际椭球,以 JYD 1968.0 系为椭球定向基准,大地原点设在陕西省泾阳县

永乐镇,采用多点定位所建立的大地坐标系。

02.291 2000 国家大地坐标系 China Geodetic Coordinate System 2000, CGCS2000
由国家建立的高精度、地心、动态、实用、统一的大地坐标系,其原点为包括海洋和大气的整个地球的质量中心,参考历元为 2000.0,所采用的地球椭球为 CGCS2000 椭球,参数如下:长半轴 $a = 6\ 378\ 137$ m,扁率 $f = 1:298.257\ 222\ 101$,地心引力常数 $GM = 3.986\ 004\ 418 \times 10^{14}$ m$^3 \cdot$ s^{-2},自转角速度 $\omega = 7.292\ 115 \times 10^{-5}$ rad $\cdot$ s^{-1}。

02.292 弧度测量 arc measurement
通过测量同一子午圈上两点的纬度差及长度来确定地球半径的一种方法。

02.293 水准控制网 leveling control network
用水准测量方法建立的高程控制网。

02.294 平均海[水]面 mean sea level
海面在一定时间段内的平均潮位值。可以认为是消除各种随机的、短周期或长周期变化的海面。

02.295 1956 黄海平均海[水]面 Huang Hai mean sea level
黄海海面在一定时间段内的平均潮位值。

02.296 水准原点 leveling origin
高程起算的基准点。

02.297 1985 国家高程基准 National Vertical Datum 1985
采用青岛水准原点和根据青岛验潮站 1952 年到 1979 年的验潮数据确定的黄海平均海水面所定义的高程基准。其水准原点起算高程为 72.260m。

02.298 电磁波测距高程导线测量 the EDM height traversing
利用电磁波测距和观测天顶距传递地面点

高程的测量方法。

02.299　空间大地控制网　space geodetic control network
利用测量自然天体或人造卫星定位技术建立的三维大地控制网。

02.300　水准点　benchmark
沿水准路线每隔一定距离布设的高程控制点。

02.301　水准路线　leveling line
水准测量设站观测经过的路线。

02.302　全球导航卫星系统水准　global navigation satellite system leveling
全球导航卫星系统联合(似)大地水准面模型获取(正常高)正高的一种高程测量技术。

02.303　精密水准测量　precise leveling
偶然中误差不超过二等和二等以上规范限差要求的水准测量。

02.304　跨河水准测量　river-crossing leveling
为跨越超过一般水准测量视线长度的障碍物(江河、湖泊、海域等),采用特殊的测量方法测定两端高差的水准测量。

02.305　三角高程网　trigonometric leveling network
用三角高程测量方法测定相邻三角点高差的三角网。

02.306　基线　baseline
三角测量中推算三角锁、网起算边长所依据的基本长度边。

02.307　基线网　baseline network
将直接丈量的较短的基线扩大成较长的起算边长所组成的图形。

02.308　基线测量　baseline measurement
利用因瓦线基线尺直接丈量基线长度或水平控制网中的起始边长的测量技术和方法。

02.309　地球曲率改正　correction for earth's curvature
由于地球曲率的影响,使得经过望远镜旋转中心处的水平面和水准面在被测目标的铅垂线方向的交点不是同一个点,对此进行的改正。

02.310　拉普拉斯点　Laplace point
在国家天文大地网中具有天文经纬度、天文方位角和大地经纬度的控制点。

02.311　卫星激光测距　satellite laser ranging, SLR
利用激光测距仪在地面上跟踪观测装有激光反射棱镜的卫星,测定测站到卫星的距离的技术和方法。

02.312　甚长基线干涉测量　very long baseline interferometry, VLBI
利用电磁波干涉原理,在多个测站上同步接收河外致密射电源(类星体)发射的无线电信号并对信号进行测站间时间延迟干涉处理以测定测站间相对位置以及从测站到射电源的方向的技术和方法。

02.313　参考椭球　reference ellipsoid
用于大地测量计算并代表地球形状和大小的旋转椭球。

02.314　椭球长半轴　semimajor axis of ellipsoid
又称"地球长半轴"。椭球子午椭圆的长半径。

02.315　椭球短半轴　semiminor axis of ellipsoid
又称"地球短半轴"。椭球子午椭圆的短半径。

02.316　椭球扁率　flattening of ellipsoid
椭球长、短半轴之差与长半轴之比。

02.317　椭球偏心率　eccentricity of ellipsoid

椭球的子午椭圆焦点偏离中心的距离与椭圆半径的比值。与长半径的比值称为"第一偏心率";与短半径的比值称为"第二偏心率"。

02.318 子午面 meridian plane
包含椭球旋转轴的平面。

02.319 法截面 normal section
包含椭球面上一点法线的平面。

02.320 卯酉面 prime vertical plane
与子午面相垂直的法截面。

02.321 子午圈 meridian
椭球子午面与椭球面的截线。

02.322 卯酉圈 prime vertical
椭球卯酉面与椭球面的截线。

02.323 平行圈 parallel circle
椭球面上平行于赤道面的圈。

02.324 子午圈曲率半径 radius of curvature in meridian
子午圈上一点的曲率半径(M)为:$M = a(1-e^2)(1-e^2\sin^2 B)^{-3/2}$。式中:$a$ 为椭球长半轴;e 为椭球第一偏心率;B 为大地纬度。

02.325 卯酉圈曲率半径 radius of curvature in prime vertical
卯酉圈上一点的曲率半径(N)为:$N = a(1-e^2\sin^2 B)^{-1/2}$。式中:$a$ 为椭球长半轴;e 为椭球第一偏心率;B 为大地纬度。

02.326 平均曲率半径 mean radius of curvature
椭球面上一点的子午圈曲率半径和卯酉圈曲率半径的几何平均值。

02.327 贝塞尔椭球 Bessel ellipsoid
贝塞尔于 1841 年提出的参考椭球,其长半轴为 6 377 397 m,扁率为 1/299.152。

02.328 海福德椭球 Hayford ellipsoid
海福德于 1909 年提出的参考椭球,其长半轴为 6 378 388 m,扁率为 1/297.0。

02.329 克拉索夫斯基椭球 Krasovsky ellipsoid
克拉索夫斯基于 1940 年提出的参考椭球,其长半轴为 6 378 245 m,扁率为 1/298.3。

02.330 参考椭球定位 orientation of reference ellipsoid
确定参考椭球在地球体内的位置和方向。

02.331 大地线 geodesic
椭球面上两点间最短的曲线。

02.332 大地线微分方程 differential equation of geodesic
大地线长度与大地经纬度、大地方位角之间的微分关系式。

02.333 地心经度 geocentric longitude
地心坐标系中本初子午面到过某点的子午面的夹角。

02.334 地心纬度 geocentric latitude
地心坐标系中某点的向径与赤道面的夹角。

02.335 归化纬度 reduced latitude
由下式定义的纬度(u):$u = \arctan(\sqrt{(1-e^2)}\tan B)$。式中:$e$ 为椭球第一偏心率;B 为大地纬度。

02.336 等量纬度 isometric latitude
椭球面对球面进行正射投影时,由下面微分关系式定义的大地纬度辅助量(q):$\mathrm{d}q = M/r \cdot \mathrm{d}B$。式中:$M$ 为子午圈曲率半径;r 为平行圈曲率半径;B 为大地纬度。

02.337 底点纬度 latitude of pedal
高斯平面上过已知点向纵坐标轴作垂线与纵坐标轴交点的大地纬度。

02.338 坐标方位角 grid bearing
笛卡儿平面直角坐标系中平行于纵坐标轴

的方向与某一方向的夹角。

02.339　大地方位角　geodetic azimuth
椭球面上一点的大地子午线与过该点的大地线间的夹角。

02.340　大地坐标　geodetic coordinate
大地坐标系中的坐标分量,即大地纬度、大地经度、大地高。

02.341　大地经度　geodetic longitude
起始大地子午面与椭球面上一点的大地子午面间的夹角。

02.342　大地纬度　geodetic latitude
椭球赤道面与椭球面上一点的法线间的夹角。

02.343　大地高　geodetic height, ellipsoidal height
地面点沿椭球面法线到椭球面的距离。

02.344　大地主题正解　direct solution of geodetic problem
已知一点的大地经度、大地纬度以及该点至待求点的大地线长度和大地方位角,计算待求点的大地经度、大地纬度和待求点至已知点的大地方位角的解算。

02.345　大地主题反解　inverse solution of geodetic problem
已知两点的大地经度和大地纬度,计算这两点间的大地线长度和正反大地方位角的解算。

02.346　高斯中纬度公式　Gauss midlatitude formula
用大地线两端点的平均纬度和方位角作为参数的大地主题解算公式。

02.347　贝塞尔大地主题解算公式　Bessel formula for solution of geodetic problem
由贝塞尔提出的一种长距离大地主题解算公式。即采用一个辅助球面,先确定椭球面上各元素同辅助球面上各元素之间的相互关系,然后在球面上进行大地主题解算,最后再归算到椭球面上。

02.348　中央子午线　central meridian
高斯投影带中央的大地子午线。

02.349　分带子午线　zone dividing meridian
高斯投影带边线的大地子午线。

02.350　高斯投影距离改正　distance correction in Gauss projection
地球椭球面上两点间的大地线长度化算为高斯平面上相应两点间的直线距离时所加的改正。

02.351　高斯投影方向改正　arc-to-chord correction in Gauss projection
地球椭球面上两点间的大地线方向化算到高斯平面上相应两点间的直线方向所加的改正。

02.352　高斯平面坐标系　Gauss plane coordinate system
利用高斯-克吕格投影,以中央子午线为纵轴,以赤道投影为横轴所构成的平面直角坐标系。

02.353　高斯平面子午线收敛角　Gauss grid convergence
高斯投影平面上过一点平行于纵坐标轴的方向与过该点的大地子午线的投影曲线间的夹角。

02.354　测量误差　measurement error
测量过程中产生的各种误差总称。

02.355　真误差　true error
观测值与其真值之差。

02.356　绝对误差　absolute error
在测量中不考虑某量的大小,而只考虑该量的近似值对其准确值的误差本身的大小。

02.357　相对误差　relative error
测量误差与其相应的观测值之比。

02.358　平均误差　average error
测量误差绝对值的数学期望。

02.359　极限误差　limit error
在一定观测条件下偶然误差的绝对值不应超过的限值。

02.360　截断误差　truncation error
级数展开中舍去部分引起的误差。

02.361　舍入误差　round-off error
数据运算中截取数字位数带来的误差。

02.362　闭合差　closing error, closure error
测量函数的计算值与理论值之差。

02.363　平差值　adjusted value
测量平差所求得的观测值及待估参数的估值。

02.364　抗差估计　robust estimation
又称"稳健估计"。消除和削弱观测误差中粗差对参数估计的干扰和影响,求解最佳估值的方法。

02.365　最小二乘法　least squares method
在残差满足 $V^{\mathrm{T}}PV$ 为最小的条件下解算测量估值或参数估值并进行精度估算的方法。其中 V 为残差向量,P 为其权矩阵。

02.366　参数平差　parameter adjustment
又称"间接平差(indirect adjustment)"。利用观测值和待求参数之间的函数关系,按最小二乘法进行平差的方法。

02.367　条件平差　condition adjustment
根据各观测元素间的几何、物理条件或附加条件和约束条件,按最小二乘法进行平差的方法。

02.368　附条件参数平差　parameter adjustment with conditions

在条件平差的条件方程式中含有未知数,按最小二乘法进行平差的方法。

02.369　附参数条件平差　condition adjustment with parameters
又称"附条件间接平差"。在参数平差中,列入某些未知量之间的条件方程式,并与误差方程式一起按最小二乘法进行平差的方法。

02.370　序贯平差　sequential adjustment
一种逐次递推的平差方法。每增加一组新的观测数据,可按递推公式利用原求出的未知数参数估值和权逆阵,求出参数新估值和权逆阵的方法。

02.371　秩亏平差　rank defect adjustment
解决法方程系数矩阵秩亏问题的一种平差方法。

02.372　拟稳平差　quasi-stable adjustment
将平差计算中的待定点分为非稳定点和相对稳定的拟稳点两类,求解最佳估值的方法。

02.373　相关平差　adjustment of correlated observation
顾及观测值相关因素的最小二乘法平差。

02.374　动态测量平差　adjustment of kinematic observations
按照特定原则,对运动载体观测数据进行平差处理的理论与技术。

02.375　最小二乘配置法　least squares collocation
又称"最小二乘拟合推估法"。根据最小二乘原理,按一种特定的拟合法则,对随机参数和非随机参数进行推估的数据处理方法。

02.376　半参数模型　semi-parameter model
既有参数分量,又含有表示模型误差或其他系统误差的非参数分量的函数模型及其相应的统计模型。

02.377 多余观测 redundant observation

超过确定未知量所必需的观测数量的观测。

02.378 权 weight

衡量测量值(或估值)及其导出量相对可靠程度的一种指标。

02.379 概然误差 probable error

测量误差的概率等于 1/2 时的正负界限内的误差。

02.380 单位权 unit weight

数值等于 1 的权。

02.381 权函数 weight function

在求某量的权倒数时所列出的该量与平差未知数间的函数关系式。

02.382 权系数 weight coefficient

间接平差中为推导未知量的权倒数而引入的一组不定系数。

02.383 权矩阵 weight matrix

单位权方差为 1 时的方差–协方差矩阵,即协因数矩阵的逆矩阵。

02.384 权逆阵 inverse of weight matrix

权矩阵的逆矩阵。

02.385 观测方程 observation equation

在观测值和待估参数之间建立的函数关系式。

02.386 联系数 correlate

条件平差中为求条件极值而引入的一系列不定乘数。

02.387 法方程 normal equation

在最小二乘法平差中,为求解条件方程组和误差方程组而组成的对称正定的方程组。

02.388 方差 variance

随机变量与其数学期望的偏离值平方的数学期望。用于描述随机变量与其数学期望的离散程度。

02.389 均方根误差 root mean square error, RMSE, RMS

观测值与其真值(或其他外部参考值)偏差的平方和均值的平方根。表示外部符合精度,用于反映测量的准确度。

02.390 协方差 covariance

两个随机变量与其各自数学期望的偏离值乘积的数学期望。用于反映随机变量之间统计相关程度。

02.391 单位权方差 variance of unit weight

又称"方差因子"。权为 1 的观测值的方差。

02.392 方差–协方差矩阵 variance-covariance matrix

由随机变量的方差为主对角线元素,以随机变量之间的协方差为非对角元素构成的对称方阵。

02.393 方差–协方差分量估计 variance-covariance component estimation

通过平差得到的改正数向量去估计方差–协方差矩阵中的主对角线元素方差分量和非对角线元素协方差分量的过程。

02.394 方差–协方差传播律 variance-covariance propagation law

由观测值的方差–协方差计算观测值函数的方差–协方差的关系式。

02.395 图形权倒数 weight reciprocal of figure

衡量三角锁图形结构对边长精度影响的技术指标。

02.396 菲列罗公式 Ferrero's formula

在三角测量中,通过三角形闭合差(W)估算测角中误差(m)的一种公式,即: $m = \pm \sqrt{\sum W_i / (3n)}$。式中:$n$ 为三角形个数。

02.397 测角中误差 standard deviation of angle observation

表示三角(导线)控制网角度精度的一种数值指标,一般依三角形闭合差或平差改正数求得。

02.398 **方位角中误差** standard deviation of azimuth
表示测量控制网中边的方位角精度的一种数值指标,一般由观测值或由推算求得。

02.399 **坐标中误差** standard deviation of coordinate
表示点的坐标精度的一种数值指标,通常按坐标分量中误差形式给出,由推算或依观测值求得。

02.400 **点位中误差** standard deviation of a point
表示点位精度的一种数值指标,依各坐标分量中误差通过计算求得。

02.401 **高程中误差** standard deviation of height
表示点的高程精度的一种数值指标,由推算或依观测值求得。

02.402 **协方差函数** covariance function
表示随机变量之间线性相关的一种函数。

02.403 **误差椭圆** error ellipse
描述待定点位置各方向上误差分布规律的椭圆。

02.404 **误差椭球** error ellipsoid
描述待定点空间位置各方向误差分布规律的椭球。

02.405 **误差检验** error test
检查测量值误差的性质和分布情况的过程。

02.406 **大地测量仪器** geodetic instrument
研究地球形状、大小、空间物体位置、重力场及其变化所使用的野外测绘仪器。

02.407 **测量型接收机** surveying receiver
接收导航卫星信号并实时获取伪距、载波相位等用户观测数据的接收机。

02.408 **经纬仪** theodolite, transit
测量水平和竖直角度的测绘仪器。

02.409 **光学经纬仪** optical theodolite
具有光学读数装置的经纬仪。

02.410 **电子经纬仪** electronic theodolite
利用电子技术测角的经纬仪。

02.411 **激光经纬仪** laser theodolite
带有激光指向装置的经纬仪。用于定线、定位、测设已知角度和坡度以及划线放样等。

02.412 **天文经纬仪** astronomical theodolite
既能用于大地测量作业,又能用于精密天文测量的经纬仪。

02.413 **罗盘经纬仪** compass theodolite
带有测定磁方向角罗盘的经纬仪。

02.414 **地磁经纬仪** magnetism theodolite
带有测定地磁偏角和地磁水平强度装置的经纬仪。

02.415 **坡面经纬仪** slope theodolite
在主望远镜上装有能测定腰线的副望远镜的普通经纬仪。

02.416 **悬式经纬仪** suspension theodolite
用于井下测量的可悬挂的经纬仪。

02.417 **测距经纬仪** distance theodolite
带有光电测距装置的光学经纬仪。

02.418 **电子速测仪** electronic tacheometer, electronic stadia instrument, electronic tachymeter total station
又称"全站仪"。具有电子测距、测角功能,并直接获取三维坐标的测量仪器。

02.419 **激光地形仪** laser topographic position finder

无合作目标的激光测距装置与经纬仪结合，既能测角又能测距的仪器。

02.420 罗盘仪 compass
利用磁针确定磁方位的简便仪器。

02.421 水准仪 level
根据水准测量原理测量地面两点间高差的仪器。

02.422 光学水准仪 optical level
由望远镜、管状水准器或补偿器等组成的水准仪。

02.423 电子水准仪 electronic level
自动指示目标水平位置的仪器。

02.424 精密水准仪 precise level
用于二等水准测量以上的高精度水准仪。

02.425 自动安平水准仪 automatic level, compensator level
在一定的竖轴倾斜范围内，通过补偿器自动安平望远镜视准轴的水准仪。

02.426 激光水准仪 laser level
带有激光指向装置的水准仪。

02.427 电子测距仪 EDM instrument, electronic distance meter, electromagnetic distance meter
利用光电技术测得距离并直接显示的仪器。

02.428 光电测距仪 electro-optical distance meter
利用波长为 400～1000 nm 的光波作载体的电磁波测距仪。

02.429 双色激光测距仪 two-color laser ranger, distance meter
利用两种不同波长的光源同时进行测距的仪器。

02.430 卫星激光测距仪 satellite laser ranger

以激光器为光源，测定地面测站到有合作目标的人造卫星距离的仪器。

02.431 微波测距仪 microwave distance meter
利用波长为 0.8～10 cm 的微波作载波的电子测距仪。

02.432 等高仪 astrolabe
用于观测、记录一组恒星通过同一等高圈之时刻、纬度的仪器。

02.433 光电等高仪 photoelectric astrolabe
利用光电技术自动记时的等高仪。

02.434 中星仪 transit instrument
用于测定恒星时或按太尔各特测定法测定天文纬度的天文观测仪器。

02.435 光电中星仪 photoelectric transit instrument
装有光电装置和导星镜的中星仪。

02.436 象限仪 quadrant
用于测定地面上某直线的磁象限角且装有望远镜的罗盘仪。

02.437 天文坐标量测仪 astronomical coordinate measuring instrument
量测底片上星象直角坐标的仪器。

02.438 恒时钟 sidereal clock
按地球自转周期为基准的恒星时运行的计时仪器。

02.439 平时钟 mean-time clock
按平太阳时运行的计时仪器。

02.440 重力仪 gravimeter
测定地球上某一点绝对重力或两点重力差的仪器。

02.441 金属弹簧重力仪 metallic spring gravimeter
用铁镍合金作弹簧制成的用于测量两点重

力差的仪器。

02.442 石英弹簧重力仪 quartz spring gravimeter
用熔融石英作弹簧制成的用于测量两点重力差相对变化的仪器。

02.443 超导重力仪 superconductor gravimeter
利用超导体产生的磁场来平衡悬浮超导球质量以测量重力变化的仪器。

02.444 绝对重力仪 absolute gravimeter
测量绝对重力值的仪器。

02.445 重力梯度仪 gradiometer
测量重力位二阶导数的仪器。

02.446 地磁仪 magnetometer
用于测量地磁场强度和方向的仪器的统称。

02.447 倾斜仪 clinometer
测量物体随时间的倾斜变化及铅垂线随时间变化的仪器。

02.448 伸缩仪 extensometer
测量物体直线伸缩的仪器。主要用于固体潮、地震预测中的地壳形变和某些工程中的伸缩观测。

02.449 自准直目镜 autocollimating eyepiece
由目镜、分划板和采用半透半反分束镜的照明系统组成以确定准直状态的目镜。

02.450 弯管目镜 diagonal eyepiece
带有转向棱镜以改变目视方向的目镜。用于经纬仪进行大倾角测量时的附件。

02.451 测微目镜 micrometer eyepiece
带有分划板和测微装置的目镜。

02.452 激光目镜 laser eyepiece
带有激光装置的目镜。

02.453 度盘 circle
用于测量角度的分度圆盘。

02.454 补偿器 compensator
在仪器中用于补偿相位差、光程差、偏振差、光强度或机械位移等变量的部件。

02.455 水准器 spirit level, bubble level
由水准泡或电子倾斜传感器组成的部件。用于安平或测量微小倾角。

02.456 三角基座 tribrach
用于支承仪器,并可调节竖轴方向的装置。

02.457 测微器 micrometer
将分划间距细分的装置。

02.458 光学对中器 optical plummet
使仪器中心和测站点在铅垂方向对准的光学装置。

02.459 目视天顶仪 visual zenith telescope
用目视方法观测恒星天顶距的仪器。

02.460 寻北器 north-finding instrument, polar finder
用于简易天文定向的北极星观测件。

02.461 标志灯 signal lamp
在能见度差的条件下用于照准的发光器具。

02.462 回照器 helioscope, helios
用平面镜反射日光以供观测照准用的司光器具。

02.463 等高棱镜 contour prism
采用棱镜等高法观测的经纬仪附件。

02.464 五角棱镜 pentaprism
两反射面夹角为 45°,出射面和入射面夹角为 90°的棱镜。

02.465 鲁洛夫斯太阳棱镜 Roelofs solar prism
专门用于观测太阳的一种特殊装置。

02.466　能见度　visibility
正常视力能将目标物从背景中区别出来的最大距离所相应的等级。其与大气透明度、目标物和背景的亮度比有关。

02.467　垂球　plumb bob
上端系有细绳的倒圆锥形金属锤,在测量工作中用于投影对点或检验物体是否铅垂的简单工具。

02.468　三脚架　tripod
用来安置仪器带有架头和三条支撑腿的装置。

02.469　对中杆　centering rod
连接于三脚架架头,能按铅垂方向直接指向地面标记点的可伸缩金属杆。

02.470　觇标　target
又称"测标"。观测照准目标及安置测量仪器的测量标架。

02.471　标尺　staff, rod
用于测量高度或深度的刻度尺。

02.472　测杆　measuring bar
测量时标示目标的一种工具。其表面一般红白相间分段,杆底装有尖铁脚。

02.473　水准尺　leveling staff
与水准仪配合进行水准测量的标尺。

02.474　线纹米尺　standard meter
1 m 长的标准尺。

02.475　因瓦基线尺　invar baseline wire
用镍铁合金制成的、膨胀系数小于 $0.5 \times 10^{-6} ℃^{-1}$ 的线状尺或带状尺。

02.476　光栅　grating
制有按一定要求或规律排列的刻槽或线条的透光或不透光(反射)的光学元件。

02.477　定向天线　directional antenna
按给定方向发射或接收无线电信号的天线。

02.478　全向天线　omnidirectional antenna
水平方向灵敏度相同,垂直方向属于定向型的一种天线。

02.479　调制器　modulator
使光、电信号的某些参数(如振幅、强度、频率或相位)按照另一信号的变化规律而变化的装置。

02.480　换能器　transducer
可把电能、机械能或声能从一种形式转换为另一种形式的装置。

02.481　波带板　zone plate
具有使点光源或不大的物体成实像的作用,且对于所考察的点,只让奇数或偶数半波带通过,使得波阵面在所考察点产生合成振动的振幅为相应各半波带所产生振动振幅之和的光学屏板。

02.482　电荷耦合器件　charge-coupled device, CCD
由时钟脉冲电位来产生和控制半导体势阱的变化,实现产生和传递电荷信息的固态电子器件。

02.483　调制频率　modulation frequency
单位时间内完成调制的次数。

02.484　时钟频率　clock frequency
时钟振荡器在单位时间内完成的振荡次数。

02.485　目标反射器　target reflector
测距仪测距时,在镜站设置的、能将测距仪发射信号反射回测站的装置。

02.486　电子手簿　data recorder
外业测量工作中,用于存储观测数据并能将数据按规定要求输出的电子记录装置。

02.487　固定误差　fixed error, constant error
与被测距离大小无关的误差。

**02.488　比例误差　proportional error, scale

error

与被测距离成比例的测距误差。

02.489 视距 sighting distance
用调焦望远镜观察时在分划面上成清晰像的物体与仪器转轴中心的距离。

02.490 乘常数 multiplication constant
对精测频率进行修正的改正因子。

02.491 加常数 addition constant
由于测距仪中光路调整的剩余误差、信号延迟等因素的影响,使仪器测得的距离值与实际距离之间存在的固定差值,但在测量时必须改正的差值常数。

02.492 视距乘常数 stadia multiplication constant
利用望远镜视距线测距时,为了得到视距而与分划板上两视距线对应的标尺截距相乘的一个常数。一般为100。

02.493 视距加常数 stadia addition constant
用望远镜视距线测距时,为了得到视距而给标尺截距与乘常数之积加上的一个常数。一般为0。

02.494 长度标准检定场 standard field of length
以高精度长度为标准,检定各种测量长度的工具和仪器的场地。

02.495 竖盘指标差 index error of vertical circle, vertical collimation error
当经纬仪置平后,竖盘读数系统零位的偏差。

02.496 补偿器补偿误差 compensating error of compensator
补偿器对竖轴倾斜引起的视准轴竖直方向的偏差不能完全补偿造成的残余误差。

02.497 安平精度 setting accuracy
仪器整置在水平位置时,仪器偏离真实水平位置的程度。

02.498 二倍照准部互差 discrepancy between twice collimation error
经纬仪正、倒镜观测同一水平目标的两个读数的差值与180°之差。

02.499 调焦误差 error of focusing
在调焦范围内由调焦引起的视准轴变化量。

02.500 视差 parallax
(1)像平面与指标平面不重合所产生的读数或照准偏差。(2)摄影测量中指立体像对中同名像点坐标之差。

02.501 行差 run error
测微器或带尺对分划间距进行细分时,分划值与测微器或带尺相应分划值的偏差。

02.502 频率误差 frequency error
测距仪的调制频率标称值与实际值的偏差。

02.503 测距误差 distance-measuring error
距离测值与被测距离真值之差。

02.504 周期误差 periodic error
以某一固定量为周期重复出现的系统误差。就测距仪而言,指以一定距离为周期重复出现的测距误差。就光学度盘而言,则指以某一角度为周期重复出现的分划误差。

02.505 标称精度 nominal accuracy
仪器出厂时标明的精度指标。

02.506 测高仪 altimeter
用于测量空间点位相对地面高度的仪器。

02.507 雷达测高仪 radar altimeter
又称"雷达高度计"。以无线电波作载波的电磁波式测高仪。

02.508 卫星导航 satellite navigation
通过卫星发射的无线电信号提供定位、导航、授时等服务的无线电导航。

02.509 导航卫星系统 navigation satellite system

通过卫星发射的无线电信号提供定位、导航、授时等服务的无线电导航系统。

02.510 北斗导航卫星系统 BeiDou Navigation Satellite System, BDS

中国建立和管理的在全球或特定区域提供定位、导航、授时、短报文通信与位置报告等服务的导航卫星系统。

02.511 全球定位系统 Global Positioning System, GPS

美国建立和管理的在全球范围提供定位、导航、授时等服务的导航卫星系统。

02.512 格洛纳斯导航卫星系统 Global Navigation Satellite System, GLONASS

俄罗斯建立和管理的在全球范围提供定位、导航、授时等服务的导航卫星系统。

02.513 伽利略导航卫星系统 Galileo Navigation Satellite System, Galileo

欧盟建立和管理的在全球范围提供定位、导航、授时等服务的导航卫星系统。

02.514 准天顶导航卫星系统 Quasi-zenith Satellite System, QZSS

日本建立和管理的在日本及其周边区域提供定位、导航、授时等服务的导航卫星系统。

02.515 印度区域导航卫星系统 Indian Regional Navigation Satellite System, IRNSS

印度建立和管理的在印度及其周边区域提供定位、导航、授时等服务的导航卫星系统。

02.516 导航卫星 navigation satellite

能够发射无线电信号以提供定位、导航、授时等服务的人造地球卫星。

02.517 导航星座 navigation satellite constellation

按照特定卫星轨道和相位关系组网构成的导航卫星集合。

02.518 中圆地球轨道 medium earth orbit, MEO

轨道高度在 $2\,000 \sim 35\,000$ km 的近圆形的卫星轨道。

02.519 地球静止轨道 geostationary earth orbit, GEO

与地球自转周期相同、轨道面与赤道面夹角约为 $0°$ 的卫星轨道。

02.520 倾斜地球同步轨道 inclined geosynchronous orbit, IGSO

与地球自转周期相同、轨道面与赤道面呈一定夹角的卫星轨道。

02.521 运控系统 operational control system, OCS

对导航卫星进行轨道、钟差、电离层等进行监测处理和管理控制的系统。一般由一定数量的主控站、注入站、监测站等组成。

02.522 主控站 master control station, MCS

集中利用导航卫星的各类观测数据进行卫星轨道、卫星钟差、电离层改正等业务处理和管理控制的地面站,是导航卫星系统的运行控制中心。

02.523 注入站 uploading station

与导航卫星进行星地观测并向导航卫星发送导航电文和控制指令的地面站。

02.524 监测站 monitoring station

对导航卫星进行信号监测,采集提供给主控站业务处理所需的伪距、载波相位等观测数据的地面站。

02.525 导航型接收机 navigation receiver

用于接收导航卫星信号并实时确定位置、速度等用户导航信息的接收机。

02.526 定时型接收机 timing receiver
接收导航卫星信号并实时确定用户标准时间信息的接收机。

02.527 北斗接收机 BDS receiver
接收北斗导航卫星系统信号实现定位、导航、定时、短报文通信等功能的接收机。

02.528 北斗指挥型接收机 BDS commander receiver
能够监收集群内下属用户机的定位和通信信息，并能够群发通播信息，从而形成的集群指挥控制功能的北斗接收机。

02.529 GPS 接收机 GPS receiver
接收 GPS 系统信号，实现定位、导航、定时等功能的接收机。

02.530 GLONASS 接收机 GLONASS receiver
接收 GLONASS 系统信号，实现定位、导航、定时等功能的接收机。

02.531 Galileo 接收机 Galileo receiver
接收 Galileo 系统信号，实现定位、导航、定时等功能的接收机。

02.532 全球导航卫星系统组合接收机
global navigation satellite system combined receiver
同时接收多个导航卫星系统信号组合，实现定位、导航、定时等功能的接收机。

02.533 用户距离误差 user range error, URE
又称"空间信号误差（SISE）"。由导航卫星轨道、钟差等空间信号部分引起的卫星至用户距离观测量的误差。

02.534 用户等效距离误差 user equivalent range error, UERE
由导航卫星轨道、钟差、大气传播、用户观测等引起的卫星至用户距离观测量的误差总和。

02.535 用户距离精度 user range accuracy, URA
又称"空间信号精度（SISA）"。由导航卫星轨道、钟差等空间信号部分引起的卫星至用户距离观测量的误差统计值。通常以误差的均方根表示。

02.536 几何精度衰减因子 geometric dilution of precision, GDOP
导航星座几何分布对用户三维位置、钟差等参数测定精度影响的因子。

02.537 位置精度衰减因子 position dilution of precision, PDOP
导航星座几何分布对用户三维位置测定精度影响的因子。

02.538 水平精度衰减因子 horizontal dilution of precision, HDOP
导航星座几何分布对用户水平位置测定精度影响的因子。

02.539 垂直精度衰减因子 vertical dilution of precision, VDOP
导航星座几何分布对用户高程测定精度影响的因子。

02.540 时间精度衰减因子 time dilution of precision, TDOP
导航星座几何分布对用户钟差测定精度影响的因子。

02.541 定位误差 positioning error, PE
通过导航卫星系统测定的用户位置坐标值与真实值之间的偏差。

02.542 导航完好性 navigation integrity
导航卫星系统空间信号发生故障而引起用户定位误差超限时，系统向用户提供及时告警的能力。

02.543 完好性风险概率 integrity risk probability

导航卫星系统空间信号发生故障而引起用户定位误差超限时,系统没有向用户提供及时告警而引起使用风险的事件概率。

02.544　告警时间　alarm time

导航卫星系统空间信号发生故障而引起用户定位误差超限时,系统向用户提供告警的延迟时间。

02.545　误警率　false alarm probability

没有发生用户定位误差超限但告知有定位误差超限的事件概率。

02.546　漏警率　dismissal alarm probability

发生了用户定位误差超限但没有告知定位误差超限的事件概率。

02.547　告警限值　alarm limit, AL

导航用户对定位误差的最大允许值。分为水平告警限值(HAL)、垂直告警限值(VAL)。

02.548　水平保护值　horizontal protection level, HPL

用户利用所观测导航卫星进行定位时,计算得到的反映本次定位完好性状态的水平位置误差最大值。

02.549　垂直保护值　vertical protection level, VPL

用户利用所观测导航卫星进行定位时,计算得到的反映本次定位完好性状态的高程误差最大值。

02.550　导航连续性　navigation continuity

导航卫星系统为用户连续提供定位、导航、定时服务的能力。

02.551　连续性风险概率　continuity risk probability

导航卫星系统为用户不能连续提供定位、导航、定时服务而引起使用风险的事件概率。

02.552　导航可用性　navigation availability

导航卫星系统在规定服务区内满足用户规定服务要求的能力。

02.553　卫星导航增强系统　satellite navigation augmentation system

对导航卫星空间信号进行实时监测和处理,向用户发播空间信号误差改正和完好性信息,并提供导航增强信号的系统。

02.554　差分定位　differential positioning

利用已知位置点导航卫星系统观测数据,对未知点观测误差进行改正以提高定位精度的技术。

02.555　位置差分　position differencing

通过参考站接收机定位结果与已知坐标得到误差改正值,用于改正移动站接收机定位结果的差分定位技术。

02.556　伪距差分　pseudorange differencing

通过参考站接收机伪距观测值、导航电文、已知坐标等信息得到误差改正值,用于改正移动站接收机伪距观测误差的差分定位技术。

02.557　载波相位差分　carrier phase differencing

通过参考站接收机载波相位观测值、导航电文、已知坐标等信息得到误差改正值,用于改正移动站接收机载波相位观测误差的差分定位技术。

02.558　广域差分　wide area differencing

在数千千米范围内利用一定数量参考站对导航卫星系统卫星轨道、钟差、电离层延迟等误差进行监测处理并发播给用户使用的差分定位技术。

02.559　局域差分　local area differencing

在数十千米范围内利用一定数量参考站对导航卫星系统观测误差进行监测处理并发播给用户使用的差分定位技术。

02.560　完好性监测　integrity monitoring

对导航卫星系统空间信号故障状态进行监测并向用户及时发播告警的技术。

02.561　广域完好性监测　wide area integrity monitoring

在进行广域差分监测处理时,对卫星星历及钟差、电离层等改正数进行完好性分析处理,以确保广域差分定位完好性的技术。

02.562　局域完好性监测　local area integrity monitoring

在进行局域差分监测处理时,对卫星观测改正数进行完好性分析处理,以确保局域差分定位完好性的技术。

02.563　接收机自主完好性监测　receiver autonomous integrity monitoring, RAIM

利用用户接收机的多星冗余观测量对故障卫星进行检测与排除处理的技术。

02.564　卫星自主完好性监测　satellite autonomous integrity monitoring, SAIM

在卫星上对播发的导航信号直接进行反馈接收处理,从而检测标识信号完好性状态的技术。

02.565　星基增强系统　satellite based augmentation systems, SBAS

在数千千米范围内利用一定数量参考站观测处理得到导航卫星系统广域差分改正及完好性信息,并通过 GEO 卫星等方式向用户播发服务的卫星导航增强系统。一般通过 GEO 卫星同时播发导航信号。

02.566　用户差分距离误差　user differential range error, UDRE

经过广域差分改正数据修正后的导航卫星观测数据残余误差的统计值。

02.567　格网电离层垂直误差　grid ionosphere vertical error, GIVE

电离层延迟格网模型改正值残余误差在天顶方向的统计值。

02.568　地基增强系统　ground based augmentation systems, GBAS

在数十千米范围内利用一定数量参考站观测处理得到导航卫星系统局域差分改正及完好性信息,并通过地基无线通信链路方式等向用户播发服务的卫星导航增强系统。一般可增加地基伪卫星播发导航信号。

02.569　伪卫星　pseudosatellite

布设在地面或者空中平台,用于发送类似导航卫星信号的无线电信号发射器。

02.570　广域增强系统　wide area augmentation system, WAAS

在广大地域内为用户提供全球导航卫星系统广域差分改正与完好性信息服务的星基增强系统。

02.571　局域增强系统　local area augmentation system, LAAS

在局部地域内为用户提供全球导航卫星系统局域差分改正与完好性信息服务的地基增强系统。

02.572　欧洲星基增强系统　European geostationary navigation overlay service, EGNOS

又称"欧洲地球静止卫星重叠导航服务"。欧盟建立和管理的在欧洲及其周边范围内提供全球导航卫星系统广域差分改正与完好性信息服务的星基增强系统。

02.573　日本星基增强系统　multi-functional transport satellite-based augmentation system, MSAS

日本建立和管理的在日本及其周边范围内提供全球导航卫星系统广域差分改正与完好性信息服务的星基增强系统。

02.574　印度星基增强系统　GPS and GEO augmented navigation system, GAGAN

印度建立和管理的在印度及其周边范围内提供全球导航卫星系统广域差分改正与完好性信息服务的星基增强系统。

02.575 卫星无线电导航服务 radio navigation service of satellite，RNSS
用户对多颗卫星发射的无线电信号进行观测，确定用户位置、速度、时间等参数的无线电业务。

02.576 公开服务 open service，OS
导航卫星系统向所有用户公开提供的定位、导航、授时服务。

02.577 授权服务 public regular service，PRS
导航卫星系统向特许用户授权提供的定位、导航、授时服务。

02.578 卫星导航信号 satellite navigation signal
由载波频率、测距码和数据码构成的用于提供定位、导航、授时服务的卫星无线电信号。

02.579 导航频率 navigation frequency
用于调制测距码和数据码的无线电导航信号载波频率。包括载波中心频点和带宽。

02.580 伪随机噪声码 pseudorandom noise，PRN
可以预先确定并可以重复产生和复制的一种二进制码序列。

02.581 粗捕获码 coarse acquisition code
导航卫星播发的一种用于粗略测距及快速捕获精码的伪随机噪声码。通常用于公开服务，也称为民用码。

02.582 精密测距码 precise ranging code
导航卫星播发的一种用于精密测距的伪随机噪声码。通常用于授权服务，也称为军用码。

02.583 导航信号调制 navigation signal modulation
将测距码及数据码加载到导航信号载波频率的处理过程。

02.584 导航信号模拟源 navigation signal simulation source
模拟产生高精度卫星导航信号的设备。可为导航终端的研制开发、测试提供仿真试验环境。

02.585 导航信号捕获 navigation signal acquisition
用户设备对接收到的卫星信号完成码识别、码同步和载波相位同步的处理过程。

02.586 导航信号测量 navigation signal measuring
通过接收机实现对卫星导航信号伪距、载波相位测量的过程。

02.587 导航信号解调 navigation signal demodulation
从接收机接收到的已调制信号中分离出测距码信号、导航电文信号以及纯净载波信号的过程。

02.588 导航信号通道 navigation signal channel
对应发射或接收一颗卫星导航信号信道的通称。

02.589 截止高度角 masking angle
为了屏蔽遮挡物及多路径效应影响所限定的接收卫星的最低高度角。

02.590 软件接收机 software receiver
将经天线接收和直接放大的卫星信号送入高速模数变换器，并由数字信号处理器处理完成的接收机。

02.591 精密测距码模块 precise ranging code module，PRM
用来产生精密测距码并完成导航电文格式

转换的专用模块。

02.592 伪距 pseudorange
由伪随机码测量得到的反映信号源与接收机之间距离的观测量。

02.593 多普勒频移 Doppler frequency shift
由多普勒测量得到的反映信号源与接收机之间相对运动产生的接收信号频率偏移。

02.594 载波相位 carrier phase
由载波相位测量得到的反映卫星信号载波相位与接收机本机振荡产生信号相位之差的观测量。

02.595 伪距测量 pseudorange measurement
利用接收机对卫星导航信号的伪随机码进行跟踪测量的过程。

02.596 多普勒测量 Doppler measurement
利用接收机对卫星导航信号的多普勒频移进行跟踪测量的过程。

02.597 信号重捕 signal re-acquisition
接收机短时间信号失锁后重新捕获信号的过程。

02.598 载波平滑伪距 carrier phase smoothing pseudorange
利用载波相位测量值对伪距测量值在一定时间段内进行平滑处理并修正的伪距观测量。

02.599 导航电文 navigation message
卫星向用户播发的含有导航信息参数的二进制数据码。一般包括卫星星历、卫星钟差、电离层改正、空间信号完好性等参数。

02.600 广播星历 broadcast ephemeris
随导航电文播发的表达一定预报时间内的卫星轨道位置的参数。

02.601 导航历书 navigation almanac
随导航电文播发的表达粗略卫星轨道位置

的参数。

02.602 广播钟差参数 broadcast clock bias
随导航电文播发的表达一定预报时间内的卫星钟差的参数。

02.603 电离层改正参数 ionospheric correction
随导航电文播发的表达一定预报时间内的电离层对导航信号延迟改正的参数。

02.604 信号传播群时延 signal transmission group delay, TGD
不同载波频率导航信号通过不同卫星信号发射处理通道所引入的传播时间延迟量的差。

02.605 卫星轨道测定 satellite orbit determination
利用地面监测或其他手段对导航卫星的轨道位置、速度等进行实时观测确定的方法。

02.606 卫星轨道预报 satellite orbit prediction
通过当前卫星轨道测定结果和动力学模型预报未来一段时间卫星轨道的方法。

02.607 卫星钟差测定 satellite clock bias determination
利用地面监测或其他手段对导航卫星钟与系统时间的差值进行实时观测确定的方法。

02.608 卫星钟差预报 satellite clock bias prediction
通过当前卫星钟差测定结果和钟差模型预报未来一段时间卫星钟差的方法。

02.609 相对论改正 relativistic correction
相对论效应对电磁波传播、时间系统和坐标系统等影响的改正方法。

02.610 时间同步 time synchronization
将不同地点的时间通过比对实现统一或同步的方法。

02.611　星地双向时间同步　satellite-ground two-way time synchronization

卫星与地面站之间通过双向无线电信号观测进行时间同步的方法。

02.612　站间双向时间同步　ground-ground two-way time synchronization

地面站与地面站之间通过双向的无线电信号观测进行时间同步的方法。

02.613　星间双向时间同步　satellite-satellite two-way time synchronization

卫星与卫星之间通过双向的无线电信号观测进行时间同步的方法。

02.614　大气传播延迟　atmospherical propagation delay

卫星导航信号通过大气层传播时,发生速度变化和路径弯曲所引起的传播时间延迟的现象。

02.615　电离层延迟改正　ionospheric delay correction

对卫星导航信号通过电离层传播时所引起的传播时间延迟的改正。

02.616　电离层穿刺点　ionospheric pierce point, IPP

卫星导航信号通过电离层传播的路线与抽象的单壳电离层模型球面的交点。

02.617　对流层延迟改正　tropospheric dalay correction

对卫星导航信号通过对流层传播时所引起的传播时间延迟的改正。

02.618　多路径效应　multipath effect

接收机在对卫星导航信号观测时,受到周围物体反射所产生的反射信号影响的现象。

02.619　多路径抑制　multipath mitigation

对卫星导航信号观测过程中的多路径效应进行减轻或消除处理的技术。

02.620　测量噪声　measurement noise

接收机对卫星导航信号跟踪测量时产生的噪声。

02.621　接收机钟差　receiver clock bias

接收机的钟面时与导航卫星系统标准时之间的偏差。

02.622　通道时延　channel time delay

导航信号以群速通过接收机通信信道所经历的时间延迟。

02.623　频率间偏差　interfrequency bias

接收机接收不同频率导航信号时通道时延之间的偏差。

02.624　单频定位　single frequency positioning

利用1个频点的卫星导航信号进行定位的方式。

02.625　双频定位　double frequency positioning

利用2个频点的卫星导航信号进行定位的方式。

02.626　三频定位　triple frequency positioning

利用3个频点的卫星导航信号进行定位的方式。

02.627　实时伪距差分　real-time pesudorange difference, RTD

通过基准站和流动站的同步观测,利用伪距差分方式实现流动站快速高精度定位的技术。

02.628　首次定位时间　time to first fix

接收机从开机到首次输出定位结果所需要的时间量。

02.629　接收机冷启动　receiver cold start

接收机在无有效星历、历书、时间和位置情况下的开机方式。一般需要较长时间才能正常定位。

02.630 接收机温启动 receiver warm start
接收机在无有效星历，但存有有效历书、时间和位置情况下的开机方式。一般需要较短时间即能正常定位。

02.631 接收机热启动 receiver hot start
接收机在存有有效星历、历书、时间和位置情况下的开机方式。达到正常定位的时间比温启动短。

02.632 接收机数据通信格式 receiver data communication format
卫星导航接收机与用户使用间信息通信交互的一种标准数据协议。一般采用由国际海运无线电委员会定义的 NMEA 格式。

02.633 局域差分信息格式 local area differential information format
导航卫星系统局域差分信息发播的一种标准数据协议。一般采用由国际海运无线电委员会定义的 RTCM 格式。

02.634 广域差分信息格式 wide area differential information format
导航卫星系统广域差分及完好性信息发播的一种标准数据协议。一般采用国际航空无线电委员会定义的 RTCA 格式。

02.635 导航战 navigation warfare
导航卫星系统服务于军事用户的一种对抗作战样式。一般能够保持己方正常军用，但阻止敌方正常军用，同时保护民用不受影响。

02.636 选择可用性 selective availability, SA
人为降低民用用户导航服务精度和可用度的技术。

02.637 反电子欺骗 anti-spoofing, AS
对导航卫星系统精密测距码进行加密处理，从而防止对军码电子干扰和非特许用户对军码进行解码的限制性技术。

02.638 导航抗干扰 navigation anti-jamming
抑制外界射频干扰信号对接收机正常捕获跟踪导航信号影响的技术。利用干扰信号的空域特征进行干扰识别和抑制的技术一般称空域抗干扰。利用干扰信号的时域特征进行干扰识别和抑制的技术一般称时域抗干扰。

02.639 导航系统兼容性 navigation compatibility
多个导航卫星系统的导航信号共同使用时，不会造成不可接受的干扰影响的特性。

02.640 导航系统互操作性 navigation interoperability
多个导航卫星系统共同使用时，在用户端能够较容易共同使用，提供比单一的导航系统更强性能服务的特性，而且不会增加接收机和用户使用的额外负担。

02.641 导航系统互换性 navigation interchange abililty
多个导航卫星系统采用一致的时空基准，以保证多个卫星导航信号的可互换使用的特性。

02.642 星间链路 inter-satellite link
卫星与卫星之间实现距离测量与信息传输的无线电信号链路。

02.643 卫星自主导航 satellite autonomous navigation
在无地面支持条件下由导航卫星星座通过星间观测和处理而保持一定时间运行服务的技术。

02.644 卫星无线电定位服务 radio determination service of satellite, RDSS
利用导航卫星实现用户与地面中心控制系统之间双向的无线电信号观测，并在地面控制中心解算用户位置的无线电业务。

02.645 出站信号 outbound signal

地面控制中心发出的经卫星转发至用户机的卫星无线电信号。

02.646　入站信号　inbound signal
用户机发出的经卫星转发至地面控制中心的卫星无线电信号。

02.647　用户高程数据库　user height database
供卫星无线电定位使用的表达用户点已知高程的数据库。

02.648　已知高程定位　known height positioning
在卫星无线电定位入站信号中携带用户已知高程信息的定位模式。

02.649　标校站　calibration station
对卫星无线电定位系统进行出站信号响应和入站信号发射，为卫星轨道、大气传播延迟等信息处理提供观测数据的地面站。

02.650　单向定时　one way timing
用户直接接收卫星无线电定位出站信号，确定本地钟与系统时间偏差的技术。

02.651　双向定时　two way timing
用户响应卫星无线电定位出站信号并发射入站信号，由地面控制中心确定用户本地钟与系统时间偏差的技术。

02.652　报文通信　message communication
通过卫星无线电定位系统实现的不同用户之间或用户与地面控制中心之间简短的汉字或符号通信。

02.653　定位报告　positioning report
利用无线电信号一体化实现用户定位和位置报告的技术。

02.654　服务频度　service frequency
卫星无线电定位用户定位、定时或短报文通信时两次服务间允许的最小时间间隔。

02.655　响应时间　response time
从用户申请定位到获得位置数据所需的时间。

02.656　入网注册　access registration
为卫星无线电定位用户登记、分配身份识别号等信息的过程。

02.657　用户身份识别号　user identification number
标识用户机能够加入卫星无线电定位系统合法使用并区分不同用户身份的地址编号。

02.658　无线电导航　radio navigation
通过测定无线电信号，确定运动载体位置、速度的导航技术。按所测量的电气参量可分为无线电振幅、频率、时间、相位等导航方法。

02.659　无线电振幅导航　radio amplitude navigation
通过测量无线电信号振幅实现无线电导航的技术。

02.660　无线电罗盘系统　radio compass system
通过机载或船载无线电罗盘，测定地面全向无线电信标的电波方向，获得运载体相对信标台方位信息的导航系统。

02.661　仪表着陆系统　instrument landing system，ILS
通过比较地面跑道附近台站的无线电信号幅值，为着陆飞行载体提供航向、距离等仪表指引信息的导航系统。

02.662　无线电频率导航　radio frequency navigation
通过测量无线电信号频率实现无线电导航的技术。

02.663　调频式无线电高度表　frequency-modulated radio altimeter

通过测量飞行载体向地面发射的无线电调频信号与地面反射信号的差拍频率,获得载体相对于地面高度的导航设备。

02.664 多普勒导航系统 Doppler navigation system

通过测量飞行载体向地面发射无线电信号相应的反射信号的频率偏移,获得载体飞行速度和位置的导航系统。

02.665 无线电时间导航 radio time navigation

通过测量无线电信号的传播时间实现无线电导航的技术。

02.666 脉冲无线电高度表 pulse radio altimeter

通过测量无线电脉冲信号由飞行载体到达地面再反射回载体的传播时间,得到载体相对于地面高度的导航设备。

02.667 测距器 distance measurement equipment, DME

通过测量飞行载体设备发射无线电询问脉冲与地面台站设备响应的回答脉冲之间的时间间隔,获得载体与地面台站间直线距离的导航设备。

02.668 微波着陆系统 microwave landing system, MLS

通过测量地面跑道台站的微波波束在着陆引导区往复扫描飞行载体时的时间间隔,同时采用精密测距器给出距离信息,为着陆飞行载体提供相对于跑道的方位和仰角信息的导航系统。

02.669 无线电相位导航 radio phase navigation

通过测量无线电信号相位实现无线电导航的技术。

02.670 甚高频全向信标系统 very high frequency omnidirectional range, VOR

地面台站全方位发射无线电信号,机载设备测量接收信号的相位,确定飞行载体相对于地面台站的方位信息的导航系统。是一种近程无线电导航系统。

02.671 复合无线电导航 combined radio navigation

同时测量无线电信号的多个电气参量,组合实现无线电导航的技术。

02.672 塔康系统 tactical air navigation system, TACAN

可同时得到飞行载体相对于导航台站的方位和距离信息的相位与时间复合的无线电导航系统。

02.673 罗兰 C 系统 LORAN-C system

世界各国广泛使用的一种地基远程无线电导航系统。采用双曲线定位模式,通过无线电信号时间和相位进行距离差测量,实现定位、授时功能。

02.674 长河二号系统 Changhe-2 system

中国建立和管理的地基远程无线电导航系统。采用双曲线定位模式,通过无线电信号时间和相位进行距离差测量,实现定位、授时功能。

02.675 定位报告系统 position location reporting system, PLRS

主控设备与多个用户设备在分配的时隙内,通过无线电扩频信号实现时间同步、多边测距、定位、通信等功能的通信与导航系统。

02.676 联合战术信息分发系统 joint tactical information distribution system, JTIDS

一种基于时分多址的具有保密数字通信、相对导航、敌我识别功能的战术通信与导航系统。

02.677 惯性导航 inertial navigation

利用陀螺仪和加速度计等惯性敏感器件测

量运动载体的加速度,并自动推算运动载体速度和位置的自主式导航技术。

02.678　航位推算导航　dead reckoning navigation

利用运动载体的初始位置和运动速度、方位信息推算载体实时位置的导航方法。

02.679　惯性导航系统　inertial navigation system, INS

利用陀螺仪和加速度计等惯性敏感器件测量运动载体的加速度,并自动推算运动载体速度和位置的自主式导航系统。

02.680　平台式惯性导航系统　gimbaled inertial navigation system

将陀螺仪和加速度计等惯性器件,通过万向支架角运动隔离系统与运动载体固联的惯性导航系统。

02.681　捷联式惯性导航系统　strapdown inertial navigation system

将陀螺仪和加速度计等惯性器件直接安装在运动载体上,用计算机把测量信号变换为导航参数的惯性导航系统。

02.682　陀螺仪　gyroscope

利用高速回转体的动量矩敏感壳体相对惯性空间绕正交于自转轴的一个或二个轴的角运动检测装置。

02.683　机电陀螺仪　mechatronics gyroscope

采用机械或静电力支承转子的陀螺仪。包括液浮陀螺仪、挠性陀螺仪、静电陀螺仪等。

02.684　光学陀螺仪　optic gyroscope

利用光学中的萨尼亚克(Sagnac)效应设计的具有陀螺效应的传感器。包括激光陀螺仪、光纤陀螺仪等。

02.685　加速度计　accelerometer

精确测量作用于运动载体上的非保守力的仪器。

02.686　微机械惯性传感器　micro-electromechanical system inertial sensor

采用微电子机械技术加工和制造的惯性传感器。包括微机械陀螺仪、微机械加速度计等。

02.687　陀螺漂移误差　gyroscope drift error

在外干扰力矩作用下陀螺仪自转轴在一定时间内相对惯性空间的偏差角度。

02.688　加速度计零位偏值　accelerometer bias

加速度计受到各种干扰因素引起的非零输出的偏差值。

02.689　三轴稳定平台　three-axis stabilized platform

通过陀螺仪和稳定回路进行方位、俯仰和翻滚轴稳定控制的平台。

02.690　天文导航　celestial navigation

通过测量天体的高度或矢量方向实现运动载体定位导航的技术。

02.691　光学天文导航　optical celestial navigation

通过光学仪器测量天体的高度或矢量方向实现载体定位导航的技术。

02.692　天体　celestial body

广义上指宇宙中各种物质的总和。狭义上指星体,如月球、地球、太阳、行星、恒星等。

02.693　恒星　star

能发出光和热的天体,如太阳、织女星等。

02.694　星等　stellar magnitude

天文学上对天体明暗程度的一种表示方法。用于区分天体亮度的等级。

02.695　星表　star catalogue

刊载天体位置、距离、星等各种参数的表册。

02.696　天文钟　astronomical clock

能够以多种形式表达天体时空运行的仪器。

02.697　航海天文历　nautical almanac
为适应航海需要而编算出版的天文年历。

02.698　天体高度　celestial altitude
从测站地平圈起,沿过天体的垂直圈度量到天体的弧距。

02.699　天体敏感器　celestial sensor
对天体进行成像观测,获取天体相对于观测载体方位信息的观测仪器,如恒星敏感器、太阳敏感器、地球敏感器等。

02.700　空间六分仪天文定位　space sextant celestial positioning
利用六分仪测量亮星与天体边缘的夹角,确定航天器与天体质心间连线实现天文定位的方法。

02.701　麦氏自主天文导航系统　microcosm autonomous navigation system, MANS
由美国麦氏公司研制的通过天体敏感器对地球、太阳和月球的在轨数据进行测量,实时确定航天器轨道和姿态的系统。

02.702　航天器自主天文导航　spacecraft autonomous celestial navigation
基于天体观测信息和轨道动力学方程确定航天器位置、速度、姿态等运动参数的技术。包括直接敏感地平自主天文导航、间接敏感地平自主天文导航等方法。

02.703　射电天文导航　radio celestial navigation
通过射电手段,测量天体相对于测量载体的矢量方向实现定位导航的技术。

02.704　河外射电源　extragalactic radio radiation
银河系以外各种有射电辐射的天体或天区的总称。

02.705　射电天文观测系统　radio astronomical observation system
能够对天体所发出的无线电波进行观测的系统。

02.706　脉冲星　pulsar
一种不断发射出非常有规律的无线电脉冲的天体。

02.707　脉冲星探测器　pulsar detector
探测脉冲星信号的仪器。

02.708　脉冲星定位　pulsar positioning
利用探测器同时精确测定多颗脉冲星射线到达时间,获得测量载体相对太阳系质心的视线距离以实现定位的技术。

02.709　脉冲星定时　pulsar timing
利用脉冲星的周期性脉冲信号确定高精度时间的技术。

02.710　脉冲星导航　pulsar navigation
通过测量脉冲星相对于测量载体的矢量方向实现定位导航的技术。

02.711　匹配导航　matching navigation
将运动载体实时探测的地形、地表、地球物理场等信息与预先存储的相应信息进行比较分析以确定运动载体位置的辅助导航技术。

02.712　地形匹配导航　terrain matching navigation
将运动载体实时探测的地形图信息与预先存储的三维地形基准图进行比较分析以确定载体位置的辅助导航技术。

02.713　景象匹配导航　image matching navigation
将运动载体实时探测的地表景象信息与预先存储的地表景象图进行比较分析以确定载体位置的辅助导航技术。

02.714　地磁匹配导航　geomagnetism matching navigation

将运动载体实时探测的地磁场信息与预先存储的地磁场基准图进行比较分析以确定载体位置的辅助导航技术。

02.715 重力匹配导航 gravity matching navigation

将运动载体实时探测的地球重力场信息与预先存储的重力基准图进行比较分析以确定载体位置的辅助导航技术。

02.716 组合导航 integrated navigation

利用两种或两种以上导航手段组合实现导航的技术。通常的组合方式有卫星与惯性组合导航、无线电与惯性组合导航、天文与惯性组合导航、惯性与匹配组合导航等。

02.717 松组合导航 loosely coupled integration

将参与组合的各个导航子系统的导航结果信息进行融合处理的方法。

02.718 紧组合导航 tightly coupled integration

将参与组合的各个导航子系统的原始观测信息或中间输出信息进行融合处理的方法。

02.719 深组合导航 deep coupled integration

利用一个导航子系统的输出信息辅助另一个导航子系统的跟踪观测并进行融合处理的方法。

02.720 导航信息融合 navigation information fusion

根据系统的物理模型及传感器噪声的统计假设,将观测数据映射到状态矢量空间,获得导航参数的估计处理方法。

02.721 直接估计 direct estimation

将各个导航子系统的导航输出信息作为状态量的参数估计方法。

02.722 间接估计 indirect estimation

将各个导航子系统的误差量作为状态量的参数估计方法。

02.723 组合滤波器 integration filter

以导航状态或其误差状态模型为基础,结合所有导航子系统的输出观测模型,实现导航状态递推预测和滤波的估计器。

02.724 卡尔曼滤波 Kalman filter

由数学家卡尔曼(Kalman)将状态空间模型引入滤波理论,以均方误差最小为准则导出的一种状态向量递推算法。

02.725 自适应卡尔曼滤波 adaptive Kalman filter

针对量测信息和状态信息特性,自适应调整系统模型预报信息和观测信息对状态参考估计的贡献,从而实现卡尔曼滤波最优性能的一种滤波算法。

02.726 集中滤波 centralized filtering

利用一个卡尔曼滤波器集中处理所有导航子系统的信息的方法。

02.727 联邦滤波 federated filtering

先对各个导航子系统信息进行局部最优估计,再基于局部最优估计进行全局融合处理的方法。

02.728 卫星与惯性组合导航 global navigation satellite system/INS integrated navigation

将卫星导航接收机和惯性导航系统进行有机组合实现导航的技术。

02.729 无线电与惯性组合导航 radio/INS integrated navigation

将无线电导航系统和惯性导航系统进行有机组合实现导航的技术。

02.730 天文与惯性组合导航 celestial/INS integrated navigation

将天文导航系统和惯性导航进行有机组合实现导航的技术。

02.731 惯性与匹配组合导航 INS/matching integrated navigation

将惯性导航系统和匹配导航系统进行有机组合实现导航的技术。

02.732 主辅站技术 master auxiliary concept, MAC

将网内参考站之间的相位距离归算到一个公共的整周模糊度水平的网络实时动态定位技术。

02.733 区域改正数技术 area correction parameter, FKP

估计各个参考站上的非差参数,通过参考站非差参数的空间相关误差模型计算移动站的改正数,从而实现实时精确定位的网络实时动态定位技术。

02.734 协同实时精密定位 cooperative real-time precise positioning

实现全球导航卫星系统及其增强系统、移动通信系统、室内定位系统等协同处理的定位技术。

02.735 泛在定位 ubiquitous positioning

利用各种可用导航定位资源在任何时间、任何位置为任何对象实现统一基准下的导航定位技术。可用的导航定位资源一般有卫星导航定位、移动通信基站定位、射频识别(RFID)、无线局域网(Wi-Fi)、二维码等。

02.736 车联网 telematics, internet of vehicles

利用汽车内部传感网络和外部"车-路-交通-人"等多因素状态感知网络,实现信息服务中心对车辆全时空和全过程辅助位置服务的技术。

02.737 云导航 cloud navigation

基于云计算商业模式形成的导航设备、导航平台和导航服务的总称。

02.738 移动互联网位置服务 LBS of mobile internet

将移动、位置、社会网络三者融合的基于移动互联网终端设备形成的位置服务。

02.739 时间频率服务 time and frequency service

利用卫星、长波、短波、网络等信号传递手段,为各类用户提供标准时间和频率的服务。

02.740 时间系统 time system

由时间起点和时间单位构成的参考系统。由不同理论体系和不同物质运动所定义或实现的时间,形成了不同的时间系统,如以地球自转为参考的世界时系统、以原子跃迁为参考的原子时系统。

02.741 时间 time

事件先后顺序或者持续性的度量。

02.742 时间原点 time origin

时间系统的起算时刻。

02.743 时间尺度 time scale

时间系统的单位长度。

02.744 天文时 astronomical time

通过观测天体运动建立的时间系统。

02.745 恒星时 sidereal time

由恒星周日视运动定义的时间。

02.746 太阳时 solar time

由太阳周日视运动定义的时间,分为真太阳时和平太阳时。

02.747 真太阳时 true solar time

太阳连续两次经过上中天的时间间隔。

02.748 平太阳时 mean solar time

在天赤道上,速度等于运行在黄赤道上真太阳平均速度的假定太阳的真太阳时。

02.749 世界时 universal time, UT

又称"格林尼治平太阳时(Greenwich mean

solar time)"。本初子午线的平太阳时。

02.750　地方时　local time
某一观测点所处子午线的平太阳时。

02.751　原子时　atomic time
以原子跃迁运动为基础定义的时间。

02.752　原子时秒　atomic time second
位于海平面上的铯原子^{133}Cs 基态的两个超精细能级在零磁场中跃迁辐射振荡 9 192 631 770 周所持续的时间。

02.753　闰秒　leap second
为保持协调世界时接近世界时(小于 0.9s)而对协调世界时调整 1s 的措施。

02.754　国际原子时　international atomic time，TAI
由国际计量局(BIPM)联合全世界各主要实验室建立的原子时参考标准。

02.755　GPS 时　GPS time，GPST
全球定位系统(GPS)建立、保持和发播的时间参考标准。

02.756　北斗时　BDS time，BDT
北斗导航卫星系统(BDS)建立、保持和发播的时间参考标准。时间起点为 2006 年 1 月 1 日 0 时。

02.757　格林尼治标准时　Greenwich mean time，GMT
以英国格林尼治天文台子午仪所处子午线定义的平太阳时。

02.758　时区　time zone
为与各地太阳升落相匹配,将地球表面按经度均匀划分的 24 个计时区域。

02.759　协调世界时　coordinated universal time，UTC
国际原子时(TAI)与世界时(UT1)协调后产生的参考时间。时间尺度与 TAI 一致而时刻上通过闰秒与 UT1 之差保持在 0.9s 以内。

02.760　标准时间　standard time
按照一定的规定或协议在一定范围内统一使用的时间参考标准。

02.761　军用标准时间　military standard time
各国军事法规规定的在各类军事活动中统一使用的时间参考标准。如中国军用标准时间由中国人民解放军军用时频中心(CMTC)负责建立和保持,美国军用标准时间由海军天文台(USNO)负责建立和保持。

02.762　北京时间　Beijing time
北京所在的东八区的区时,即 UTC + 8 小时。

02.763　时频　time and frequency
时间和频率的统称。频率指运动周期的倒数。

02.764　频率准确度　frequency accuracy
实际频率值与标称值的符合程度。

02.765　频率稳定度　frequency stability
频率信号在某一取样时间内平均频率随机起伏的程度。常用阿伦方差表示。

02.766　频率漂移率　frequency drift ratio
频率随时间的单方向、长时间、系统性的变化率。通常由振荡器器件老化、工作环境或其他因素引起。

02.767　频率基准　primary frequency standard
可准确、稳定复现国际原子秒定义的装置。一般由计量部门或时间频率实验室提供。

02.768　频率校准　frequency calibration
通过时间或频率比对,调整被检频率与基准频率相一致的技术。有直接比对频率校准、长波授时频率校准、卫星授时频率校准等方法。

02.769　原子钟　atomic clock
利用原子跃迁输出精密时间频率信号的设备。

02.770　钟差　clock bias
标准时刻与钟面时刻之差。包括钟偏、钟漂等。

02.771　守时　time keeping
通过原子钟组或其他手段建立和保持标准时间的过程。

02.772　守时系统　time keeping system
产生和保持标准时间的系统。一般由守时原子钟组、内部钟差测量、外部时间比对、综合原子时处理及标准时间频率信号生成等软硬件构成。

02.773　守时钟组　time keeping clock ensemble
守时系统钟的多台原子钟的集合。

02.774　综合原子时　general atomic time
根据多台原子钟的比对数据采用一定的时间尺度算法计算得到的纸面时间。

02.775　授时　time service
标准时间信号发播和传递的过程。

02.776　授时系统　time service system
发播和传递标准时间信号的系统。

02.777　卫星授时　satellite time service
通过卫星信号实现标准时间发播和传递的

过程。

02.778　长波授时　long-wave time service
通过长波无线电信号实现标准时间发播和传递的过程。

02.779　短波授时　short-wave time service
通过短波无线电信号实现标准时间发播和传递的过程。

02.780　网络授时　network time service
通过网络实现标准时间发播和传递的过程。

02.781　时间传递　time transfer
通过卫星信号等手段将标准的或某个特定的时间频率传递给用户的过程。

02.782　共视法时间比对　common view time comparing
两地观测同一颗卫星来计算得到两地钟差的方法。

02.783　双向法时间比对　two-way time comparing
两地按相同路径同时发送和接收时间传递信号,并按一定算法计算得到两地钟差的方法。

02.784　定时终端　timing terminal
通过接收某种授时信号来获取和输出标准时间的设备。

02.785　时统终端　united timing terminal
具有标准时间的接收、保持、输出、完好性判别等综合能力的用户设备。

03. 摄影测量学与遥感

03.001　摄影测量学　photogrammetry
利用摄影影像测定目标物的形状、大小、位置、性质和相互关系的学科。

03.002　摄影学　photography
利用光化学和光电原理摄取物体影像的学科。

03.003 航天摄影 space photography
从地球大气层以外的宇宙空间利用传感器,获取星球(主要是地球)及其环境信息的技术。

03.004 航空摄影 aerial photography
在飞机或其他航空飞行器上,利用航空摄影机摄取地面景物影像的技术。

03.005 低空摄影 low altitude photography
在低空飞机或其他低空飞行器上,利用摄影机摄取地面景物影像的技术。

03.006 摄影机 photographic apparatus, camera
用于摄影成像的仪器。

03.007 航天摄影机 space camera
用于航天测绘的专业摄影机。

03.008 航空摄影机 aerial camera
用于航空测绘的专业摄影机。

03.009 地面摄影机 terrestrial camera
用于地面测绘的专业摄影机。

03.010 地平线摄影机 horizon camera
附设在航空、航天摄影机上的沿像片 X 和 Y 方向记录影像的视地平线的摄影机。

03.011 水下摄影机 underwater camera
带有高压防水机壳和窗口的水下摄影专用摄影机。

03.012 恒星摄影机 stellar camera
与对地摄影机相固联,通过对恒星摄影以确定对地摄影机姿态的摄影机。

03.013 弹道摄影机 ballistic camera
具有弹道跟踪、同步摄影和计时功能的精密地面摄影机。

03.014 非量测摄影机 non-metric camera
内方位元素不稳定或不能记录,一般无外部定向设备,并非为摄影测量目的而设计制造的摄影机。

03.015 量测摄影机 metric camera
内方位元素已知,带有框标,物镜畸变差经过严格校正的专为摄影测量目的而设计制造的摄影机。

03.016 胶片摄影机 film camera
以卤化银胶片作为记录载体的摄影机。

03.017 数字摄影机 digital camera
采用光电传感器的摄影机。

03.018 框幅摄影机 frame camera
曝光瞬间能对整个幅面同时成像的摄影机。

03.019 线阵摄影机 linear array camera, push-broom camera
曝光瞬间只对一条或多条扫描线成像,并随时间连续运动而形成对地覆盖的摄影机。

03.020 视频摄影机 video camera
记录连续动态影像的摄影机。

03.021 倾斜摄影机 oblique camera
由摄影主光轴相互成一定夹角的多个镜头或摄影机组成的摄影装置。

03.022 立体摄影机 stereo camera, stereo metric camera
能获得立体像对的摄影机。

03.023 全景摄影机 panoramic camera, panorama camera
摄影时,摄影机镜头的光轴能从一侧向另一侧扫描所拍摄的范围,从而获得很宽拍摄范围的摄影机。

03.024 多光谱摄影机 multispectral camera
将来自目标的光波按波长分割成若干波段,然后分别将各个波段的影像同时拍摄(或记录)下来的专用摄影机。

03.025 同轴三反相机 coaxis three-mirror-anastigmat camera

采用三个外形轮廓相对光轴对称且曲率中心在同一轴上的非球面反射镜构成的三次反射成像的摄影机。

03.026　离轴三反相机　off-axis three-mirror-anastigmat camera

采用三个外形轮廓不与光轴对称,或曲率中心不在一个公共轴上的非球面反射镜构成的三次反射成像的摄影机。

03.027　常角航摄仪　normal-angle aerial camera

物镜的视场角在 50°~75°的航摄仪。

03.028　宽角航摄仪　wide-angle aerial camera

物镜的视场角在 75°~100°的航摄仪。

03.029　特宽角航摄仪　superwide-angle aerial camera

物镜的视场角大于100°的航摄仪。

03.030　像移补偿装置　forward motion compensation device,FMC

对摄影仪或传感器,在成像瞬间相对于所摄目标的移动所引起的像点位移进行自动补偿的装置。

03.031　摄影稳定平台　photographic stabilized platform

保持航摄仪或传感器摄影姿态稳定的装置。

03.032　定位测姿系统　position and orientation system, POS

利用全球导航卫星系统(GNSS)与惯性测量单元(IMU)直接确定运动传感器空间位置和姿态的集成系统。

03.033　焦距　focal length

物镜后节点至焦点的距离。

03.034　超焦点距离　hyperfocal distance

当物镜调焦在无穷远时,可在焦面上构成清晰影像的最近物距。

03.035　摄影机主距　principal distance of camera

摄影物镜后节点至承片框平面的距离。

03.036　像片主距　principal distance of photo

物镜后节点至像平面的距离。

03.037　瞬时视场　instantaneous field of view, IFOV

在扫描成像过程中,一个光敏探测元件通过望远镜系统投射到地面上的视场直径或对应的视场角度。

03.038　像场角　objective angle of image field, angular field of view

通过物镜后节点射向像场边缘的、与主光轴在同一平面,且相互对称的光线所夹的角度。

03.039　光圈　aperture

又称"有效孔径(effective aperture)"。控制摄影机镜头通光量的孔径。用 f 值表示其大小。

03.040　光圈号数　f-number, stop-number

给焦距与有效孔径之比设定的编号。

03.041　快门　shutter

控制摄影机曝光时间的机件。

03.042　中心式快门　between-the-lens shutter, lens shutter

由多个叶片组成,开启时从中心向四周打开镜头的有效光孔,又从四周向中心关闭有效光孔的快门。

03.043　帘幕式快门　focal plane shutter, curtain shutter

又称"焦面快门"。由位于焦面上两块不透光的幕帘(其中一块开有缝隙)组成,靠帘幕的移动控制曝光时间。

03.044　滤光片　aerophotographic filter

获取图像时用于阻挡一定波段光线的特殊

镜片。

03.045 景深 depth of field
摄取有限距离的景物时,可在像面上构成清晰影像的物距范围。

03.046 物镜分辨力 resolving power of lens
摄影物镜分辨物体细部的能力。

03.047 镜头畸变差 lens distortion
光学镜头由于构像造成影像点位置相对于理论位置的位移。

03.048 切向畸变 tangential distortion, tangential lens distortion
构像点在以像主点为中心的辐射线垂线方向上的位移。

03.049 径向畸变 radial distortion
构像点在以像主点为中心的辐射线上的位移。

03.050 全景畸变 panoramic distortion
全景摄影机的像距不变,物距随扫描角增大而增大,由此所产生影像由中心到两边比例尺逐渐缩小的畸变。

03.051 镜头畸变差检定 lens distortion calibration
摄影机镜头畸变差的检校技术与方法。

03.052 摄影机检定 camera calibration
检校摄影机内方位元素和畸变差等的过程。

03.053 [像点]畸变差 image distortion
摄影测量中影像点的系统性偏差。

03.054 曝光 exposure
通过快门或电源开与闭,使感光材料接受光学影像的过程。

03.055 感光 sensitization
感光材料曝光后引起的光化学作用。

03.056 摄影处理 photographic processing
将已曝光的感光材料按一定的工艺显现成稳定的可见影像的过程。

03.057 显影 developing
使已曝光的感光材料显出可见影像的过程。

03.058 定影 fixing
摄影处理中去除未感光或感光后未还原的银盐,使显出的影像得以稳定的过程。

03.059 投影晒印 projection printing
将底片与感光材料分别置于投影仪的底片盘和承片面上,利用光学投影原理晒像的过程。

03.060 负片 negative
影像色调与景物的明暗程度相反或色彩为互补色的像片。

03.061 透明负片 transparent negative
透明片基的负片。

03.062 正片 positive
影像色调与景物的明暗程度一致或色彩一致的像片。

03.063 透明正片 diapositive, transparent positive
透明片基的正片。

03.064 黑白片 black-and-white film
以从黑到白不同程度灰色调的变化来表现被摄景物影像的感光片。

03.065 彩色片 color film
以色彩再现被摄物体的彩色影像的感光片。

03.066 全色片 panchromatic film
对 700nm 以下的可见光都感光的感光片。

03.067 红外片 infrared film
能对光谱的近红外部分感光的感光片。

03.068 全色红外片 panchromatic infrared film

感光范围(440~900nm)由可见光扩展到红外波段的感光片。

03.069 彩色红外片 color infrared film, false color film
又称"假彩色片"。以假彩色显示物体影像，能感受红外线、红光和绿光的感光片。

03.070 盲色片 achromatic film
没有增感染料，只感受500nm以下蓝紫光的感光片。

03.071 正色片 orthochromatic film
对波长580nm以下可见光感光的感光片。

03.072 反转片 reversal film
经摄影处理可直接获得明暗与原物体一致的正像的感光片。

03.073 航摄软片 aerial film
用于航空摄影的感光胶片。

03.074 反差 contrast
被摄景物影像明暗对比的差异程度。

03.075 景物反差 object contrast
被摄景物中最大亮度与最小亮度之比或对数之差。

03.076 反差系数 contrast coefficient
感光特性曲线中直线部分的斜率。

03.077 地面照度 illuminance of ground
地面的光照强度。

03.078 透光率 transmittance
透射光通量与入射光通量之比。

03.079 光密度 optical density
感光层经曝光和摄影处理后的变黑程度。以阻光率的常用对数表示。

03.080 感光度 sensitivity
感光材料产生光化作用的能力。以规定基准密度的相应曝光量的倒数度量。

03.081 光谱感光度 spectral sensitivity
又称"光谱灵敏度"。感光材料对光谱中某一段波长光线的敏感程度。

03.082 感光特性曲线 sensitometric characteristic curve
密度和曝光量对数的关系曲线。

03.083 感光测定 sensitometry
量测感光材料的感光特性的过程。包括测定感光材料的感光度、反差系数、曝光宽容度和感色性等。

03.084 相位传递函数 phase transfer function，PTF
以景物的空间频率为自变量，影像的相位漂移值为因变量的函数。

03.085 调制传递函数 modulation transfer function，MTF
以景物的空间频率为自变量，以影像调制度与景物调制度之比为因变量的函数。

03.086 光学传递函数 optical transfer function，OTF
调制传递函数和相位传递函数的总称。

03.087 影像质量 image quality
影像几何质量和辐射质量的总称。

03.088 影像分辨率 image resolution
影像记录物体细部能力的一种度量。

03.089 黑白摄影 black-and-white photography
以黑白片表现被摄景物灰度影像的摄影。

03.090 彩色摄影 color photography
以彩色片再现被摄景物彩色影像的摄影。

03.091 假彩色摄影 false color photography
利用彩色红外片进行的摄影。

03.092 红外摄影 infrared photography
利用红外片进行的摄影。

03.093 多光谱摄影 multispectral photography
对同一景物不同谱段影像进行同步记录的摄影。

03.094 竖直摄影 vertical photography
摄影机主光轴处于近似铅垂线方向的航空摄影。

03.095 倾斜摄影 oblique photography
摄影机主光轴明显偏离铅垂线或水平方向并按照一定倾斜角进行的航空摄影。

03.096 全景摄影 panoramic photography
利用全景摄影机在垂直于飞行方向上通过缝隙扫描,不断改变光轴方向的对地摄影。

03.097 航天影像 space image
航天遥感平台上获取的影像。

03.098 航空影像 aerial image
航空飞行器上获取的影像。

03.099 全色影像 panchromatic image
传感器获取的整个可见光波段的灰度影像。

03.100 红外影像 infrared image
传感器获取的红外波段影像。

03.101 全景影像 panoramic image
由单站点多幅影像拼接而成的全视场影像。

03.102 直接地理参考 direct georeferencing
由定位测姿传感器获取平台的位置姿态信息并直接对物体进行定位的技术。

03.103 有理函数模型 factional function model
采用有理函数描述目标点与其相应像点对应关系的数学方程。

03.104 多项式模型 polynomial model
采用多项式描述目标点与其相应像点对应关系的数学方程。

03.105 投影方程 projection equation
构像方程反演的解析表达式。

03.106 航天摄影测量 space photogrammetry
利用航天飞行器所载传感器,从宇宙空间对地球及其他天体进行摄影,通过对获取影像的量测、解译和处理,提取目标对象相关信息的摄影测量方法。

03.107 行星摄影测量 planetary photogrammetry
将摄影测量理论和方法应用于行星测绘的测量方法。

03.108 航空摄影测量 aerophotogrammetry, aerial photogrammetry
在航空遥感平台上,利用航空摄影机对地面连续摄取像片或影像,结合地面控制点测量、调绘、像片纠正和立体测绘等步骤,生产数字高程模型(DEM)、数字正射影像图(DOM)、数字矢量地图(DLG)、数字栅格地图(DRG)等数字产品的摄影测量方法。

03.109 摄影中心 camera station, exposure station
曝光瞬间摄影物镜前节点所处的空间位置。

03.110 摄影航线 flight line of aerial photography
航空摄影时,飞机飞行的路线。

03.111 摄影分区 flight block
摄影区域因摄区过大或地形起伏而被划分成若干单元的每一个小区域。

03.112 摄影比例尺 photographic scale
航空航天摄影影像上两像点的距离与其对应地物点的水平距离之比,近似为摄影机主距与相对航高的比值。

03.113 像片比例尺 photo scale
像片上两像点的距离与地面上对应点的水平距离的比值。

03.114 摄影基线 photographic baseline, air base

相邻摄站间的连线。

03.115 航摄质量 quality of aerophotography

航空摄影的飞行质量和摄影质量。

03.116 航摄领航 navigation of aerial photography

利用领航图、地标或导航仪使飞机保持一定的航向、航高、航线间隔对地面进行摄影的工作。

03.117 航摄计划 flight plan of aerial photography

根据航空摄影的任务要求制定的航空摄影技术设计和实施计划。

03.118 航带 strip

沿着某一方向进行航空摄影,获取的前后相互重叠的影像序列。

03.119 航高 flying height, flight altitude

航空飞行器飞行的高度。

03.120 相对航高 relative flying height

航空飞行器相对于地面上某一高度面的飞行高度。

03.121 绝对航高 absolute flying height

航空飞行器相对于高程基准面(平均海平面)的飞行高度。

03.122 航摄漏洞 aerial photographic gap

摄区内像片重叠度过小或没有重叠的部分。

03.123 绝对漏洞 absolute gap

摄区内没有影像覆盖的区域。

03.124 相对漏洞 relative gap

摄区内像片重叠度小于设计下限甚至只有单片影像覆盖的区域。

03.125 基高比 base-height ratio

摄影基线长度与相对航高之比。

03.126 航向重叠度 longitudinal overlap, end overlap

沿飞行方向,相邻像片同名影像重叠的长度与像幅长度之比,通常以百分比表示。

03.127 旁向重叠度 lateral overlap, side overlap

垂直于飞行方向,相邻像片同名影像重叠的长度与像幅长度之比。通常以百分比表示。

03.128 构架航线 control strip

为加强测区构网强度而与测图航线交叉飞行的航线。

03.129 像片 photo, photograph

利用摄影机在感光材料上获取的物体的影像。

03.130 像幅 picture format

像片的构像幅面尺寸。

03.131 框标 fiducial mark

摄影机承片框上或像片上用于测定摄影机内方位元素而设置的特殊标志。

03.132 航摄像片 aerial photograph

通过航空摄影获取的像片。

03.133 像主点 principal point of photograph

摄影物镜后节点在像平面上的垂直投影点。

03.134 像底点 photo nadir point

过摄影物镜后节点作铅垂线与像平面的交点。

03.135 地底点 ground nadir point

像底点在地面上的相应点。

03.136 像等角点 isocenter of photograph

摄影物镜的主光轴与过物镜后节点铅垂线的夹角平分线与像平面的交点。

03.137 等比线 isometric parallel

像片上过等角点的水平线。

03.138　像片基线　photo base
在一张像片上，像主点与相邻像片像主点同名像点的连线。

03.139　主垂面　principal plane〔of photograph〕, principal vertical plane
包含过物镜中心的铅垂线和主光轴的平面。

03.140　主纵线　principal line〔of photograph〕
主垂面与像片平面的交线。

03.141　合线　true horizon, image horizon, horizon trace, vanishing line
过投影中心的真水平面与像片面的交线。

03.142　视地平线　apparent horizon
地平线在像片上的构像。

03.143　主合点　principal vanishing point
合线与主纵线的交点。

03.144　像点位移　displacement of image point
像片上的实际像点与其理想状况下的像点间产生的点位差异。

03.145　倾斜像点位移　tilt displacement of image point
航摄像片上因像片倾斜引起的像点位移。

03.146　投影差　relief displacement, height displacement
地形起伏引起的像点位移，在沿像底点出发的辐射方向线上向外或向内移位，随地面点高于或低于地底点而异。

03.147　像片方位角　azimuth of photograph
地面上从指北方向顺时针至主垂面的角。

03.148　像片内方位元素　elements of interior orientation
确定摄影中心与像片面的几何关系的基本参数，即像主点的像平面坐标和像片主距。

03.149　内方位元素检定　interior orientation parameter calibration
检校像片内方位元素的技术与方法。

03.150　像片外方位元素　elements of exterior orientation
确定摄影光束在物方空间坐标系中的位置和方位的基本参数，包括3个位置参数（线元素）和3个姿态参数（角元素）。

03.151　像片方位元素　photo orientation elements
又称"像片定向参数"。像片内、外方位元素的总称。

03.152　姿态　attitude
传感器或遥感平台在某一参考系中所处的角方位。

03.153　姿态参数　attitude parameter
确定姿态的3个独立变量。

03.154　像片倾角　tilt angle of photograph
摄影机主光轴与过摄影中心的像片面垂线间的夹角。

03.155　航向倾角　longitudinal tilt, pitch
像片倾角在航线方向上的分量。

03.156　旁向倾角　lateral tilt, roll
像片倾角在垂直于航线方向上的分量。

03.157　像片旋角　swing angle, yaw
在像片平面内，所选定的像片坐标系绕主光轴旋转的角度。

03.158　同名像点　corresponding image point, homologous image point
同一目标点在不同像片上的构像点。

03.159　同名光线　corresponding image ray
某一地物点在不同影像间构像的光线。

03.160　左右视差　horizontal parallax, x-parallax

立体像对上同名像点的横坐标之差。

03.161 上下视差 vertical parallax, y-parallax
立体像对上同名像点的纵坐标之差。

03.162 标准配置点 gruber point
相对定向过程中所需要的 6 个定向点。其中 2 个点在左右主点位置，其余点分别在主点上下距离约等于基线长度之处。

03.163 定向点 orientation point
确定像片、立体像对、航线、区域网方位和比例尺所必需的点。

03.164 像片定向 image orientation
恢复影像在摄影瞬间的空间位置和姿态的作业过程。

03.165 内部定向 interior orientation
恢复或确定像片内方位元素的作业过程。

03.166 外部定向 exterior orientation
恢复或确定像片外方位元素的作业过程。

03.167 相对定向 relative orientation
恢复或确定立体像对两个光束在摄影瞬间相对位置关系的过程。

03.168 绝对定向 absolute orientation
确定立体模型在物方坐标系中所处方位和比例的作业过程。

03.169 相对定向元素 elements of relative orientation
确定像对两像片之间相对位置的独立参数。

03.170 绝对定向元素 elements of absolute orientation
确定立体模型相对大地坐标系的独立参数。

03.171 构像方程 imaging equation
以物点坐标为自变量描述其与相应像点坐标几何关系的数学方程。

03.172 共线方程 collinearity equation
描述目标点与其相应像点及投影中心三点共线的数学方程。

03.173 共面方程 coplanarity equation
描述摄影基线与同名光线三线位于同一平面的数学方程。

03.174 航测内业 photogrammetric office work
航空摄影测量在室内进行的各种作业。

03.175 航测外业 photogrammetric field work
航空摄影测量在室外进行的各种作业。

03.176 像片调绘 annotation
利用像片进行判读、调查和绘注等工作。

03.177 判读 interpretation
又称"判释""解译"。从影像中获取所摄对象语义信息的基本过程。

03.178 像片判读 photo interpretation
根据地物的光谱特性、空间特征、时间特征和成像规律，识别出与像片影像相应的地物类别、特性和某些要素或者测算某种数据指标的过程。

03.179 目视判读 visual interpretation
判读者通过直接观察或借助判读仪以研究地物在遥感图像或其他像片上反映的各种影像特征，并通过地物间的相互关系来推理分析，达到识别所需地物信息的过程。

03.180 明显地物点 outstanding point
在像片上和实地均能准确辨认的地物点。

03.181 人工标志 artificial target
在地面上人工设置的像片上有构像的目标点。

03.182 像片控制点 photo control point
用于摄影测量加密或像片定向的已知平面位置和/或高程的地物点。

03.183 像片控制测量 photo control survey
实地测定像片控制点平面位置和/或高程的测量工作。

03.184 检校场 calibration field
为检校航摄仪而均匀布设永久地面标志的场地。

03.185 低空摄影测量 lowaltitude photogrammetry
相对地面航高低于 1 000m 的航空摄影测量。

03.186 航摄无人机 unmanned aerial vehicles for aerial photogrammetry
用于航空摄影测量作业的无人驾驶飞机。

03.187 地面摄影 terrestrial photography
在地面上利用摄影机摄取地面景物影像的技术。

03.188 地面摄影测量 terrestrial photogrammetry
利用安置在地面遥感平台上的摄影机对目标物体进行立体摄影,对拍摄目标进行测绘的摄影测量方法。

03.189 正直摄影 normal case photography
在摄影基线两端,两摄影机主光轴保持水平,并都与摄影基线垂直的摄影。

03.190 等偏摄影 parallel-averted photography
在摄影基线两端,两摄影机主光轴保持水平并平行,且都相对于摄影基线偏转同样角度的摄影。

03.191 交向摄影 convergent photography
在摄影基线两端,两摄影机主光轴在物方相交成某一角度的摄影。

03.192 等倾摄影 equally tilted photography
在摄影基线两端,两摄影机主光轴保持平行,相对于水平面倾斜相同角度的摄影。

03.193 激光扫描仪 laser scanner
利用高速激光扫描测量方法,快速获取被测物体密集三维点云的测量仪器。

03.194 地面移动测量 terrestrial mobile mapping
在地面移动载体平台上集成多种传感器,载体移动过程中,各传感器自动采集空间数据,生成各种空间信息系统所需的图形和数据信息。

03.195 移动测量系统 mobile mapping system
又称"移动测图系统"。在移动载体平台上集成定位测姿传感器、激光扫描仪、影像传感器等的快速数据采集系统。

03.196 非地形摄影测量 non-topographic photogrammetry
以描绘特定物体表面特征为目的的摄影测量,如工业、建筑、考古、生物和医学摄影测量等。

03.197 成像几何 imaging geometry
描述图像与物体投影关系的几何模型。

03.198 射影几何 projective geometry
射影变换下保持不变的图形性质的几何学分支。

03.199 多视几何 multiple view geometry
描述同一场景不同视角的多幅图像与物体之间投影关系的几何模型。

03.200 核面几何 epipolar geometry
描述同名像点与物点共面关系的几何模型。

03.201 直接线性变换 direct linear transformation, DLT
非地形摄影测量中,不单独解求内、外方位元素,用像点坐标与其对应的物方空间坐标直接变换关系式进行像片数学处理的方法。

03.202 目标提取 object extraction

将影像中感兴趣的目标与背景分割开来,识别和解译目标物体。

03.203 三维重建 3D reconstruction
恢复物体三维信息的数据处理过程。

03.204 表面重建 surface reconstruction
利用影像或点云数据精确恢复物体三维表面形状的技术。

03.205 自轮廓重建 shape from contour
利用不同视点(含单视点)获取的物体轮廓影像重构物体表面的技术。

03.206 自阴影重建 shape from shading
利用图像上目标物体的灰度与光源方向恢复物体表面三维形状的技术。

03.207 目标重建 object reconstruction
恢复遥感图像中感兴趣目标的位置、形状和属性的技术。

03.208 近景摄影测量 close-range photogrammetry
通过摄影手段确定(地形以外)目标的外形和运动状态的学科,是摄影测量学的一个分支。

03.209 缩微摄影 microphotography, micro-copying
利用高精度的摄影机和高分辨率的胶片高倍缩小摄影。

03.210 显微摄影 photomicrography
显微镜和摄影机相结合获取微小物体的高倍放大影像。

03.211 同步摄影 synchronous photography
运动目标三维摄影测量中,两台或多台摄影机在同一瞬间对准同一目标曝光的摄影方式。

03.212 摄影测量视觉 photogrammetric vision
用计算机和视觉机理获取并处理影像信息的数字摄影测量方法。

03.213 视觉测量 vision measurement
使用计算机视觉理论进行空间几何尺寸精确测量和定位的方法。

03.214 工业摄影测量 industrial photogrammetry
用于工业领域中的静态或动态工业目标的摄影测量。

03.215 工程摄影测量 engineering photogrammetry
用于现代建筑、水利、铁路、公路、桥梁、隧道等工程建设的摄影测量。

03.216 建筑摄影测量 architectural photogrammetry
用于建筑物的建筑特点和状况的研究、文物的修复、雕塑像的复制等建筑领域中的摄影测量。

03.217 考古摄影测量 archaeological photogrammetry
用于出土文物及其挖掘现场的摄影测量。

03.218 显微摄影测量 microphotogrammetry
通过显微装置获取微小物体图像进行相应处理的一种摄影测量方法。

03.219 数字近景摄影测量 digital close-range photogrammetry
根据数字摄影测量原理,确定近距离所摄像中目标的形状、大小、位置和属性的技术。

03.220 数字近景摄影测量系统 digital close-range photogrammetric system
由一台或多台数字摄影机组成的地面或工业摄影测量系统。

03.221 特种摄影测量 special photogrammetry
满足特殊工程应用的摄影测量。

03.222 全息摄影 hologram photography, holography

记录被摄物体反射(或透射)光波中全部信息(振幅、相位等)的摄影。

03.223 双介质摄影测量 two-medium photogrammetry

被摄物体与摄影机处于不同介质的摄影测量。

03.224 水下摄影测量 underwater photogrammetry

用于测绘水下地形或研究水中物体的摄影测量。

03.225 视频摄影测量 video photogrammetry

采用视频摄像机摄取图像,按照数字摄影测量方法确定被摄物体的位置、形状和大小的一门技术。

03.226 弹道摄影测量 ballistic photogrammetry

用弹道摄影机,以星空为背景,摄取弹丸在空中的飞行状态,用来研究弹丸飞行轨迹的摄影测量。

03.227 生物医学摄影测量 biomedical photogrammetry

用于生物医学研究和临床诊断等方面的摄影测量。

03.228 电子显微摄影测量 nanophotogrammetry

利用扫描电子显微镜摄取的立体显微影像,对微观世界进行的摄影测量。

03.229 X 射线摄影测量 X-ray photogrammetry

利用 X 射线获取物体透视图像,确定内部目标形状、位置和大小的摄影测量。

03.230 雷达摄影测量 synthetic aperture radar photogrammetry, radar photogrammetry

利用微波成像资料进行的摄影测量。

03.231 全息摄影测量 hologrammetry

利用一定方向的激光光束投射到全息图上获取原物体的三维结构图像的摄影测量。

03.232 模拟摄影测量 analog photogrammetry

采用光学投影或机械投影交会原理进行像片影像立体模型量测。

03.233 立体摄影测量 stereo photogrammetry

利用立体像对建立立体模型进行的摄影测量。

03.234 立体像对 stereo pair

从不同摄站摄取的具有重叠影像的一对像片。

03.235 人眼视觉 human vision

人类感知光线的视觉信息处理过程。

03.236 立体视觉 stereoscopic vision

双眼观察景物能分辨物体三维形态的感觉。

03.237 测标 measuring mark

立体摄影测量仪器中,用于量测立体模型时,相对于立体模型作三维浮游运动的量测标志。

03.238 立体镜 stereoscope

观察立体像对时,帮助人们获得立体效应的简易光学观察装置。

03.239 互补色镜 anaglyphoscope

镜片颜色为互补色,用于观察同一互补色构成的像对影像,获得立体模型的专用眼镜。

03.240 判读仪 interpretoscope

用于对所获取的影像进行观察、分析和判读以及电子光学处理的仪器。

03.241 立体判读仪 stereointerpretoscope

利用体视效应对所获取的立体影像对进行目视观察、分析和判读的仪器。

03.242　坐标量测仪　coordinate measuring instrument
用于量测摄影像片上像点平面坐标的仪器。

03.243　单片坐标量测仪　monocomparator
量测单张摄影像片上像点平面直角坐标的仪器。

03.244　立体坐标量测仪　stereocomparator
用于立体观察和量测立体像对同名点像平面直角坐标和坐标差的仪器。

03.245　立体测图仪　stereoplotter
用于观测立体像对构成的立体模型并进行测图或空中三角测量的摄影测量仪器。

03.246　模拟立体测图仪　analog stereoplotter
以摄影过程几何反转原理为基础,模拟摄影时空间光束的几何关系,建立与被摄物体相似的几何模型,并通过立体观测对模型进行立体量测的仪器。

03.247　精密立体测图仪　precision stereo-plotter
用于观测立体像对组成的立体模型并进行测图或空中三角测量的高精度全能型立体测图仪器。

03.248　立体观测　stereoscopic observation
在人造立体效应基础上,对立体模型进行的观察和量测。

03.249　互补色立体观察　anaglyphical stere-oscopic viewing
利用互补色原理实现像对左右影像的分像,以产生立体视觉效应的立体观察方法。

03.250　偏振光立体观察　vectograph method of stereoscopic viewing
利用偏振光原理实现像对左右影像的分像,以产生立体视觉效应的立体观察方法。

03.251　闪闭法立体观察　blinking method of stereoscopic viewing
利用自动闪闭装置,实现左右眼分别观察左右影像,以产生立体视觉效应的观察方法。

03.252　正立体效应　orthostereoscopy
立体观察时得出与实物在凹凸远近上相同的立体视觉效应。

03.253　反立体效应　pseudostereoscopy
立体观察时得出与实物在凹凸远近上正好相反的立体视觉效应。

03.254　几何反转原理　principle of geometric reverse
根据光路可逆性,由所摄像对影像建立其几何立体模型的原理。

03.255　全能法测图　universal method of photogrammetric mapping
根据摄影过程的几何反转原理,利用立体像对建立起所摄地面缩小的几何模型,进行全要素地形测图的方法。

03.256　分工法测图　differential method of photogrammetric mapping
又称"微分法测图"。摄影测量中,分别求解目标点的高程和平面位置的测图方法。

03.257　综合法测图　photo planimetric meth-od of photogrammetric mapping
地形图上地物、地貌的平面位置由摄影测量方法确定,等高线和注记点高程采用普通测量方法在野外测定的测图方法。

03.258　模拟法测图　analog plotting
通过光学或机械设备模拟摄影时的几何关系而进行的测图。

03.259　光学投影　optical projection
摄影测量仪器中,用光学方法建立投影光束的投影方式。

03.260　光学机械投影　optical-mechanical

projection

摄影测量仪器中,建立投影光束时,投影器内用实际的光线束来体现,投影器外的光线则由精密机械导杆代替的投影方式。

03.261 投影器主距 principal distance of projector

模拟摄影测量仪器中,投影器的投影中心到承片框平面的垂直距离。

03.262 立体观测模型 stereoscopic model

通过双像观测产生的立体模型。

03.263 几何模型 geometric model

使立体像对同名光线对相交所构成的与实地相似的模型。

03.264 视模型 perceived model

按人造立体效应原理观察像对所感受到的立体模型。

03.265 模型缩放 scaling of model

绝对定向中,利用像片控制点对立体模型所作的比例尺归化。

03.266 模型置平 leveling of model

绝对定向中,利用像片控制点将立体模型进行倾斜改正,把摄影测量高程归化到物方坐标系的工作。

03.267 阿贝比长原理 Abbe comparator principle

在坐标仪上量测时,观测点应位于计量标准分划尺的延长线上的原理。

03.268 波罗-科普原理 Porro-Koppe principle

在某些摄影测量仪器上,用与摄影机畸变特征相同的透镜或光学系统进行投影,可消除摄影物镜畸变差影响的原理。

03.269 光学纠正 optical rectification

用光学仪器进行的像片纠正。

03.270 光学机械纠正 optical-mechanical rectification

用光学机械仪器进行的像片纠正。

03.271 图解纠正 graphical rectification

根据透视理论,利用像面和图面的复比或透视对应关系,建立相应的射线束或透视格网进行转绘的作业过程。

03.272 光学图解纠正 optical graphical rectification

使用投影转绘仪,将需纠正的影像投影到图板上,进行纠正及转绘的作业过程。

03.273 仿射纠正 affine rectification

保持纠正前后的图形中直线平行性不变的像片纠正。

03.274 光学条件 optical condition

保证纠正仪上物、像平面光学共轭的条件。包括光距条件和交线条件。

03.275 几何条件 geometric condition

像片纠正时,满足投影的影像图形与相应地面图形相似并符合一定比例尺所需要的条件。

03.276 纠正元素 element of rectification

像片纠正所必需的参数。

03.277 合点控制 vanishing point control

保持合点至迹点及合点至投影中心的距离不变,物镜面与承影面同时旋转一个角度,使改变后的投影光束仍保证构像图形与地面图形保持一致的控制条件。

03.278 交线条件 condition of intersection

又称"向甫鲁条件(Scheimpflug condition)""恰普斯基条件(Czapski condition)"。在底片面和承影面倾斜时,满足光距条件的前提下,使底片面、物镜主平面和承影面相交于一直线,才能使任何一点都保持光学共轭,保证影像全面清晰。

03.279 透视旋转定律 rotation axiom of the perspective, rotation theorem, Chasles theorem

在建立起透视对应关系的基础上,使承影面绕透视轴,合面(含投影中心)绕合线,按同方向旋转同一角度,就可保持透视对应关系不变的规律。

03.280 像片镶嵌 photo mosaic

根据控制点或同名影像对纠正像片进行拼叠,切去重叠部分的边条,将中央部分拼接和粘贴在图板上的方法。

03.281 光学镶嵌 optical mosaic

将有重叠的遥感图像或其他像片的纠正影像,依次拼接、晒印在同一张感光材料上的方法。

03.282 镶嵌索引图 index mosaic

以摄影分区或图幅为单位,按摄影像片号顺序重叠排列缩小复照而成的供用户使用的像片略图。

03.283 解析摄影测量 analytical photogrammetry

依据像片像点与相应地面点的数学关系,借助计算机用数学解算方法进行的摄影测量。

03.284 摄影测量坐标系 photogrammetric coordinate system

描述摄影测量模型的空间直角坐标系。其原点选在某摄站或某一已知点,横坐标大体与航线方向一致,纵坐标与铅垂线方向一致且向上为正的一种右旋空间直角坐标系。

03.285 像平面坐标系 photo coordinate system

在像片平面上为描述像点平面位置所选定的右旋直角坐标系。

03.286 像空间坐标系 image space coordinate system

描述单张像片上像点在像方空间位置的右旋直角坐标系,是以投影中心为原点,X、Y轴平行于像平面坐标系的相应轴,Z轴与物镜主光轴重合,$Z=-f$(主距)的右旋直角坐标系。

03.287 物空间坐标系 object space coordinate system

描述地面点在物方空间位置的任一三维坐标系。可根据需要而选定坐标原点和三个轴系方向。

03.288 加密点 pass point

在像片控制点基础上用摄影测量方法确立的多个用于内业控制,模型连接、定向辅助等的点。

03.289 连接点 tie point

摄影测量相对定向时,用于相邻模型连接的同名像点。

03.290 解析定向 analytical orientation

利用计算机通过数学关系解算各定向元素的作业过程。

03.291 模型连接 bridging of model

用公共连接点将两个相邻立体像对几何模型的比例尺统一,连接成一个整体模型的方法。

03.292 单片空间后方交会 space resection

利用航摄像片上三个以上不在一条直线上的已知点,按构像方程计算该像片外方位元素的方法。

03.293 空间前方交会 space intersection

由立体像对两像片的内、外方位元素和观测的像点坐标来确定该点的物方坐标。

03.294 解析空中三角测量 analytical aerial triangulation

又称"电算加密"。利用计算的方法,根据航摄像片上所量测的像点坐标和必要的用以确定平差基准的非摄影测量信息,测定所摄目标地区未知点的物方空间坐标。

03.295 航带法空中三角测量 strip aerial triangulation

以多个立体像对构成的单模型连接成的航带模型为平差基本单元，通过消除航带模型中累积的系统误差，将航带模型整体纳入测图坐标系的空中三角测量。

03.296 独立模型法空中三角测量 independent model aerial triangulation

以单个立体像对构成的单模型为平差基本单元，通过对单元模型进行整体三维空间相似变换，将整个区域最佳地纳入控制点坐标系中的空中三角测量。

03.297 光束法空中三角测量 bundle aerial triangulation

以一张像片组成的一束光线作为平差基本单元，以目标点、像点和摄站三点共线条件为平差基础，通过对各光线束进行空间的旋转和平移而使像片之间的同名光线，实现最佳交会的空中三角测量。

03.298 自动空中三角测量 automatic aerial triangulation

在数字摄影测量中，利用影像匹配方法在计算机中自动选择连接点，实现自动转点和量测，进行空中三角测量的方法。

03.299 联机空中三角测量 on-line aerotriangulation

又称"在线空中三角测量"。由立体坐标量测仪与计算机联机进行测算的空中三角测量。

03.300 实时空中三角测量 real time aerial triangulation

在摄影测量数据获取的同时进行空中三角测量解算。

03.301 全球导航卫星系统辅助空中三角测量 global navigation satellite system-supported aerotriangulation

利用全球导航卫星系统(GNSS)测定摄站点坐标，将其作为区域网平差的控制信息，以减少或取代地面控制点的解析空中三角测量。

03.302 定位测姿系统辅助空中三角测量 POS-supported aerotriangulation

又称"集成传感器定向"。利用定位测姿系统(POS)直接在航空摄影时测定航摄仪的空间位置和姿态，从而实现极少地面控制点的解析空中三角测量。

03.303 区域网平差 block adjustment

对多条航线构成的区域进行整体平差的空中三角测量。

03.304 航带法区域网平差 block adjustment with strip method

以航带为平差单元的区域网平差方法。

03.305 光束法区域网平差 bundle block adjustment

以一幅影像的光线束作为平差单元的区域网平差方法。

03.306 自检校 self-calibration

空中三角测量中，对可能存在的系统误差模型化，将模型参数视为未知数参与区域网平差求解，检定并消除系统误差的平差方法。

03.307 联合平差 combined adjustment

将原始的大地测量观测值、一般的控制信息和/或相对控制条件与摄影测量观测值联合进行的整体摄影测量区域网平差。

03.308 粗差检测 gross error detection

数据处理过程中发现和剔除粗差的方法。

03.309 数据探测法 data snooping

用以发现和剔除单个小粗差的粗差检测统计方法。

03.310 选权迭代法 iteration method with

variable weights
迭代平差中,通过适当变化观测值的权达到
消除观测值粗差的方法。

03.311　解析纠正　analytical rectification
根据像片断面数据或数字高程模型,用解析
方法在正射投影仪上实现的微分纠正。

03.312　微分纠正　differential rectification
以航摄像片或其他遥感影像的微小面积为
纠正单元,通过逐个纠正单元的几何变换而
实现图像间的任何一种映射方法。

03.313　解析测图　analytical mapping
由立体坐标量测仪采集像点,根据像点坐标
与目标点坐标间的数字投影关系,通过计算
机解析计算获得目标点三维坐标,据此进行
立体量测和测图的方法。

**03.314　机助测图　computer-assisted plotting,
computer-aided mapping**
在摄影测量中,在与计算机相连接的立体测
图仪上,人眼进行立体观测,由计算机协助
进行测图的方法。

03.315　解析测图仪　analytical plotter
由计算机实时解析计算,伺服反馈系统实时
控制像片盘运动,建立像点坐标与模型点坐
标的数字投影关系,据此进行立体量测和测
图,其图形数据可被记录、存储、处理或绘图
输出的精密立体测图仪。

**03.316　数字摄影测量　digital photogramme-
try**
采用数字投影交会原理进行数字影像立体
模型量测的方法。

03.317　数字影像　digital image
物体光辐射能量的数字记录形式或像片影
像经采样量化后的二维数字灰度序列。

03.318　数字化影像　digitized image
将像片影像以像元为单元对其密度的连续
变化做等间隔的采样和量化后,所获得的数
字影像。

03.319　影像扫描仪　image scanner
将获取的像片转换成计算机可以显示、编
辑、储存和输出的数字化设备。

03.320　量化　quantizing, quantization
把图像样本连续变化的模拟量或密度值转
换成离散数字量样本值的过程。

03.321　采样　sampling
把时间域或空间域的连续量转化成离散量
的过程。

03.322　像素　pixel
又称"像元"。数字影像的基本单元。

03.323　重采样　resampling
影像灰度数据在几何变换后,重新插值像元
灰度的过程。

03.324　采样间隔　sampling interval
相邻两次采样间的时间间隔或空间间隔。

**03.325　地面采样距离　ground sampling dis-
tance, GSD**
数字影像中单个像元对应的地面尺寸。

03.326　核点　epipole
摄影基线与像平面的交点。

03.327　核线　epipolar line, epipolar ray
核面与像平面的交线。

03.328　主核线　principal epipolar line
主核面与像平面的交线。

03.329　垂核线　vertical epipolar line
垂核面与像平面的交线。

03.330　同名核线　corresponding epipolar line
某一地面点的核面在立体像对的两像平面
上的两条交线。

03.331　核面　epipolar plane
通过摄影基线与任一地面点组成的平面。

03.332　主核面　principal epipolar plane
过像主点的核面。

03.333　垂核面　vertical epipolar plane
包括底点光线的核面。

03.334　核线影像　epipolar image
从原始图像沿核线重采样得到的没有上下视差的图像。

03.335　数字测图　digital mapping
对利用各种手段采集的数据,通过计算机加工处理,获得数字地图的方法。

03.336　数字微分纠正　digital differential rectification
根据构像方程和已建立的数字高程模型对数字影像进行的逐像元纠正。

03.337　直接法纠正　direct scheme of digital rectification
在数字影像的几何纠正中,把原始影像的每个像元通过纠正公式变换到新影像的相应位置,同时把原始影像上像元灰度值赋予新影像相应像元位置上的一种数字影像变换方法。

03.338　间接法纠正　indirect scheme of digital rectification
由纠正后新影像的像元,通过纠正公式推求其在原始影像中的相应位置,并通过重采样将该位置的灰度值,反送到新影像相应像元上的一种数字影像变换方法。

03.339　数字正射影像　digital orthophoto
具有正射投影性质的数字影像。

03.340　真正射影像　true orthophoto
对地表和地物进行垂直投影而形成的影像。

03.341　数字影像镶嵌　digital mosaic
利用计算机对重叠邻接的数字图像进行镶嵌处理的技术。

03.342　影像匀色　image color dodging
消除单幅影像内部和多幅影像之间色调不平衡的影像处理方法。

03.343　正射影像立体配对片　orthophoto stereomate
正射像片和与其对应的立体配对片的总称。

03.344　数字表面模型　digital surface model, DSM
物体表面形态数字表达的集合。

03.345　像片平面图　photo plan
用纠正后的像片编制的带有公里格网、图廓内外整饰和注记的平面图。

03.346　数字线划图　digital line graph
基础地理信息地形和地物要素的矢量数据集。

03.347　影像金字塔　image pyramid
由原始影像按一定规则生成的由细到粗不同分辨率的影像集。

03.348　影像匹配　image matching
通过对影像内容、特征、结构、关系、纹理及灰度等的对应关系、相似性和一致性分析,寻求相同影像目标的方法。

03.349　多影像配准　multi-imagery matching
通过寻找同名信息进行同一地区不同时期不同传感器图像配准的方法。

03.350　影像相关　image correlation
探求左、右像片影像信号相似的程度,从中确定同名影像或目标的过程。

03.351　核线相关　epipolar correlation
利用立体像对左、右核线上的灰度序列进行的影像相关。

03.352　最小二乘相关　least squares correla-

tion

以左、右像片灰度差为观测值,进行最小二乘法平差以解求同名影像的过程。

03.353 物方匹配 object space image matching

固定物方平面坐标,直接匹配得到地面点高程坐标的影像匹配方法。

03.354 目标区 target area

立体像对左片上或右片上给定点周围像点的灰度值组成的矩阵。

03.355 搜索区 searching area

立体像对右片上(或左片上)与左片上(或右片上)目标区相对应的预测的像点灰度值矩阵。

03.356 边缘提取 edge extraction

确定图像中边缘特征点,形成连续完整边界的图像处理方法。

03.357 摄影测量内插 photogrammetric interpolation

根据从像片上获取的点或线的信息,用数学方法拟合和内插出待求点的方法。

03.358 邻近点内插法 nearest neighbor interpolation method

将距离待定点最近的数据点的采样值直接赋予待定点的内插方法。

03.359 双线性内插法 bilinear interpolation method

以矩形网格中最近的 4 个数据点的采样值进行内插的方法。

03.360 双三次卷积内插法 bicubic interpolation method

以待定点周围最近的 16 个数据点的采样值进行加权平均的内插方法。

03.361 实时摄影测量 real-time photogrammetry

将数据获取、处理和成果输出集为一体,实时快速完成的摄影测量。

03.362 数字摄影测量工作站 digital photogrammetric station

把数字影像或数字化影像作为数据源,以交互或自动方式进行摄影测量处理的硬、软件系统。

03.363 遥感物理 remote sensing physics

研究遥感成像过程中电磁波传输规律和特点的技术。

03.364 电磁波谱 electromagnetic spectrum

电磁波按照波长或频率的顺序排列而成的图表。

03.365 电磁波特性 electromagnetic wave feature

电磁波在传播或电磁波与物体相互作用过程中所表现的特性。

03.366 功率谱 power spectrum

描述信号功率随频率变化的规律的图表。

03.367 反射波谱 reflectance spectrum

表示物体反射的电磁波能量按波长分布的规律的图表。

03.368 波谱特征曲线 spectrum character curve

物体的波谱发射率、反射率或透射率与波长的关系在直角坐标系中的表征曲线。

03.369 波谱响应曲线 spectrum response curve

遥感器波段响应值(DN 值)随波段变化的曲线。

03.370 辐射传输 radiation transfer

描述电磁波与物体作用的过程,这一过程中包含物体对电磁能量的吸收、散射与辐射等。

03.371 大气窗口 atmospheric window

经过吸收和散射等作用后,大气对太阳辐射的电磁波透过率较高的一些特定的电磁波段。

03.372 大气透过率 atmospheric transmissivity

电磁波在大气中传播时,经大气衰减后的电磁辐射通量与入射的电磁辐射通量之比。

03.373 大气噪声 atmospheric noise

遥感成像过程中,大气对电磁波的干扰造成图像中存在的异常信号的总称。

03.374 大气传输特性 characteristics of atmospheric transmission

电磁波辐射在大气中的衰减随波长变化的特性。

03.375 大气传输模型 atmospheric transfer model

描述电磁波在大气介质中的传输过程的表达方程。

03.376 热辐射 thermal radiation

辐射能的强弱及其波长的分布随物体温度变化的电磁辐射。

03.377 黑体辐射 black body radiation

在任何温度下,对任何波长的电磁波具有全吸收和全发射能力的理想物体的辐射。

03.378 太阳辐射 solar radiation

太阳发射电磁能量的总称。

03.379 太阳辐射波谱 solar radiation spectrum

反映太阳辐射能量按波长分布规律的图形表示。

03.380 地物波谱特性 object spectral characteristic

地物发射、反射和透射电磁波的强度随波长变化的特性。

03.381 双向反射分布函数模型 bidirectional reflectance distribution function model, BRDF model

通过对入射方向辐照度的微增量,与其所引起的反射方向上辐射亮度增量之间的比值关系,来描述各方向反射率的模型。

03.382 遥感平台 remote sensing platform

安放遥感器并能进行遥感作业的载体。

03.383 地面遥感平台 ground remote sensing platform

高度通常在100m以下的安置传感器的三脚架、遥感塔、遥感车等。

03.384 低空遥感平台 low altitude remote sensing platform

高度通常在100~1000m的安置传感器的无人机、飞艇和气球等飞行器。

03.385 近空遥感平台 near space remote sensing platform

高度通常在1000m~100km的安置传感器的航空飞行器。

03.386 深空遥感平台 deep space remote sensing platform

高度通常在240km以上的安置传感器的航天飞机、人造卫星等航天飞行器。

03.387 航空遥感 aerial remote sensing

以航空飞行器为平台安置传感器的遥感技术。

03.388 航天遥感 space remote sensing

在地球大气层以外的宇宙空间,以人造卫星、宇宙飞船、航天飞机等航天飞行器为平台安置传感器的遥感。

03.389 航天飞机 space shuttle

往返于地面和近地轨道之间的可重复使用的太空飞行器。

03.390 遥感卫星 remote sensing satellite

用于外层空间遥感平台的人造卫星。

03.391　地球同步卫星　geo-synchronous satellite, geostationary satellite
绕地球运行的周期与地球自转周期相同的人造卫星。

03.392　太阳同步卫星　sun-synchronous satellite
轨道面与太阳始终保持相对固定取向的人造卫星。

03.393　极轨卫星　polar orbit satellite
轨道通过地球近南北极的人造卫星。

03.394　深空探测卫星　deep space satellite
用于太阳系空间和遥远宇宙空间探测的人造卫星。

03.395　月球轨道飞行器　lunar orbiter
用于月球表面地形和资源探测的人造卫星。

03.396　遥感卫星网　remote-sensing satellite network
由多颗遥感卫星组成的能相互配合、协同观测的卫星观测系统。

03.397　凝视卫星　staring-imaging satellite
始终对准同一区域进行连续观察的人造卫星。

03.398　中继卫星　relay satellite
为卫星、飞船等航天器提供数据和信号传输服务的卫星。

03.399　地球资源卫星　earth resources satellite
用于勘测和研究地球自然资源的遥感卫星。

03.400　陆地卫星　Landsat
美国的地球资源卫星序列。至2014年已发射1~8号,其中1号星于1972年7月23日发射,最初被称作陆地资源技术卫星,自1975年改名为陆地卫星。

03.401　SPOT卫星　SPOT satellite
法国的地球资源卫星序列。至2014年已发射SPOT卫星1~6号,其中1号星的发射时间为1986年2月22日。

03.402　资源三号卫星　ZY-3 satellite
我国民用高分辨率立体测绘卫星,于2012年1月9日发射第一颗。

03.403　海洋卫星　oceanography satellite
探测全球海洋表面状况与监测海洋动态的遥感卫星。

03.404　测绘卫星　surveying and mapping satellite
具备平面基准、高程基准和重力基准计算能力,以及具有测图功能的、满足大中比例尺制图精度要求的对地观测卫星。

03.405　环境探测卫星　environmental survey satellite
定时提供全球或局部地区的环境影像的遥感卫星。

03.406　气象卫星　weather satellite
观察和监视地球的气象和气候的遥感卫星。

03.407　地面接收站　ground receiving station
设置在地球上,跟踪卫星运转,接收卫星下行传送的各种数据,以及对其进行数据处理、储存和分发的地面站。

03.408　遥感传感器　remote sensor
从遥感平台获取地物和环境所辐射或反射的电磁波的仪器。

03.409　地物波谱仪　spectrometer
测定地物(物体)在不同波段下的电磁辐射强度的仪器。

03.410　主动式遥感　active remote sensing
由遥感器向目标物发射一定频率的电磁辐射能量,然后接收从目标物返回的辐射能量的遥感方式。

03.411　被动式遥感　passive remote sensing
直接接收来自目标物的辐射能量的遥感方式。

03.412　线阵遥感器　linear array sensor, push-broom sensor
与飞行方向垂直安置的单行或多行感应器（如 CCD、CMOS 等），可随着遥感平台的运动，而以条带方式连续接收地物光谱信息。

03.413　静态遥感器　static sensor
曝光瞬间可形成整幅影像的传感器。

03.414　动态遥感器　dynamic sensor
曝光瞬间获取一条或几条子图像,通过在不同位置和姿态条件下获取的子图像构成整幅影像的传感器。

03.415　光学遥感器　optical sensor
仅利用光学成像系统记录图像信息的传感器。

03.416　微波遥感器　microwave remote sensor
工作波段为微波波段的传感器。

03.417　光电遥感器　photo-electronic sensor
能将电磁辐射转换成电子或其他可探测的图像信息的传感器。

03.418　辐射遥感器　radiation sensor
测量视场及波长范围内所有目标发射的电磁辐射强度的传感器。

03.419　星载遥感器　satellite-borne sensor
用于航天遥感的传感器。

03.420　机载遥感器　airborne sensor
用于航空遥感的传感器。

03.421　成像传感器　imaging sensor
接收场景物体反射或发射的电磁波信号,转化为图像并记录在某种介质上的仪器。

03.422　专题测图仪　thematic mapper, TM
美国陆地卫星 4 号及以后携带的一种专用的多光谱扫描仪。

03.423　红外扫描仪　infrared scanner
根据被测地物自身的红外辐射,借助仪器本身的光学机械扫描和遥感平台沿飞行方向移动形成图像的传感器。

03.424　多光谱扫描仪　multi-spectrum scanner
通过扫描方式获取同一景物多个不同波段图像的传感器。

03.425　成像光谱仪　imaging spectrometer
利用成像技术和精细光谱分光技术,同时获取目标二维影像和各像元在不同波长下的光谱成分的遥感器。

03.426　微波辐射计　microwave radiometer
用以收集和测量地物发射来的微波辐射通量的被动式微波遥感传感器。

03.427　红外辐射计　infrared radiometer
对物体的红外辐射进行收集测量的遥感仪器。

03.428　傅里叶红外光谱仪　Fourier transform infrared spectrometer
利用红外光分光、干涉和傅里叶变换进行地物光谱特性测量的仪器。

03.429　紫外成像仪　ultraviolet imager
对物体的紫外辐射进行收集测量的遥感仪器。

03.430　成像雷达　imaging radar
通过发射雷达脉冲以接收物体后向散射信号,形成地物景观图像的一种传感器。

03.431　测距雷达　range-only radar
用以测量从雷达到目标的距离,而不提供目标后向散射信息的雷达。

03.432　激光测高仪　laser altimeter

安装在飞行器(飞机、卫星等)上利用激光脉冲的往返时间来获得飞行器高度的仪器。

03.433 相位激光扫描仪 phase-based laser scanner

通过测定物体反射激光束相位的方式,确定物体表面点三维坐标的仪器。

03.434 微波散射计 microwave scatterometer

用于测量物体对微波散射强度的遥感器。

03.435 星象仪 celestial globe

又称"星相仪"。用于观测星空行星的仪器。通常在卫星上放置星象仪来观测恒星从而确定卫星位置和姿态。

03.436 姿态测量传感器 attitude-measuring sensor

用以测定遥感平台俯仰轴和滚动轴精确姿态的传感器。

03.437 摄谱仪 spectrograph

将复合光分解为光谱,再用一定的方法把光谱记录下来的仪器。

03.438 航空摄谱仪 aerial spectrograph

用于航空飞行器上工作的摄谱仪。

03.439 地面摄谱仪 terrestrial spectrograph

用于地面工作的摄谱仪。

03.440 激光雷达 light detection and ranging,LiDAR

又称"激光扫描仪"。发射激光束并接收物体回波信号从而获取目标三维信息的系统(仪器)。

03.441 量子成像 quantum imaging

通过利用、控制(或模拟)辐射场的量子涨落得到物体图像的技术。

03.442 微波遥感 microwave remote sensing

遥感器工作波段选择在微波波段范围的遥感。

03.443 主动微波遥感 active microwave remote sensing

传感器发射微波并接收地物对其散射辐射的遥感方式。

03.444 被动微波遥感 passive microwave remote sensing

传感器被动接收地物微波辐射的遥感方式。

03.445 微波辐射 microwave radiation

物体辐射的电磁波波长在 1~1000mm 范围内的电磁辐射。

03.446 微波图像 microwave imagery

以传感器接收物体对微波辐射或散射的能量而形成的图像。

03.447 雷达遥感 radar remote sensing

发射雷达脉冲以获取地物后向散射信号及其图像并进行地物分析的遥感技术。

03.448 真实孔径雷达 real-aperture radar

用一个实际天线向平台行进方向的侧方发射微波脉冲,并接收从目标返回的后向散射波,通过平台的行进实现对地扫描的雷达传感器。

03.449 合成孔径雷达 synthetic aperture radar,SAR

利用雷达与目标的相对运动,用数据处理的方法把尺寸较小的真实天线孔径合成为一个较大的等效天线孔径的雷达。

03.450 雷达影像 radar image

侧向发射雷达脉冲并接收回波形成的影像。

03.451 后向散射 back scattering

与雷达波入射方向逆向的微波散射。

03.452 斜距投影 slant range projection

根据雷达天线到目标的距离远近,来确定目标在雷达影像上距离向坐标的投影方式。

03.453 斑点噪声 speckle noise

由于雷达分辨单元内的后向散射系数强度出现强弱变化,在合成孔径雷达图像上形成的一系列明暗相间的颗粒状噪声。

03.454 合成孔径雷达干涉测量 interferometric synthetic aperture radar, InSAR

对合成孔径雷达在不同站点,获取同一地区两次观测数据的相位差等信息进行分析处理,获取三维地形信息的技术。

03.455 差分合成孔径雷达干涉测量 differential interferometric synthetic aperture radar, D-InSAR

利用两次及以上合成孔径雷达数据相位差的差分,对地表几何形变信息进行获取的技术。

03.456 相干性 degree of coherence

雷达后向散射波之间的相关程度。通常用相关系数的幅度(或模)来定量表达。

03.457 干涉图 interferogram

干涉测量中,配准后的两景合成孔径雷达影像,对应像素值进行复共轭相乘得到的复图像。

03.458 失相干 decorrelation

由于空间基线、热噪声以及散射特性的改变,使得两次成像获得的地面回波相位发生变化,导致相干性降低的现象。

03.459 相位解缠 phase unwrapping

将干涉图的相位主值恢复为真实值的过程。

03.460 干涉基线 interferometry baseline

主、辅合成孔径雷达影像获取时雷达天线的相对位置关系。

03.461 临界基线 critical baseline

使两根天线回波信号之间的相关性降低到零的基线长度。

03.462 永久散射体 permanent scatterer, persistrent scatterer

合成孔径雷达影像中具有稳定后向散射特性的像元,这些像元的后向散射中存在一个占主导地位的散射体,其散射信号在很长时间范围内都能保持较高的干涉相干性,也称点目标。

03.463 永久散射体干涉测量 permanent scatterer synthetic aperture radar interferometry

利用同一地区不同时间获取的时间序列合成孔径雷达影像,以其中一景影像为主影像与其余影像形成干涉图,通过对永久散射体像元的干涉相位进行时间和空间分析,从而获取这些像元的匀速形变和非均匀形变等信息的技术。

03.464 层析合成孔径雷达 synthetic aperture radar tomography

通过在不同高度位置多次获取的合成孔径雷达影像数据的相干组合,在高程方向上形成合成孔径,实现对观测对象进行三维成像的技术。

03.465 合成孔径雷达极化测量 synthetic aperture radar polarimetry

利用多种极化方式的合成孔径雷达数据对地物进行观测的技术。

03.466 极化 polarization

电磁波在垂直其传播方向的平面内的电场振动指向。

03.467 极化椭圆 polarization ellipse

电磁波的电场矢量在垂直于传播方向的平面内的随时间变化的轨迹,通过极化椭圆的椭率角和方位角能完整描述电磁波的极化状态。

03.468 焦耳矢量 Joule vector

描述单色平面电磁波极化状态的二维复向量,与极化椭圆具有一一对应关系。

03.469 斯托克斯矢量 Stokes vector

描述电磁波的幅度和极化特性的四个参数组成的实向量。是电磁波极化状态的一种表达方式。

03.470　分布式目标　distributed target
若目标具有时变特性或由多个独立分布的子散射体构成，则目标散射波将为部分极化波，这种目标常被称为分布式目标。自然地表多为分布式目标。

03.471　极化散射矩阵　polarimetric scattering matrix
描述地物目标对一对相互正交的极化入射波的散射响应的二维矩阵。能完全表达地物目标的散射特性。

03.472　极化总功率　polarimetric total power
包含总的散射强度信息，代表极化测量的总散射功率，极化散射矩阵的范数值。

03.473　极化散射矢量　polarimetric scattering vector
极化散射矩阵的四个元素组成的四维矢量。在互易性条件满足情况下，缩减为三维矢量。

03.474　极化协方差矩阵　polarimetric covariance matrix
极化散射矢量与其共轭转置矢量相乘并进行空间平均得到的四维方阵。在互易性条件满足情况下，缩减为三维方阵。

03.475　极化相干矩阵　polarimetric coherency matrix
用泡利(Pauli)基表达的极化散射矢量与其共轭转置矢量相乘并进行空间平均得到的四维方阵。在互易性条件满足情况下，缩减为三维方阵。

03.476　极化目标分解　polarimetric target decomposition
将地物回波的复杂散射过程分解为几种单一的散射过程。每种散射过程都有一个对应的散射矩阵。

03.477　极化合成　polarization synthesis
根据目标的极化散射矩阵，计算其在收发天线任意极化组合下的回波功率，即合成任意极化状态下的接收功率的方法。

03.478　极化合成孔径雷达干涉测量　polarimetric synthetic aperture radar interferometry
以多极化散射矢量数据代替单极化影像复标量数据进行干涉测量的技术。能合成在任意极化状态下的干涉图。

03.479　激光遥感　laser remote sensing
利用激光雷达对地表状态或大气状态等进行探测的遥感技术。

03.480　摆镜扫描　oscillating mirror scan
通过旋转轴在一定角度范围内反复旋转，改变反射镜镜面方向，实现激光发射方向改变的扫描方式。

03.481　旋转棱镜扫描　rotating mirror scan
通过旋转轴连续旋转，带动棱镜中多个镜面的轮流摆动，实现激光发射方向改变的扫描方式。

03.482　圆锥镜扫描　conical scan
利用旋转轴连续旋转，带动与转轴不垂直的反射镜旋转，实现激光发射方向改变，且不同发射方向与地表呈圆锥形的扫描方式。

03.483　光学纤维电扫描　fiber scan
通过电机带动反射镜旋转，实现激光束瞬间经过圆形光纤组的不同光纤，实现激光发射方向改变的扫描方式。

03.484　距离图像　ranger image
将激光点云按高程灰阶化后得到的图像。

03.485　波形分解　waveform decomposition
通过一定算法提取激光回波中波峰的位置、强度、宽度等参数的过程。

03.486 点云 point-cloud
在同一空间参考系下表达目标空间分布和目标表面特性的海量点集合。

03.487 点云分类 point-cloud classification
对点云所对应地物类别进行判定的过程。

03.488 点云滤波 point-cloud filtering
从点云中提取地面点并生成数字高程模型的过程。

03.489 脉冲测量 pulse measurement
根据激光脉冲发射和接收的时间差进行测量的方法。

03.490 相位测量 phase measurement
通过发射和接收调制激光束的相位偏移进行测量的方法。

03.491 多光谱激光雷达 multi-spectrum LiDAR
发射包括多个波长的激光束并接收物体回波信号,从而同时获取目标三维和光谱信息的仪器。

03.492 合成孔径激光雷达 synthetic aperture LiDAR
用激光器和小口径光学天线作为单个辐射单元,将此单元沿一直线不断移动,在不同位置上接收同一地物的回波信号的侧视激光雷达。它在方位向通过合成孔径原理来实现高分辨,在距离向通过脉冲压缩原理来实现高分辨。

03.493 红外遥感 infrared remote sensing
遥感器工作波段限于红外波段范围(1~3μm;3~5μm;8~14μm)的遥感。

03.494 热红外图像 thermal infrared imagery, thermal IR imagery
利用传感器接收波长为8~14μm的电磁波而产生的图像。

03.495 红外辐射 infrared radiation
物体在红外波段的电磁辐射。

03.496 比辐射率 emissivity
又称"发射率"。物体在某一温度和波长条件下的辐射出射度与同温度、波长下的黑体辐射出射度的比值。

03.497 大气上下行辐射 upward/downward atmospheric radiation
大气自身向其上方和下方的热红外辐射。

03.498 多角度热红外遥感 multi-angle infrared remote sensing
研究地物多角度热红外辐射特性的遥感方式。

03.499 热红外温度反演 thermal infrared temperature retrieval
利用红外遥感数据等求解物体温度的技术。

03.500 高光谱遥感 hyperspectral remote sensing
在电磁波谱的可见光、近红外和中红外等波段范围内,利用高光谱分辨率影像进行地物目标分析的技术。

03.501 光谱分析 spectral analysis
确定地物的光谱特征与地物物理化学属性的关系。

03.502 光谱测量 spectral measurement
测定地物光谱反射率和发射率的方法。

03.503 光谱分辨率 spectral resolution
遥感影像每一波段的波长范围的量度。

03.504 地物波谱库 surface spectrum database
记录和管理地物波谱特性数据的数据库。

03.505 波谱特征空间 spectrum feature space
不同波段影像所构成的测度空间。

03.506 波谱集群 spectrum cluster

同一类地物,其影像亮度值在波谱特征空间所呈现出的点群状分布。

03.507 高光谱地物精细识别 hyperspectral object fine recognition
利用高光谱数据对地物的类别进行精细判定的技术。

03.508 光谱定标 spectral calibration
确定成像光谱仪所获取影像数据的中心波长和波段宽度等信息的过程。

03.509 光谱匹配 spectral matching
波谱特征曲线或波谱响应曲线之间的相似性度量。

03.510 光谱特征参量化 spectral feature parameterization
以参数形式对光谱曲线的特征进行定量描述。

03.511 光谱重建 spectral reconstruction
根据影像像元值求解地物光谱反射特征值。

03.512 混合像素 hybrid pixel
又称"混合像元"。具有几种不同类型地物混合光谱特征的像素。

03.513 混合像素分解 spectral unmixing
将混合像素中的光谱反射值分解为端元和丰度的过程。

03.514 遥感影像 remote sensing image
遥感平台上的各种传感器从地面、空中和太空获取的地球或外星球表面的图像。

03.515 卫星影像图 satellite image map
处理过的卫星像片按一定的要求制成的影像图。

03.516 卫星影像 satellite image
通过卫星传感器获取地球表面反射或发射的电磁波信号形成的图像。

03.517 直方图 histogram
图像中每种灰度级像素的统计数。

03.518 信噪比 signal to noise ratio, SNR
图像的信号与噪声的功率谱之比。通常以信号与噪声的方差之比近似表达。

03.519 比特率 bit rate
单位时间内传输或处理的字节数。

03.520 数字图像处理 digital image processing
用计算机对数字图像所进行的各种几何和辐射处理。

03.521 内插 interpolation
利用已采样点估算未采样点数据的过程。

03.522 图像数字化 image digitization
将连续色调的模拟图像经采样量化后转换成数字图像的过程。

03.523 二值图像 binary image
图像上每一像元只有两种可能的数值或灰度等级状态的图像。

03.524 定量遥感 quantitative remote sensing
从对地观测电磁波信号中定量提取地表参数的技术和方法。

03.525 辐射校正 radiometric correction
为消除遥感图像的辐射失真或畸变而进行的校正。

03.526 大气校正 atmospheric correction
消除大气因素对地物反射的影响的过程。

03.527 辐射定标 radiation calibration
建立遥感传感器的数字输出值,与其所对应视场中辐射亮度值之间定量关系的过程。

03.528 遥感几何 remote sensing geometry
研究遥感图像几何定位的相关理论与方法。

03.529 几何校正 geometric correction, geometric rectification

消除或改正地图数据或遥感影像几何误差的过程。

03.530　几何配准　geometric registration of imagery
对同一地区,不同时相、不同波段、不同手段所获得的图形图像数据,经几何变换使其同名点在位置上完全叠合的处理方法。

03.531　几何定标　geometric calibration
确定引起影像几何形变的传感器相关参数标称值与真实值之间关系的过程。

03.532　几何畸变　geometric distortion
在不同成像方式和状态下,所获取的遥感图像中物体几何图形与物体实际图形存在的差异。

03.533　空间坐标变换　space coordinate transformation
空间同一点在不同坐标系间的坐标变换。

03.534　遥感图像处理　remote sensing image processing
对遥感图像进行操作以达到预期目的的技术。

03.535　图像描述　image description
用一个空间二维函数描述成像系统输入输出信号间关系的表示方法。

03.536　图像变换　image transformation
按一定规则从一帧图像转化生成另一帧图像的处理方法。

03.537　彩色变换　color transformation
将图像从一种颜色空间转换到另一种颜色空间的图像处理技术。

03.538　主分量变换　principal component transformation
在光谱特征空间中,用原始图像数据协方差矩阵的特征值和特征矢量建立起来的变换矩阵对原始图像实施的一种线性变换。

03.539　阿达马变换　Hadamard transformation
在矢量空间用阿达马矩阵作为变换核对图像阵列进行的线性正交变换。

03.540　沃尔什变换　Walsh transformation
在矢量空间用沃尔什函数对图像阵列进行的变换。

03.541　比值变换　ratio transformation
在多重影像处理中,利用两图像间对应像元亮度之比或多重影像组合的对应像元亮度之比作为处理后的图像亮度的图像处理方法。

03.542　植被指数　vegetation index
利用植被在红光区和近红外波区反射值,组合计算能反映植物生长状况的指数。

03.543　穗帽变换　tasseled cap transformation
能够充分反映植物生长和枯萎的线性特征变换。

03.544　傅里叶变换　Fourier transform
利用傅里叶函数将影像从空间域转换到频率域的过程。

03.545　图像间运算　operation between images
根据不同应用目的,对不同图像进行加减乘除等算数运算的一种图像增强技术。

03.546　空间域滤波　spatial filtering
采用滤波模板对图像进行卷积来达到平滑或锐化图像效果的一种图像增强技术。

03.547　频率域滤波　frequency domain filtering
将图像从空间或时间域转换到频率域,再利用变换系数反映某些图像特征的性质进行图像滤波的方法。

03.548　自适应滤波　adaptive filtering
通过实时跟踪输入信号的变化,自动调整滤

波参数的滤波方法。

03.549　维纳滤波　Wiener filtering
由维纳(N. Wiener)于1942年首次提出的一种基于最小二乘估计的滤波方法。

03.550　图像分割　image segmentation
根据需要将图像划分为有意义的若干区域或部分的图像处理技术。

03.551　多尺度影像分割　multi-scale image segmentation
获取图像中不同尺度地物目标区域的影像分割。通常得到一系列不同尺度目标的分割结果。

03.552　密度分割　density slicing
将图像的密度或亮度值分成若干等级的处理方法。

03.553　影像融合　image fusion
用各种手段把不同时间、不同传感器系统和不同分辨率的众多影像进行复合变换,生成新的影像的技术。

03.554　像素级融合　pixel level image fusion
直接将空间配准的多源遥感影像对应像素根据一定算法生成图像的过程。

03.555　特征级融合　feature level image fusion
分别提取待融合影像特征,按照一定的方法综合得到一幅具备多源特征的新影像的过程。

03.556　决策级融合　decision level image fusion
分析或提取待融合影像的信息特征,对感兴趣目标特征、特性和属性等进行综合分析、推理、判断和判定的过程。

03.557　图像复合　image overlaying
将不同时相、不同波段或不同传感器系统获取的同一地区图像,按同名像点精确叠合在

同一图面上的图像处理方法。

03.558　彩色合成　color composite
将多个谱段的灰度图像分别作为红、绿、蓝三色合成为彩色图像的处理技术。

03.559　伪彩色图像　pseudo-color image
黑白影像经密度分割和彩色编码后形成的图像。

03.560　假彩色图像　false color image
多谱段影像合成的与景物原有天然颜色不同的彩色图像。

03.561　彩色编码　color coding
用指定色别显示非连续密度梯级的方法。

03.562　颜色匹配　color match
使一幅图像与另一幅图像颜色分布一致的一种图像处理技术。

03.563　彩色坐标系　color coordinate system
用于表示色光三基色(红、绿、蓝)或色料三原色(黄、品红、青)和色彩三属性(明度、色相、饱和度)的坐标系。

03.564　灰度变换　gray-scale transformation
根据目标条件按一定变换关系逐点改变图像中每个像素灰度值的一种图像增强处理技术。

03.565　直方图均衡　histogram equalization
使原直方图变换为具有均匀密度分布的直方图,然后按该直方图调整原图像的一种图像处理技术。

03.566　直方图规格化　histogram specification
将原直方图调整为事先规定的形式,然后按该形式直方图调整原图像的一种图像处理技术。

03.567　边缘增强　edge enhancement
突出不同物体影像之间的边界及细节信息

的图像处理方法。

03.568 图像增强 image enhancement
提高图像的清晰度、改善图像的视觉效果、突出感兴趣目标的图像处理方法。

03.569 彩色增强 color enhancement
将灰度图像彩色化的图像处理方法。

03.570 反差增强 contrast enhancement
利用扩展图像的亮度范围从而扩大亮(灰)度差异,来改善图像观察效果的一种图像处理方法。

03.571 纹理增强 texture enhancement
利用突出图像纹理(有规律的影纹)达到增强图像目的的处理方法。

03.572 比值增强 ratio enhancement
通过两个波段相应影像灰度值的比值变换来突出图像中各类别和目标的增强方法。

03.573 图像重建 image reconstruction
处理离散的数字影像阵列以恢复原始连续图像的技术。

03.574 图像超分辨率重建 super-resolution image reconstruction
通过同一区域的系列低分辨率图像得到一幅高分辨率图像的技术。

03.575 图像复原 image restoration
对遥感图像资料进行大气影响的校正、几何校正以及对由于设备原因造成的扫描线漏失、错位等的改正,将降质图像重建成接近于或完全无退化的理想图像的过程。

03.576 图像镶嵌 image mosaic
多张遥感图像经纠正,按一定的精度要求,互相拼接镶嵌成整幅影像图的作业过程。

03.577 图像压缩 image compression
通过去除图像中冗余数据以节省存储空间的技术。

03.578 图像编码 image coding
用尽可能少的比特数表示图像的技术方法。

03.579 图像检索 image retrieval
在图像集合中查找具有指定特征或包含指定内容的图像的技术。

03.580 遥感图像解译 remote sensing image interpretation
根据图像的几何特征和物理性质来识别其所代表的物体或现象的过程。

03.581 自动判读 automatic interpretation
由计算机根据先验知识自动识别图斑属性的技术。

03.582 判读标志 interpretation sign
遥感图像上能直接反映和判别地物信息的影像特征。如形状、大小、阴影、色调、颜色、纹理、位置、分布等。

03.583 图像分析 image analysis
为从图像中提取信息所做的一系列计算机图像处理工作。

03.584 图像理解 image understanding
利用计算机从影像中提取被摄景物语义信息,以实现识别、分类和判读的过程。

03.585 影像解译 image interpretation
从影像上识别目标,提取目标的分布、结构、功能等有关信息实现对目标和影像进行描述的过程。

03.586 图像分类 image classification
根据图像特征区分不同地物类别的图像处理方法。

03.587 训练样本 training sample
影像分类或目标识别中,在影像中选取的能反映某一类别物体特性的数据,用于统计和计算相应类别特征参数的小区域影像。

03.588 分类器 classifier

使待分对象被划归某一类而使用的分类装置或数学模型。

03.589 分类规则 classification rule
影像分类时,设置的用于区分各类目标的准则。

03.590 类间距离 class distance
用于反映不同类别之间特征差异的一种度量。

03.591 距离判决函数 distance decision function
用某随机特征点到类别集群的距离度量建立起来的判别函数。

03.592 概率判决函数 probability decision function
用某特征点落入某类集群的条件概率度量建立起来的判别函数。

03.593 监督分类 supervised classification
利用已知训练样本,通过计算选择特征参数,建立判别函数的图像分类。

03.594 非监督分类 unsupervised classification
以不同影像地物在特征空间中类别特征的差别为依据的一种无先验类别标准的图像分类。

03.595 聚类分析 clustering analysis
根据某种特征,将具有相似特征的数据归为一类的过程。

03.596 盒式分类法 box classification method
在多维特征空间中,设定表征每类属性的特征多面体,以待分类个体落入某多面体中则属某一类作为判别准则的一种监督分类方法。

03.597 模糊分类法 fuzzy classification method
应用模糊数学理论,对待分类图像进行非二值逻辑判断的图像分类方法。

03.598 最大似然分类 maximum likelihood classification
在两类或多类判决中,用统计方法根据最大似然比贝叶斯判决准则法建立非线性判别函数集而进行分类的一种图像分类方法。

03.599 最小距离分类 minimum distance classification
求出未知类别向量到要识别各类别代表向量中心点的距离,将未知类别向量归属于距离最小一类的一种图像分类方法。

03.600 贝叶斯分类 Bayesian classification
依据贝叶斯准则(两组间最大分离原则)建立的判别函数集进行的图像分类。

03.601 机助分类 computer-assisted classification
由计算机辅助进行的图像分类。

03.602 分类精度评价 classification accuracy assessment
用于评价分类方法对图像进行正确分类的程度,是对分类方法的检验。

03.603 特征提取 feature extraction
通过影像分析和变换等方法提取所需图像特征的方法。

03.604 光谱特征提取 spectral feature extraction
从图像数据中提取反映各像素或区域光谱特性的方法。

03.605 纹理特征提取 texture feature extraction
从图像数据中提取反映各区域纹理特性的特征的方法。

03.606 纹理分析 texture analysis
对地物影像纹理特征进行提取分析、判断的

过程。

03.607 形状特征提取 shape feature extraction
从图像数据中提取反映各区域形状特性的特征的方法。

03.608 边缘检测 edge detection
使用数学方法提取图像像元中具有亮度值（灰度）空间方向梯度大的边、线特征的过程。

03.609 特征编码 feature coding
对特征向量进行编码的过程。

03.610 特征选择 feature selection
把原始多波段测量参数，经过变换重新组合，从中选定对识别分类更有效的特征参数的过程。

03.611 信息提取 information extraction
通过特征分析、处理等实现从图像中提取信息的过程。

03.612 目标识别 image recognition
利用计算机对图像进行处理、分析和理解，以识别各种不同模式的目标和对象的技术。

03.613 多时相遥感 multi-temporal remote sensing
利用不同时间所获取的同一地域图像，提取目标在不同时期动态变化信息的遥感。

03.614 变化检测 change detection
通过对不同时期的遥感影像进行定量分析，确定地表变化的特征与过程。

03.615 图像序列 image sequence
在不同时间、不同方位对目标依序连续获取的系列图像。

03.616 多时相分析 multi-temporal analysis
将不同时间所获取的同一景物图像进行几何配准，提取目标动态信息的处理方法。

03.617 数据同化 data assimilation
将观测数据与描述自然界真实过程的计算模型相结合，依据严格的数学方法、校正模型参数，使得模型预测值与观测数据不断趋近的处理技术。

03.618 遥感反演 remote sensing inversion
利用遥感数据和模型解求地物生物、物理、化学等参数的遥感技术。

04. 地 图 学

04.001 普通地图 general map
综合反映制图区内的自然地理和社会经济文化状况一般特征的地图。图上各要素的详细程度相对平衡。

04.002 地理图 geographical map
又称"一览图"。比例尺小于1∶100万的普通地图。

04.003 专题地图 thematic map
着重表示自然地理和社会经济文化现象中的某一种或几种要素，集中表现某种主题内容的地图。

04.004 自然地图 physical map
反映自然地理现象的空间分布规律、区域差异及其相互关系的地图。

04.005 地质图 geological map
表示地壳表层的岩石分布、地层年代、地质构造、岩浆活动等地质现象的地图。

04.006 地势图 hypsometric map

着重表示地表起伏和水系形态特征与分布规律的地图。

04.007 地貌图 geomorphological map

表示陆地和海域形态特征、成因、年代、组成物质、形成过程和分布状况的地图。

04.008 气候图 climatic map

表示气候特征和气候要素(如气温、降水、气压、风等)时空分布的地图。

04.009 气象图 weather map

用于分析大气物理状况和特性的地图的统称。通常专指根据同一时刻测得的各种天气实况,用数值或符号,按照一定格式填在空白地图上,反映广大地区天气实况和形势的地图。

04.010 水文图 hydrologic map

反映陆地水分布特征、数量特征、理化性质及与其他自然地理现象相关的地图。

04.011 土壤图 pedological map

反映各种土壤分布、特性、形成、利用与改造的地图。

04.012 植被图 vegetation map

反映植被群落的空间分布特征、生态特征以及与自然地理条件相关的地图。

04.013 地貌区划图 geomorphologic zoning map

根据地貌形态和成因,表示地貌类型及区域划分的地图。

04.014 景观地图 landscape map

表示地表多种自然地理要素和人文要素空间分布和规律的综合地图。

04.015 环境地图 environmental map

反映自然环境、人类活动对自然环境的影响及环境对人类的危害和环境治理等内容的地图。

04.016 人文地图 humanities human map

反映社会和上层建筑各个领域的事物和现象,即人文现象的各种地图。

04.017 文化地图 cultural map

反映文化事业和现象的分布与构成的地图。

04.018 民族地图 ethnic groups map

反映民族种类、分布及其风俗文化特点的地图。

04.019 宗教地图 religious map

反映宗教种类、分布及文化特点的地图。

04.020 人口地图 population map

反映人口的自然、社会和人文特征及其分布规律的地图。

04.021 社会经济地图 social economic map

反映社会经济发展状况的地图。

04.022 行政区划图 administrative map

反映行政管辖范围及各行政中心分布的地图。

04.023 政治地图 political map

显示政治形势与政治事件的地图。

04.024 城市地图 city map

反映城市结构特征、地理分布特征、基本状况及发展规划的地图。

04.025 经济地图 economic map

反映经济现象的分布、规模、结构、演变和相互关系的地图。

04.026 交通地图 traffic map

反映交通运输方式的类型、分布、能力等的地图。

04.027 历史地图 historic map

反映历史时期的政治、军事、文化、经济、自然状况及其变化与联系的地图。

04.028 专用地图 special use map

具有专门用途的地图,其内容和形式根据用户的特殊要求进行设计。

04.029　军用地图　military map
为军事需要制作的各种地图。

04.030　军用地形图　military topographic map
综合反映地形要素,主要用于部队作战、训练的地图。比例尺为 1:1 万、1:2.5 万、1:5 万和 1:10 万。

04.031　联合作战图　joint operations map
表示与诸军兵种联合作战相关的陆地、海洋和航空等基本要素的专用地图。比例尺为 1:25 万、1:50 万和 1:100 万。

04.032　军事地理图　military geographic map
表示军事地理环境要素、军事区域划分及相关军事设施的专题地图。

04.033　态势地图　posture map
反映自然、社会、经济和军事等的现状及发展趋势,为分析决策提供服务的地图。比例尺小于 1:100 万。

04.034　航空图　aeronautical chart
空中领航和地面导航用的各种地图的总称。

04.035　教学地图　school map
按教学内容和教学方法的要求编制,供学校教学用的各种地图。

04.036　统计地图　statistic map
运用统计数据,以图表形式反映统计单元内制图对象性质、数量特征的地图。

04.037　区划地图　regionalization map
根据自然或社会经济现象在地域上总体和部分之间的差异性与相似性,划分不同区域的地图。

04.038　分析地图　analytical map
在专题地图上,以分析对象的具体指标显示

某一方面性质或特性的地图。

04.039　综合地图　comprehensive map
以内容和形式统一协调性为基本要求,反映多种要素或现象及相互联系的地图。

04.040　合成地图　synthetic map
表示多种相关要素与现象或一种要素多项指标合成结果的地图。

04.041　组合地图　homeotheric map
在一幅地图上采用多种表示方法与手段,组合表示多种要素或现象或一种要素多项指标的地图。

04.042　规划地图　planning map
表示发展规划方案的地图。

04.043　预报地图　prognostic map
根据现象变化趋势对未来发展做出估计的地图。

04.044　旅游地图　tourist map
供旅游业和旅游者使用的地图。

04.045　等值线地图　isoline map
以相等数值点连线表示空间连续分布,且逐渐变化的现象数量特征的地图。

04.046　等值区域地图　choroplethic map
用面状符号描绘统计面等值区域的地图。等值区域内的地理数据是相同值域的。

04.047　分区密度地图　dasymetric map
用限定变量、相关变量、位置数据密度,表示制图现象本质或派生数据值单位面积的效率和变化的地图。

04.048　多边形地图　polygon map
以矢量数据为基础,轮廓界线为多边形的地图。

04.049　定向运动地图　orienteering map
以大比例尺地形图为基础,突出表示与选择路线、寻找目标有关的内容,专为定向越野运动员使用的地图。

04.050 拓扑地图 topological map
在保持地图要素拓扑关系不变的前提下,对地图内容进行简化及位置和距离调整所形成的地图,目的是使读者对重要地图内容有更好的认知效果。

04.051 鸟瞰图 bird's eye view map
模拟从空中俯视地表制作的地图。

04.052 素图 monochromatic map
以一、两种浅淡色调表示的地图。主要用作标绘专业内容的底图。

04.053 知识地图 knowledge map
将地理信息中蕴含的各种地理知识,用各种知识可视化方法进行图形化表达的地图。

04.054 特种地图 particular map
利用特殊介质制成或以特殊形式显示的地图。

04.055 触觉地图 tactual map
用凹凸的线状、点状和面状纹理符号构成的用手的触觉感受的地图。

04.056 填充地图 outline map for filling
表示基本地理轮廓线,供教学和专业工作填充用的地图。

04.057 荧光地图 fluorescent map
采用荧光油墨或其他发光材料制作,在紫外线照射下或在黑暗中可以发光的地图。

04.058 夜光地图 luminous map
采用自发光材料制成的油墨印制,在无光线照射下可以发光的地图。

04.059 缩微地图 microfilm map
经高倍投影缩小晒制在感光片上的微型化地图制品。

04.060 地球仪 globe
用球体表示地球特征的缩小模型。

04.061 立体地图 relief map
以三维实体形式表示地表形态的地面模型。

04.062 视觉立体地图 stereoscopic map
通过特殊技术方法使地图在人的视觉中产生生理性立体感觉的地图。

04.063 互补色地图 anaglyphic map
将两组透视图像或正射影像像片的像对,分别用两种互为补色的颜色按视差错位套印在一张图纸上,通过互补色眼镜可观察出其地面立体起伏的地图。

04.064 浮雕影像地图 picto-line map
利用光化学技术将航摄像片的影像对比增强后所制成的在视觉上产生立体感的地图。

04.065 沙盘 sand table
根据地形图、航空像片或实地地形,按一定的比例关系,用泥沙、地物缩微样本和其他材料堆制的地形模型。

04.066 古地图 ancient map
公元 16 世纪前历代制作的各种地图,包括保存下来的文献中有所记载的地图。

04.067 地图集 atlas
具有统一设计原则和编制体例,在内容上相互协调的多幅地图的系统汇编。

04.068 普通地图集 general atlas
以普通地图为主构成的地图集。

04.069 专题地图集 thematic atlas
以反映某类专题内容为主的地图集。

04.070 综合地图集 comprehensive atlas
从自然、社会、经济、政治、文化等多方面综合反映制图区域特征的地图集。

04.071 电子地图集 electronic atlas
具有检索、对比、分析功能的电子地图的系统集成。

04.072 系列地图 series map

统一设计编制的反映区域或部门基本情况或某一主题内容的一组地图。

04.073　数字地图　digital map
以数字形式储存在计算机存储介质上计算机可识别的地图。

04.074　数字矢量地图　digital line graph, DLG
又称"数字线划地图"。用坐标位置、编码、属性、名称以及相互之间拓扑关系等来表示地理要素的数据集合。

04.075　数字栅格地图　digital raster graph, DRG
又称"栅格数字地图"。由栅格组成的地图图像数据。基本构图单元是栅格，又称像素或像元，像素的尺寸决定了栅格地图的分辨率。

04.076　数字高程模型　digital elevation model, DEM
用一组有序数值阵列形式表示地面高程的数据集。

04.077　数字地形模型　digital terrain model, DTM
又称"数字地面模型"。以数字形式表示地形特征空间分布的数值集合。

04.078　数字景观模型　digital landscape model
以数字形式表示地面多种自然地理要素的空间分布和规律的数值集合。

04.079　电子地图　electronic map
在计算机屏幕等电子媒介上显示的地图。

04.080　电子沙盘　electrohic sand table
由计算机、控制器和驱动器等设备组成，与实体沙盘、大屏幕投影以及多媒体展示软件相配合同步展示的区域景观模型。

04.081　动态地图　dynamic map
表示事物或现象的移动方向、路线、数量及质量变化特征的地图。

04.082　网络地图　internet map
将数据存储在服务器通过国际互联网传输，并在客户端显示的电子地图。

04.083　赛博空间　cyberspace
基于拓扑和空间建模理论，依托计算机和网络技术生成的以地理空间为基础的新的另类生存空间。是一个可进入、可形式化、可描述的空间。

04.084　赛博地图　cyber map
以可视化方法描述赛博空间存在的要素的性质、关系和状态(态势)的地图。

04.085　移动地图　mobile map
在智能手机等移动终端上显示的电子地图。

04.086　多媒体地图　multimedia map
用多媒体技术建立、储存和传输，同时具有声像功能显示的地图。

04.087　影像地图　image map
采用航空航天影像并配以符号和注记的地图。

04.088　理论地图学　theoretical cartography
研究地图学的基础理论(地图空间认知、地图信息传输等)、应用理论(地图模型、地图感受、地图符号、地图功能等)和地图学发展历史的学科。

04.089　空间认知　spatial cognition
研究人们获得赖以生存环境中相关位置、分布、关系和变化规律的知识，并在空间环境中加以运用的过程。

04.090　地图空间认知　map-based spatial cognition
通过地图获取空间知识、了解现实环境和做出空间决策的过程。

04.091 认知制图 cognitive mapping
人脑收集、组织、存储和处理地理环境信息，并按空间对象的位置和空间结构组织成有序的心象地图的过程。

04.092 心象地图 mental map
通过多种手段获取地理环境信息后，在头脑中形成的关于认知环境的地理空间概念。

04.093 地图传输 cartographic communication
将地图作者、地图、地图读者视为一个整体，研究地图信息传递过程的理论与方法。

04.094 地图信息 cartographic information
以地图符号、文字注记及其逻辑关系在地图上表示的地理环境各种地物、现象空间分布及其数量和质量特征，以及可以被读者认识、理解并获得的新知识。

04.095 地图模型 cartographic model
把地图作为一种模型来看待，并用模型的方法来分析研究地图的性质、地图的制作和应用的理论。具有抽象模型中的符号模型、模拟模型和数学模型的特点。

04.096 实地图 real map
空间数据可视化的地图，包括纸质地图、屏幕地图、地球仪等。

04.097 虚地图 virtual map
存储于人脑或电脑中的地图，即可指导人的空间认知能力和行为或据以生成实地图的知识和数据。如心象地图、数字地图等。

04.098 模拟地图 analog map
与数字地图相对应的语词。原指一切可感知的地图，包括传统地图和盲人地图。

04.099 数字地图模型 digital cartographic model
把地图上的所有要素转换成点坐标和特征码的数字模型。

04.100 视觉变量 visual variable
人的视觉可以区分的形状、尺寸、方向、色彩、亮度、密度等基本图形元素。

04.101 动态变量 dynamic variable
连续地随时间变化且无固定值的变化量。

04.102 地图视觉感受 map visual perception
研究人眼视觉对地图符号及图形的反应、认知过程与效果的现代地图学理论。

04.103 恰可查觉差 just noticeable difference, JND
目视观察时可以区分出差异的最小阈值。

04.104 视觉分辨敏锐度 resolution acuity
在标准视力情况下，分辨观察对象细微差别的能力。

04.105 能见敏锐度 visibility acuity
在标准视力情况下，感知最小对象的能力。

04.106 绝对阈 absolute threshold
能够引起感觉的最小刺激强度。

04.107 差异阈 difference threshold
能够引起差异感觉的刺激之间的最小差别。

04.108 轮廓 outline
一个有形的、显见的，明度级差的比较突然的变化。

04.109 主观轮廓 subjective outline
在没有明度级差的情况下，由于某种原因，人们也会看到的轮廓。

04.110 视错觉 visual illusion
当观察物体时，基于经验或不当的参照形成的错误判断和感知。

04.111 图形-背景辨别 figure-ground discrimination, F-G discrimination
人的视觉感受本能地把观察对象分为注视的能看得清的印象，以及不注视的近于无形状的周围背景(二者可互换)的视觉效果。

04.112 知觉恒常性 perceptual constancy
知觉的稳定不变性。即当客观条件在一定范围内改变时,知觉映象在相当程度上倾向于保持其原样不变的心理作用。

04.113 参照效应 reference effect
地图上某要素比照另一要素时所呈现的视觉特性。

04.114 视觉感受效果 perceptual effect
视觉变量引起的视觉感受的多种效果。一般归纳为整体感、等级感、数量感、质量感、动感和立体感。

04.115 类别视觉感受 perceptual grouping
将观察对象区分出不同类别的视觉效果。

04.116 视觉层次 visual hierarchy
在二维平面上利用颜色变化、符号大小、线划粗细对视觉的不同刺激所产生的远近不同层面的视觉效果。

04.117 视觉对比 visual contrast
视觉变量达到的差异程度。

04.118 视场对比 simultaneous contrast
在同一视场内,观察不同亮度或不同色彩时产生的视觉区别效果。

04.119 连续对比 successive contrast
按顺序依次观察不同亮度或不同色彩时产生的视觉区别效果。

04.120 视觉平衡 visual balance
按一定原则将观察的客体对象各视觉要素(视觉中心、视觉重心、视觉重量)给予应有的地位,从而达到各要素的关系合理、协调,具有平衡感的视觉效果。

04.121 整体感 associative perception
观察由不同像素组成的一个图形时,由于不同像素视觉变量之间的差别不明显,从而使观察者形成整体的视觉效果。

04.122 质量感 qualitative perception
将观察对象区分出几种质量差别的视觉效果。

04.123 等级感 ordered perception
将观察对象区分出几个等级的视觉效果。

04.124 数量感 overall perception
将观察对象与一个表示数量的标准图形(通常是图例中的符号)相比较而获得数量概念的视觉效果。

04.125 深度感 depth perception
观察平面构图时,心理上获得立体感的视觉效果。

04.126 立体感 stereoscopic perception
在二维地图平面上获得三维空间的视觉感受效果。

04.127 动[态]感 autokinetic effect
静态地图情况下,从图形构图上给读图者一种运动的视觉效果。

04.128 地图学史 cartography history
从时间尺度上研究地图和地图学的演变过程、地图学代表性人物和作品、发展趋势及规律的学科。

04.129 数学制图学 mathematical cartography
用数学方法研究地球椭球面与地图平面之间、地面要素的复杂性与地图图形的抽象性之间的变换和表达的学科。

04.130 地图数学基础 map mathematical foundation
地图采用的参考系统及地图投影体现在地图上的坐标格网、测量控制点和比例尺等。决定着地图的几何精度。

04.131 格网 grid
由两组或多组曲线集组成的网络。曲线集中的曲线按某种算法相交。

04.132　坐标格网　coordinate grid
按一定纵横坐标间距在地图上绘制的格网。分为地理坐标网和直角坐标网两种。

04.133　地理格网　geographic grid
按照一定的数学规则对地球表面进行划分而形成的格网。

04.134　任意比例尺　arbitrary scale
在地理信息系统或电子地图系统中,区别于传统纸质地图比例尺的地图数据的输入、输出的一种比例尺。

04.135　投影比例尺　projection scale
在地图投影过程中引起的长度比和面积比的比率系数。通常随位置的变化而变化。

04.136　地图代数　map algebra
采用代数观点阐述地图图形本质、制图过程、地图可视化及空间分析的理论与方法。

04.137　[地图]投影变形　distortion of projection
地球椭球面(或球面)投影到平面(可展面)后所产生的长度变形、面积变形和角度变形的总称。

04.138　标准纬线　standard parallel
地图投影中没有任何变形的纬线。

04.139　变形椭圆　indicatrix ellipse
地球面上一个微分圆在地图平面上因投影变形而呈现的微分椭圆几何图形。

04.140　等变形线　distortion isogram
变形值相等的各点的连线。用以显示地图投影变形大小和分布状况。

04.141　等角投影　conformal projection
在一定范围内,投影面上任何点上两个微分线段组成的角度在投影前后保持不变的一类投影。

04.142　等积投影　equivalent projection
地图上任何图形面积经主比例尺放大后与实地相应的图形面积保持大小不变的投影。

04.143　等距投影　equidistant projection
沿经线圈或垂直圈方向的长度在投影前后保持不变的一种任意投影。

04.144　任意投影　arbitrary projection
角度变形、面积变形和长度变形同时存在的一种投影。

04.145　方位投影　azimuthal projection
以平面为承影面的一类投影。假想用一个平面与地球相切或相割,将地球面上的经纬网等制图对象投影到平面上,能保持由投影中心到任意点的方位与实地一致的投影。

04.146　圆柱投影　cylindrical projection
以圆柱面为承影面的一类投影。假想用圆柱包裹着地球且与地球面相切或相割,将经纬网等制图对象投影到圆柱面上,再将圆柱面展开为平面而成。

04.147　圆锥投影　conic projection
以圆锥面为承影面的一类投影。假想用圆锥包裹着地球且与地球面相切或相割,将经纬网等制图对象投影到圆锥面上,再将圆锥面展开为平面而成。

04.148　多圆锥投影　polyconic projection
假想用一系列同轴圆锥切于地球各纬线上,然后按一定的投影条件,将地球面上的经纬线等制图对象投影到各圆锥面上,然后沿某一母线将圆锥面展开而成的一种投影。

04.149　球心投影　gnomonic projection
又称"日晷投影""大环投影"。一种任意性质的透视方位投影。视点位于地球球心,投影平面与通过视点的直径相垂直,与地球面相切或相割。

04.150　正射投影　orthographic projection
一种任意性质的透视方位投影。承影面与

地球面相切或相割,视点位于无穷远处,投影视线互相平行且垂直于承影面。

04.151 透视投影 perspective projection
以几何透视方法建立的投影。有透视方位投影、透视圆柱投影、透视圆锥投影等。

04.152 球面投影 stereographic projection
一种等角性质的透视方位投影。投影平面与地球面相切或相割且垂直于过视点的直径,视点位于地球面上。

04.153 正轴投影 normal projection
投影时承影面的轴与地轴一致的一类投影。投影面为平面时,该面与地球自转轴垂直;投影面为圆柱面或圆锥面时,其中心轴与地球自转轴重合。

04.154 横轴投影 transverse projection
投影时承影面的轴与地轴垂直的一类投影。承影面为平面时,该面的法线在赤道面上;承影面为圆柱面或圆锥面时,其中心轴在赤道面上。

04.155 斜轴投影 oblique projection
投影时承影面的轴与地轴斜交的一类投影。承影面为平面时,该面的法线与地球的自转轴斜交;承影面为圆柱面或圆锥面时,其中心轴与地球自转轴斜交。

04.156 变比例投影 varioscale projection
采用数学或几何方法,使地图图面的局部比例尺发生大小变化,以突出某些重要的局部地区,又能较好地反映制图区域整体空间关系的投影。

04.157 分瓣投影 interrupted projection
为减小因远离中央经线而产生较大变形,采用不同的中央经线,在非主要部分裂开,在主要部分保持完整,在赤道上连接的一种投影。

04.158 多焦点投影 polyfocal projection
在一幅地图中,为显示表达对象数量特征变化的要求,设有多个投影中心,比例尺自投影中心向四周辐射连续变化的一种投影。

04.159 双标准纬线投影 projection with two standard parallels
投影后具有两条标准纬线的投影。通常指正割圆柱投影或正割圆锥投影。

04.160 兰勃特投影 Lambert projection
由瑞士数学家兰勃特(J. H. Lambert,1728—1777)拟定的投影总称。通常指双标准纬线等角圆锥投影。

04.161 彭纳投影 Bonne projection
保持纬线长度不变形的等面积伪圆锥投影。由法国彭纳(R. Bonne,1727—1795)于1795年拟定而得名。

04.162 高斯－克吕格投影 Gauss-Krüger projection
简称"高斯投影"。等角横切椭圆柱投影。由德国数学家高斯(C. F. Gauss,1777—1855)拟定,后经德国大地测量学家克吕格(J. H. L. Krüger,1857—1928)对投影公式加以补充。该投影的中央经线和赤道为互相垂直的直线,无角度变形,中央经线保持长度不变。

04.163 墨卡托投影 Mercator projection
正轴等角圆柱投影。由欧洲文艺复兴时期的地理学家和地图制图学家墨卡托(G. Mercator,1512—1594)于1569年创制。假想用一个圆柱面与地球面相切或相割,采用正轴方式,按等角条件,将经纬网投影到圆柱面上,将圆柱面展为平面后得到的投影。

04.164 通用横墨卡托投影 universal transverse Mercator projection, UTM
一种等角横割椭圆柱6°分带投影。美国于1948年实行的专用地形图投影,用于南北纬80°之间的地区。后被很多国家所采用。

04.165　通用极球面投影　universal polar stereographic projection，UPS
一种等角正割椭球方位投影。美国于 1948 年设计的专用地形图投影,用于南北纬 80° 以上地区。

04.166　多面体投影　polyhedral projection
地图分幅投影的总称。以相等的经差、纬差将地球椭球面划分为许多椭球面梯形,按照一定法则将这些梯形分别投影,彼此相邻的梯形投影构成一个假想的多面体。

04.167　[地图]投影变换　projection transformation
将一种地图投影点的坐标变换为另一种地图投影点的坐标的过程。狭义理解为建立两个投影平面场之间点的一一对应的函数关系。

04.168　地图符号学　cartographic semiology
将地图符号视为一种特殊语言,探讨其语法规则以及符号的语义和语用特征,从而研究地图符号的构图规律的理论。

04.169　点状符号　point symbol
用来表示可视为点的地物或现象的符号。符号的大小与地图比例尺无关但具有定位特征。

04.170　线状符号　line symbol
用来表示可视为线的地物或现象的符号。符号沿着某个方向延伸,其长度与地图比例尺有关。

04.171　面状符号　area symbol
用来表示呈面状分布的地物或现象的符号。符号的范围同地图比例尺有关。

04.172　体状符号　volume symbol
用来表示呈体状分布的地物或现象的符号,如用等值线符号表示气压、降雨量及地貌的起伏变化。

04.173　图形记号　graphic sign
未赋予定性和定量含义的用点、线、颜色、文字组成的图形。

04.174　图形符号　graphic symbol
表示地图要素的空间位置及其质量和数量特征的特定图形记号或文字。

04.175　图像符号　image symbol
趋于真实化的能体现事物或现象各种细节的图片和影像符号。

04.176　位图符号　bitmap symbol
以像素点为基本元素的由各种规则或不规则线条组成的符号。

04.177　预制符号　preprinted symbol
在可剪贴用的材料上预先晒印的符号。

04.178　抽象符号　abstract symbol
图形构成与所指制图对象的形状无直接联系的符号。

04.179　象形符号　replicative symbol
图形构成可使读者联想到制图对象的形状特征的符号。

04.180　动态符号　dynamic symbol
在电子地图条件下,采取渐变放大、闪烁、移动等动画方式显示的符号。

04.181　地图注记　map lettering
地图上文字和数字的统称。

04.182　地图语言　cartographic language
由各种符号、注记构成的表示地理空间信息的一种图形视觉语言。

04.183　地图语法　cartographic syntactics
地图语言三要素之一。地图符号、注记系统组合的结构方式与规则,反映地图符号之间的关系。

04.184　地图语义　cartographic semantics
地图语言三要素之一。地图符号、注记所代

表的信息含义,反映地图符号与制图对象之间的关系。

04.185 地图语用 cartographic pragmatics
地图语言三要素之一。地图符号、注记的实用性,包括辨别性、易懂性、易记忆等,反映地图符号与使用者之间的关系。

04.186 地名专名 specific place name
区别共性地理实体的特定名称。是构成地名词组的定语性词汇部分。

04.187 地名通名 generic place name
地名中用于说明地名类别的通用名称。如山、河、市、县等。

04.188 地名演变 place name evolvement
地名的文字、读音、含义、位置变化和地名的沿革变迁。

04.189 地名考证 place name research
对某地不同时期的地名进行的字形字义和读音、地名的沿革由来,以及地理位置及历史地理的考察和探究。

04.190 名从主人 naming after local host
以当地居民所称之名为名的命名原则。例如民族地区的地名,如果没有传统名称,就以当地的称呼作为标准地名。

04.191 地名管理 place name management
对地名的命名和使用进行规范、发布等管理性工作。

04.192 地名命名 place naming
地名的确认、审批和启用等业务过程。

04.193 地名更名 place name renaming
对现有地名的变更。

04.194 地名调绘 place name annotation
将地名调查所获得的地名信息,根据相关属性和选取原则标注在不同比例尺的地图上的工作。

04.195 地名索引 gazetteer index
通常附于地图集(或书册)后面,将地图中全部地名按一定规则排列,对地名所在页码、坐标代号列表,供查找之用的一种地名资料。

04.196 地名录 gazetteer
又称"地名手册"。将一定区域内地理实体的名称、地理坐标和有关内容编辑印刷的手册。内容包括:名称、地名的不同文字的拼(书)写形式、经纬度、隶属关系、类别、含义等。

04.197 地名志 place name log
一个地方(一般是以县级行政区域为单位)以地名普查资料为基础征集出版的地名资料书。具有法定的性质,是加强地方地名管理和标准使用地名的重要依据。

04.198 地名词典 place name dictionary
地名的工具书。主要包括不同语言对照的地名录、地名语义由来词典、政区地名词典、古今对照的历史地名词典、标准地名词典等。

04.199 地名标准图 standard map for place name
集中表示各类规范地名的地图。

04.200 地名档案 place name archive
在地名工作活动中直接形成的有价值的历史记录。主要包括反映地名实体内容和地名管理工作活动情况的文件材料。

04.201 地名数据库 place name database
计算机存储的各种地名信息的数据及其管理软件的集合。

04.202 地名标准化 place name standardization
按照一定的标准将地名的称谓和书写进行统一和规范,明确其使用条件和范围,并将其固定下来。

04.203　标准地名　standard place name
根据国家有关法规,经标准化处理,并由有关政府机构按法定的程序和权限批准予以公布使用的地名。

04.204　地名规范　place name specification
根据相关地名管理的有关法律法规,对地名进行标准化处理的标准。

04.205　惯用名　conventional name
已广泛使用的、约定俗成的地名。

04.206　音译地名　place name transliteration
采取语音相近的译写方法,将一种文字的地名翻译成另一种文字的地名。如美国首都华盛顿,是由英语 Washington 按音译法译成汉语的。

04.207　意译地名　place name paraphrase
采用语义翻译的译写方法,将一种文字的地名翻译成另一种文字的地名。如赤峰市的"赤峰",译自蒙古语的"乌兰哈达",为"红色山峰"之意。

04.208　地名正名　orthography of place name
地名管理部门对不规范地名的书写进行的订正或规范化处理。

04.209　地名调查　place name survey
对地名进行实地查访、登记、核实的工作。

04.210　地名拼写　place name spelling
对非罗马字母语言的地名根据地名的读音用罗马字母进行拼写。如汉语地名用《汉语拼音方案》进行拼写。

04.211　地名译写　place name transcription, geographical name transliteration
用音译(用字母标记语言的方法)和转写(用一种字母表的字符标记另一种字母表的字符的方法)两种方式针对不同文字的地名、人名或术语进行互译。

04.212　制图综合约束　cartographic generali-

zation constraint
进行制图综合时必须要考虑的限制条件、限制大小、限制措施和限制方法。

04.213　地图清晰性　map clarity
地图上的符号、色彩、图形及注记被读图者辨认的难易程度。

04.214　地图负载量　map load
地图上单位面积内线划、符号和注记面积的总和。

04.215　制图综合模型　cartographic generalization model
描述制图综合中某些关系的数学表达式,即制图综合规律以数学方法表达的数学关系式。

04.216　定额选取模型　fixed selection model
从宏观上控制选取数量,并在不同区域之间起选取数量上的平衡作用的计算选取数量的数学模型。

04.217　结构选取模型　structural selection model
从全局整体结构与局部邻近关系上来实现地理实体的选取模型,即根据物体间的结构关系从资料图的地理实体中分离出并保留更重要的一部分。

04.218　开方根规律模型　Topfer model
制图综合中建立新编图与资料图上某类制图物体数量之比与二者比例尺分母之比的开方根表达式,是计算新编图上制图物体数量规律的一种模型。

04.219　制图综合指标　index for cartographic generalization
制图综合过程中应遵循的数量、长度、距离、间隔、面积等规定。

04.220　定额指标　index for selection norm
地图制图作业中规定的地图上单位面积内

选取地物的数量(如地图上 100cm² 内选取 125 个居民地)。

04.221 选取指标 index of selection
地图制图作业中,对地图要素进行取舍时规定的分界尺度或数量标志(量度、大小、间隔等)。

04.222 分界尺度 critical size
实地或图上制图物体选取的最小尺寸。有实地分界尺度、地图分界尺度、线性地图分界尺度和面积地图分界尺度等。

04.223 制图综合方法 cartographic generalization methods
用来完成制图综合作业的各种方法的总称。

04.224 制图选取 cartographic selection
根据制图综合指标从大量的制图对象中选取较大或较重要的,舍去次要的非本质的地物和现象的过程。

04.225 制图化简 cartographic simplification
运用删除、夸大、合并、分割等方法简化物体平面图形的内部结构和外部轮廓的过程。

04.226 制图合并 cartographic merging
将相互间距离小于规定尺寸的构成同类制图物体平面图形的各个部分合并在一起的过程。

04.227 制图分割 cartographic split
为保持地图上制图物体平面图形的方向、形状、排列和大小对比特征而将个别图形进行剖分的过程。

04.228 制图夸大 cartographic exaggeration
为显示和强调制图物体形状的某些特征,而放大表示一些按分界尺度应删除的碎部的过程。

04.229 制图概括 cartographic abstraction
通过缩减制图对象分类分级的数量,减少制图对象在质量和数量方面的差别的过程。

04.230 制图分级 cartographic hierarchy
根据制图物体(现象)的数量特征划分等级的过程。

04.231 典型化 typification
为保持图形典型形态和分布特征而对图形进行的重新排列与简化。

04.232 图形降维 collapse
通过轮廓图形到符号图形的转换,实现地物质量特征和数量特征概括的过程。

04.233 制图位移 displacement
制图综合时处理各要素相互关系的一种方法。即为了保持地图上各要素相互关系的正确性,在制图规范所规定的限差内,有目的地移动某些次要地物的符号。

04.234 自动制图综合 automated cartographic generalization
在地图数据库支持下,利用制图综合模型、算法和规则(知识),由计算机实现制图物体(现象)的选取、化简、概括和关系处理的过程。

04.235 在线制图综合 on-line cartographic generalization
基于终端用户的服务申请,通过"中间件"技术建立网络环境下的制图综合服务体系。在服务器端和用户终端实施不同层次的地图数据综合,输出不同尺度、不同分辨率的制图综合结果。

04.236 地图制图学 map making
研究地图制作理论、技术和工艺的一门学科。

04.237 数字地图制图 digital cartography
利用计算机和输入、输出设备及自动制图软件,对地图信息进行数字化、数据处理、图形输出而获取地图产品的技术。

04.238 地图内容 map content

地图的基本构成要素。一般包括数学要素、地理要素、人文要素和辅助要素等。

04.239 地图数学要素 map mathematical feature
数学基础在地图上的具体表现形式。包括坐标网、比例尺、测量控制点及地图定向。

04.240 经纬[线]网 fictitious graticule
又称"地理坐标网"。将地球椭球面上的经线与纬线，按一定的数学方法描绘到平面上构成的有一定变形规律的格网。

04.241 方里网 kilometer grid
又称"平面直角坐标网"。地图上按平面直角坐标系的一定纵横间距划分的格网。

04.242 邻带方里网 kilometer grid of neighboring zone
在投影带边缘的图幅上绘出的相邻投影带地图上的方里网。

04.243 地图定向 map orientation
确定地图上图形的地理方向。

04.244 地图比例尺 map scale
地图上某一线段的长度与地面上相应线段水平距离之比。

04.245 图解比例尺 graphic scale
用设定一定比例关系的线段图形加注解的形式表示的比例尺。供图上直接量测距离使用。分为直线比例尺（地形图）和复式比例尺（小比例尺地图）。

04.246 三北方向图 sketch of three-north direction
在大比例尺地形图上，标明地图上真北方向、坐标北方向和磁北方向关系的方向图。

04.247 地图地理要素 map geographic feature
地图上的自然地理要素、社会经济要素及其他地理要素的总称。

04.248 地图辅助要素 map auxiliary element
在地图的图廓外，供读图用的工具性图表和说明性内容。

04.249 图幅编号 sheet designation，sheet number
系列地图中每幅地图的代号。常用行列编号法、经纬度编号法和自然序数编号法。

04.250 图廓[线] sheet lines
一幅地图的范围线。分为内图廓线和外图廓线。

04.251 图例 legend
图内所用符号和表示方法的释义。

04.252 等值灰度尺 equal value gray scale
阶调由白到黑或从明至暗以一定密度差逐级排列的灰度梯尺。

04.253 高度表 height scale
用分层设色法表示地貌时，按一定色彩变化或视觉感受规律为各高程带设计的色系表。

04.254 坡度尺 slope scale
在大比例尺地形图上直接量测地面坡度的图解工具。

04.255 图幅接合表 index diagram
在系列地图中，标明相关图幅位置关系的略图。

04.256 地图设计 map design
根据地图用途要求，通过创意、实验，确定新编地图的总体结构、数学基础、地理内容、表现形式及生产技术工艺的工作。

04.257 图例设计 legend design
对图面上全部地图内容的表示进行图形设计并做出示例和解释说明。

04.258 主图 main map
地图上以主要幅面突出表示的主体制图区域或制图区域主题内容。

04.259 附图 inset map

除主图之外一般还配置有插图或图表。分为主区的嵌入图、位置图、重点区域扩大图、主图的内容补充图和读图用工具图等。

04.260 图面配置 layout

合理布置地图的主图、附图、附表、图名、图例、比例尺、文字说明等的位置及大小的工作。

04.261 地图图型设计 map pattern design

包括符号设计及符号、色彩以及图名、图例等各要素整体组合的设计。

04.262 [地图]符号化 symbolization

又称"地图可视化"。制图对象或数据经综合处理后,选用恰当的符号表示在图上的过程。

04.263 地形图图式 specification for topographic map symbols

对地图上地物、地貌符号的样式、规格、颜色、使用,以及地图注记和图廓整饰等所做的统一规定。

04.264 地图符号库 library of map symbols

存储于计算机的表示地图内容的各种符号的数据信息、编码及其管理软件的集合。

04.265 地图色谱 map color index

用标准青、品红、黄、黑四色油墨,按不同网点百分比叠印的或由专色油墨按不同网点百分比叠印的供地图设计和印刷选用的各种色彩块的汇集。

04.266 地图色标 color chart, map color standard

用实地和网目调色块表示的基本色及其混合色的标准,供地图印刷使用的色彩标准。

04.267 芒塞尔色系 Munsell color system

以色光三原色波长范围为坐标形成的坐标空间。在该空间中,每一点的坐标确定一定

波长的色光。

04.268 饱和度 saturation

物体颜色的包含量或纯度。

04.269 色相 hue

色彩所呈现的质的面貌,是色彩彼此之间相互区别的标志。

04.270 色环 color wheel

显露色光三原色(或色料三原色)混合生成新色光(或新颜色)的圆形图。

04.271 色调 tone

色与色之间的整体关系构成的颜色阶调。

04.272 半色调 halftone

用网点大小表现图像色调的浓淡。

04.273 连续调 continuous tone

色调值呈连续渐变的画面阶调。

04.274 深色调 shade

图面上颜色呈黑色或阴暗的色调。

04.275 浅色调 tint

图面上颜色呈白色或明亮的色调。

04.276 中性色调 middle tone

图面上颜色介于深色调与浅色调之间的色调。

04.277 颜色空间 color space

不同波长的电磁波谱与不同物质相互作用所构成的色谱空间。

04.278 地图表示法 cartographic presentation

按可视化原则在地图上表示各种地理信息的方法。

04.279 定点符号法 location symbol method

用来表示定位于点上的地图要素的分布、等级和顺序等特征的表示方法。

04.280 定位统计图表法 positioning diagram method

用统计图表反映点位上地图要素数量及其结构的表示方法。

04.281 点值法 dot method

以代表一定数值的点状符号反映地图要素的分布范围、数量特征和密度变化的表示方法。

04.282 线状符号法 liner symbol method

用来表示呈线状或带状延伸的地图要素的分布、等级和顺序等特征的表示方法。

04.283 等值线法 isoline method

在地图上用各等值点连成连续曲线表示连续分布而又逐渐变化的现象的数量特征的表示方法。

04.284 等值区域法 choroplethic method

又称"分区统计图法"。以一定区划为单位，根据各区某地图要素的数量平均指标进行分级，并用相应色级或不同疏密晕线表示该要素在不同区划单位的差别的方法。

04.285 分区统计图表法 chorisogram method, cartodiagram method

用统计图表反映各区划单位内地图要素的数量及其结构的方法。

04.286 运动线法 arrowhead method

用箭形符号的不同宽窄带显示地图要素的移动方向、路线及其数量、质量特征的方法。

04.287 质底法 quality base method

以色彩、晕线或面状符号,表示连续或布满整个制图区域内各种制图对象质量特征的方法。

04.288 量底法 quantity base method

以色彩、晕线或面状符号,表示连续或布满整个制图区域内各种制图对象数量特征的方法。

04.289 范围法 area method

用轮廓线、颜色、晕线、注记及符号等方法在地图上表示制图对象的分布范围及状况的方法。

04.290 格网法 grid method

在制图区域内以格网为单位用色彩或网纹表示地图要素质量或数量特征的方法。

04.291 块状图表法 block diagram method

用等值图块表示现象数量特征的图表方法。

04.292 斜截面法 oblique tracing method

以与地表面成倾斜角的连续截面切割地面,形成一组地面起伏曲线,以反映地面起伏的立体显示法。

04.293 透视截面法 perspective tracing method

以透视法规则绘制的剖面图反映地面起伏的方法。

04.294 地貌表示法 relief reresentation method

表示地貌类型、分布特征的图形组合方式。如写景法、等高线法、晕滃法、分层设色法、晕渲法和地景仿真法。

04.295 写景法 scenography method

以透视投影的形式概括地表示地貌起伏的方法。

04.296 晕滃法 hachuring method

用不同长短、粗细和疏密的线条表示地面起伏形态的方法。

04.297 等高线 contour

地图上地面高程相等的各相邻点所连成的曲线。

04.298 等高线法 contour method

用一组有一定高程间隔的等高线组合来反

映地面的起伏形态和切割程度的方法,其最大的特点是具有可量测性。

04.299 等高距 contour interval
相邻等高线的高程值之差。

04.300 首曲线 intermediate contour
按固定等高距描绘的等高线。

04.301 计曲线 index contour
每隔 4 条(或 3 条)首曲线加粗的一条等高线。

04.302 间曲线 half-interval contour
按二分之一固定等高距描绘的等高线。

04.303 助曲线 extra contour
又称"辅助等高线"。按四分之一固定等高距描绘的等高线。

04.304 示坡线 slope line
绘于等高线上的用于指示斜坡降落方向的短线。

04.305 分层设色法 hypsometric layer method
将地貌按高度划分为若干高程带,逐带设置不同且渐变的颜色表示地面起伏形态的方法。

04.306 晕渲法 hill shading method
用色调的明暗、冷暖变化表示地面起伏形态的方法。

04.307 地景仿真 landscape simulation
数字化的地貌信息的计算机图形再现,配合使用双眼立体观察设备(头盔、数据手套等),使地貌具有临场感、真三维立体感的方法。

04.308 地图编绘 map compilation
编绘地图的作业过程。包括编辑准备、原图编绘和出版准备三个阶段。

04.309 制图资料 source material, carto-

graphic document
编制地图所需要的测量控制成果、地图、航片、遥感图像和文字等各种资料的总称。根据使用程度可分为基本资料、补充资料和参考资料。

04.310 制图量表 cartographic scaling
对地理实体和现象进行定量或定性描述的测量尺度。主要包括名义量表、顺序量表、等距量表和比例量表。

04.311 名义量表 nominal scaling
定性区分制图对象性质差别的一种量表方法。

04.312 顺序量表 ordinal scaling
定量表示制图对象之间相对差别(顺序)的一种量表方法。

04.313 等距量表 interval scaling
定量表示制图对象之间相对顺序及其差别大小的一种量表方法。

04.314 比例量表 ratio scaling
定量表示制图对象之间差别及其比例变化绝对值的一种量表方法。

04.315 地理底图 geographical base map
编制专题地图的基础底图。一般除经纬网格外,还表示水系、居民地、交通线、境界线等基础要素,作为转换专题内容的基础。

04.316 图幅 map-sheet
反映一定区域并赋予地图图名的地图(单张或多张图组成)。

04.317 图幅接边 sheet join
相邻图幅边缘要素的衔接过程。

04.318 制图精度 mapping accuracy
地图绘制各工序,包括展绘数学基础、线划描绘和制图综合的精确程度。

04.319 地图更新 map updating

依据地图所示区域变化的现实状态,修正地图内容以提高其精度和保持地图现势性的工作。

04.320 图历簿 mapping recorded file
记载制图过程中有关资料和技术问题处理情况以及质量检查记录的技术档案。

04.321 地图规范 map specification
地图设计、编绘和复制过程中的规范性技术文件。

04.322 地图整饰 map finishing
对地图的外观及其规格化进行艺术加工的各种技术工作。

04.323 编绘 compilation
根据编辑设计文件,将各种资料编制成一幅编绘原图的技术过程。

04.324 清绘 fair drawing
将实测原图或编绘原图按照图式、规范和编辑要求进行线划整饰,得到图面质量符合出版要求的一种绘图作业。

04.325 眼动仪 eye tracker
测试人眼活动情况和研究有关心理过程的专用仪器。

04.326 多点触控屏 multi-touch screen
支持使用两点或两点以上不同操作姿态的触摸屏幕,可以用来实现显示内容缩放、旋转等各种多点触摸应用。

04.327 数字化器 digitizer
通过采样和量化过程,把模拟信号转换为数字信号的装置。

04.328 绘图板 graphic tablet
又称"数位板"。一种仿手绘过程的专业输入设备。

04.329 绘图机 plotter
将经过处理和加工的信息,以图解形式转换和绘制在介质上的图形输出设备。

04.330 复照仪 reproduction camera
将各种图片、像片等按一定比例进行复制摄影的专用照相设备。有卧式、立式、吊式及特殊机型等。

04.331 地图制印 map reproduction
根据地图设计要求将地图原稿用照相制版、电子分色制版、计算机直接制版后印刷,或用其他批量复制方法生产彩色或单色地图的工艺过程。

04.332 印前处理 prepress
上机印刷之前对图文进行处理的全部过程,包含版面设计、图文处理、图文混排、拼大版、制版等。

04.333 原稿获取 original acquiring
用扫描或数码照相等方法将原稿数字化。

04.334 页面制作 page-making
按要求将页面图文信息进行排版处理。

04.335 排版 composition
按页面设计要求将图文组成规定版式的过程。

04.336 套印 registering
两色或两色以上印刷时,各分色版图文能达到和保持位置准确的套合。

04.337 陷印 trapping
印刷中在两个相邻颜色间建立很小的重叠区域的补漏白技术。

04.338 叠印 overprint
上层的颜色与下层的颜色重叠,呈现出混合后的颜色效果。

04.339 颜色模式 color mode
颜色的度量模式。如红绿蓝(RGB)颜色模式、黄品青黑(CMYK)颜色模式、亮度通道($L^*a^*b^*$)颜色模式等。

04.340 地图加网 map screening

将文字、图形或连续调图像变成半色调网点的处理过程。

04.341 网屏 screen

通过照相方法将连续调图像变成由网点组成的半色调图像所使用的一种加网工具。

04.342 网点 screen dot

平版印刷中用于表达图像阶调层次的最基本单元。大多呈点状分布,如圆形、方形、椭圆形、菱形等,特殊情况下呈线形或其他形状。按其分布特征分为三类:调幅网点、调频网点和混合网点。

04.343 网线 screen line

调幅网点的一种结构特例。其网点形状为按规则排列的直线形状。

04.344 拼大版 sheet assembly

按照折页与装订要求,将多个单页面文件按印刷幅面进行排列。

04.345 折手 imposition

拼大版时,根据装订模式生成的页面排列组合规则。

04.346 出血版 bleed

在页面设计时,版心尺寸稍大于成品尺寸,可以允许裁切过程发生由于机械产生的稍许尺寸误差。印刷内容充满版面不留白边的一种版式,出血版式可充分利用版面面积。

04.347 发排胶片 computer to film

将计算机处理好的页面通过胶片输出机输出成分色胶片的过程。

04.348 分色 color separation

将彩色原稿分解成各单色版的过程。

04.349 地图制版 map plate making

采用一定方式,把地图图文转移到能够进行印刷作业的版材上,制作成可供印刷机使用的印刷版的过程。

04.350 印刷版 printing plate

用于传递油墨至承印物上的印刷图文载体。通常划分为凸版、凹版、平版和孔版4类。

04.351 直接制版 computer to plate,CTP

将计算机处理好的图文页面直接发送到制版机上,制成印刷版的过程。

04.352 胶片晒版 film to plate

将胶片与感光版密接曝光,通过光化学反应途径将胶片上的图文传递到印刷版上的制版方法。

04.353 叼口 gripper edge

印刷版或印刷纸张上对应印刷机叼纸的一侧。

04.354 打孔定位 punching positioning

用套准打孔设备对印版(或胶片)打孔,用于各色版之间的套准。

04.355 打样 proofing

在正式印刷前,预先复制样图的过程。

04.356 预打样图 pre-press proof

根据预打样工艺制作的,用于检查错漏、检验彩色效果的样图。

04.357 彩色校样 color proof

依照原稿及设计要求预先印刷的彩色样图。以供审批、修改或作为色标使用。

04.358 彩色线划校样 dye line proof

在正式印刷前,为检查错漏将各彩色线划要素试印出的样品。

04.359 胶印打样 offset proofing

采用胶印原理的打样机(如平台式胶印打样机)印出印刷样张的过程。

04.360 数字打样 digital proofing

将图文数字页面在显示器上显示或印在基材上模拟印刷样张的过程。

04.361 软打样 soft proofing
通过视频显示终端模拟印刷效果的方法。

04.362 样图审校 map revision
地图等出版物付印之前,在校样上所进行的审查、核对和校正工作。

04.363 地图分色胶片 map color separation film
通过分色,把地图彩色原稿分解成单色(基本色)线条、连续调或网点阴图、阳图底片。

04.364 地图印刷 map printing
将印刷版或电子文档上的图文,转移到纸张或其他载体上,制成批量地图产品的技术。

04.365 [平版]胶印 offset printing
印版上的图文先转移到中间载体(橡皮布)上,再转印到承印物上的间接印刷方式。

04.366 平版印刷 lithography printing
图文部分和空白部分位于同一个平面上的印刷工艺。其特点是印刷部分亲油,非印刷部分亲水。

04.367 接触印刷 contact printing
将印刷版面与承接物密合接触的印刷方式。

04.368 销钉定位法 stud registration
在制图与印刷过程中,通过在片基上打孔进行套版校对或套印的方法。

04.369 四色印刷 four-color printing
采用黄色、品红色、青色和黑色 4 种颜色油墨进行印刷的印刷工艺。

04.370 专色印刷 spot-color printing
采用黄色、品红色、青色、黑色 4 种颜色油墨以外的其他颜色油墨进行印刷的印刷工艺。

04.371 规矩线 register mark
设置在图版或印刷版边缘的交线(如十字线、丁字线和角线等)。系校版和检查套准的依据。

04.372 水墨平衡 ink dampening solution balance
胶印过程中,当供墨量保证印品墨色符合标准样、印迹清晰、墨层厚实、网点扩大值控制在规定范围内时,保持一定的供水量使空白要素不上脏,即称供水量与供墨量实现平衡。

04.373 特种印刷 special printing
除平版印刷、凹版印刷、凸版印刷、孔版印刷(丝网印刷)之外的其他印刷方式。

04.374 扩散转印 diffusion transfer
原稿直接拍到一种用胶印感光材料制成的纸基或涤纶片基等印版上形成反转图像,从而制成轻便的胶印版。

04.375 重氮复印 diazo copying
利用芳香族重氮化合物(重氮盐或重氮树脂)的感光性复制成品的方法。

04.376 静电复印 xerography copying
利用光敏半导体的光导特性和静电作用复制成品的方法。

04.377 彩色复印 color copying
通过复印的方法复制彩色原稿的过程。

04.378 丝网印刷 screen printing
印版呈网状,版面形成通孔和不通孔两部分,印刷时油墨在刮墨版的挤压下从版面通孔部分漏印在承印物上的技术。

04.379 数字印刷 digital printing
将印前系统制作完成的数字页面发送到印刷机上,直接印刷得到印刷品的印刷技术。

04.380 喷墨印刷 ink-jet printing
油墨通过喷嘴喷射到承印材料上,制成印刷品的印刷技术。

04.381 静电成像印刷 electrophotography printing
采用光导体成像原理在图像滚筒上成像,通

过着墨、色粉转移、色粉定影等过程实现印刷的技术。

04.382 地图印刷质量控制 map printing quality control

提高地图产品质量的技术手段。主要控制印前数据质量、胶片质量、印版质量、印刷质量和印后分级质量等。

04.383 色彩管理 color management

在图像处理链的各环节中，校准所有的输入输出设备，以便达到在与所用设备无关的情况下，总能得到期望获得的色彩再现效果的方法。

04.384 颜色空间转换 color space transformation

根据设备的表色原理不同，所使用的颜色空间也不同。如：显示器、扫描仪使用的是红绿蓝（RGB）颜色空间，打印机和印刷机使用的是黄品青黑（CMYK）颜色空间等。在色彩管理中需要对颜色空间进行转换，以实现设备间的颜色匹配。

04.385 色域压缩 color gamut compression

色彩管理中的色域映射方法之一。当由大色域向小色域映射时使用。

04.386 测控条 control strip

由网点、实地、线条等测标组成的胶片条。用以判断和控制拷贝、晒版、打样和印刷时的信息转移。

04.387 网点密度 dot density

网点面积率为百分之百的阶调密度值。

04.388 网点扩大值 dot gain

承印物上网点面积比印版上相对应部分的网点面积的增大值。

04.389 密度测量法 densitometry

用密度计测量颜色的方法。所测得的光学密度是光线通过介质后的吸收率的对数。

密度测量法能够反映出油墨层的厚度。

04.390 色度测量法 colorimetry

用色度计测量颜色的方法。测量得到的值为国际照明委员会（CIE）色度值"XYZ"或"L*a*b*"。色度测量法对颜色的描述符合人眼的视觉特性。

04.391 电子分色机 electronic color scanner

利用光学、电子技术，通过分色扫描，对彩色原稿进行分色和校色，并得到分色底片的设备。

04.392 扫描仪 scanner

利用光电技术和数字处理技术，以扫描方式将图形或图像信息转换为数字信号的装置。

04.393 密度计 densitometer

用来测量密度值的仪器。有透射和反射之分。

04.394 色度计 spectrophotometer

又称"分光光度计"。用来测量色度的仪器。

04.395 印版检测仪 plate reader device, plate measuring device

用于测量印刷版上网点参数的仪器。

04.396 照相排字机 phototypesetter

以照相方法在感光材料上，按规定要求复制文字、符号的设备。

04.397 激光照排机 imagesetter

又称"胶片输出机"。在计算机上做编辑、排版处理后，由扫描激光束对感光材料曝光以获得图文版面的装置。

04.398 晒版机 contact copier

用于将透明胶片与感光版密接曝光的设备。

04.399 打样机 proofing press

制作印刷样张的设备。

04.400 数码打样机 digital proofing press

能够接收数字页面信息，将其打印在基材上

以模拟印刷样张的设备。

04.401 直接制版机 computer to plate system
能够接收数字页面信息,并将其转移到印刷版上的设备。

04.402 苹果工作站 Apple Macintosh
苹果公司生产的一款专用于印前图文处理的计算机。

04.403 彩色打印机 color printer
连接计算机,并将图文信息直接输出到纸张上制成彩色印刷品的办公设备。

04.404 印刷机 printing machine
印刷文字和图像的生产设备。

04.405 平板胶印机 sheet-fed offset press
基于平版胶印原理实现印刷的生产设备。

04.406 数字印刷机 digital printer press
能够接收数字页面信息,直接制成印刷品的印刷生产设备。

04.407 覆膜机 film laminating machine
在印刷品表面覆贴一层塑料薄膜,起保护及增加光泽作用的印后加工设备。

04.408 图册装订机 bookbinding machine
用于将印好的书页装订成册的印后加工设备。

04.409 地图应用 map use
地图使用者采用一定的技术方法,对地图进行阅读、量算、分析、解释,以得到对地理环境与现象认识和理解的过程。

04.410 地图分析 map analysis
地图使用者在地图阅读和判读的基础上,通过量算、图解、统计或模型化等方法,揭示各种地理要素和现象的分布规律和相互关系的过程。

04.411 地图阅读 map reading
通过一定的方式和方法,对地图内容诸要素

进行详尽的识别,将地图符号译成有关环境的意念图像,在头脑中形成地图形象系统,获得有关地理环境的数量、质量和分布特征信息的过程。

04.412 地图判读 map interpretation
地图使用者在地图阅读的基础上,通过符号组合、判断与推理,获得各种地理要素和现象的空间结构和空间关系等信息的过程。

04.413 地图量算[法] cartometry
在地图上量测和计算各种制图物体的坐标、长度、距离、面积、方位与方位角等,并根据地图比例尺和地图投影对各种量测的精度作出评价。

04.414 地图图解分析 graphical analysis
对原来的地图进行加工和变换,使被分析的对象的图像得到增强或突出,更适合地图分析目的的分析方法。

04.415 剖面图 profile
假想将地面沿某一指定方向线垂直剖切,并以图形显示制图对象的立体分布和垂直结构的一种图解形式。

04.416 断面图 cross-sectional view
假想用剖切面剖开物体后,仅画出该剖切面与物体接触部分的正投影所得到的图形。

04.417 块状图 block diagram
用透视法绘制的景观、地层等局部视觉三维立体图。能直观描述物体剖面与其表面间的联系。

04.418 地图评价 map evaluation
对不同类型、不同用途的地图,按照不同的标准,就地图内容的完备性、现势性、精确性、正确性及整饰的艺术性等进行评估的过程。

04.419 地学信息图谱 geo-information tupu
经过抽象概括与综合集成,并以计算机多维符号与动态可视化技术,显示地球系统及各要素和现象空间形态结构与时空变化规律的一种空间图形谱系。

04.420   地图研究法   cartographic methodology

应用地图研究地面各种事物和现象的分布规律、数量质量特征和动态变化的方法，以及以制图作为研究手段进行综合评价、预测预报、区划规划与决策管理的方法。

05. 地理信息工程

05.001   地理空间   geographical space
地球表层自然现象和人文现象的分布范围。

05.002   球面剖分   global partition
将地球或其他星球球面划分为等面积或相同形状层次面片的过程。

05.003   空间参照标识符   spatial reference identifier，SRID
用于表达将地球映射到平面或球面的特定椭球空间参照系的唯一字符串或数字。

05.004   地理空间尺度   geo-spatial scale
记述地理对象与其在现实世界中的比例关系和详略程度。

05.005   空间数据粒度   spatial data granularity
空间数据的粗糙度或分辨率，描述空间数据获取和显示时的详细性程度。

05.006   尺度变换   scale transform
将数据或信息按照一定的规律或方法，从一个尺度转换到另一个尺度的过程。

05.007   多尺度表达   multi-scale representation
地球空间现象及实体在不同尺度下对其具有的形态、结构和细节层次的描述和可视化表示。

05.008   空间关系   spatial relation
具有一定位置、形态和属性的单目标之间（即点—点、点—线、点—面、线—线、线—面、面—面）或群体目标之间（即点群、线群、面群之间）的相互关系。包括拓扑关系、度量关系、方向关系和序关系等。

05.009   度量关系   metric relation
一般指距离关系，用某种空间中的距离来描述对象间的关系。

05.010   拓扑关系   topological relation
满足点集拓扑学原理、描述空间点、线、面之间的包含、相离和相接等关系。

05.011   方向关系   direction relation
又称"方位空间关系"。描述空间对象间的相对位置关系。

05.012   序关系   ordering relation
描述空间对象间纵向压盖或横向顺序的关系。

05.013   地理本体   geo-ontology
地理信息科学领域共享概念的明确的形式化规范。

05.014   地理信息语义   geographic information semantics
地理信息领域中的对象所表达出来的含义，即表达地理数据描述同现实地理世界实体之间的映射关系。

05.015   语义转换   semantic transform
从语义上同类型的标注信息中提取特征，建立转换模型，实现语义信息映射的过程。

05.016   空间数据库   spatial database

充分考虑空间数据特点,能对空间数据进行有效存储、管理的信息系统。

05.017　地形数据库　topographic database
集地形图各要素的位置、属性和关系等数据及其管理软件为一体的信息系统。

05.018　影像数据库　image database
集各种数字影像数据及其管理软件为一体的信息系统。

05.019　数字高程模型数据库　digital elevation model database, DEM database
定义在空间离散点(规则或不规则)的以高程表达地表起伏形态的数据及其管理软件为一体的信息系统。

05.020　地图数据库　cartographic database
以地图数字化为主要手段、以地图制图为主要用途的各种数字地图(矢量或栅格)数据及其管理软件为一体的信息系统。

05.021　矢量地图数据库　vector map database
以矢量格式存储的地图数据及其管理软件为一体的信息系统。

05.022　栅格地图数据库　raster map database
以栅格格式存储的地图数据及其管理软件为一体的信息系统。

05.023　导航地图数据库　navigation map database
以导航为主要应用需求而建立的具有统一技术标准的地图数据库。

05.024　地理信息共享　geographic information sharing
以计算机及空间数据基础设施等技术硬件为依托,在标准、政策、法律等软环境支持下,对地理信息进行的共同使用。

05.025　互操作性　interoperability
当用户不了解各种功能单元独立特征或知之甚少时,各种功能单元之间的通信、执行程序或转换数据的能力。

05.026　地理信息元数据　geographic information metadata
关于地理空间数据的数据。即地理空间数据的标识、覆盖范围、空间和时间模式、空间参照系、质量和分发等信息。

05.027　数据字典　data dictionary
数据库中的数据的定义、结构和使用方法等说明性信息的集合。如数据元素的名称、定义、使用场合、方式以及与其他数据关系的说明。

05.028　数据志　data lineage, data provenance
又称"数据族系""数据溯源"。数据的历史沿革信息,包括获取或生产数据使用的原始资料说明、数据处理中的参数、步骤等情况及负责单位的相关信息等。

05.029　数据目录　data catalogue
对一组或多组地理空间数据的数据类型、数据属性、数据关联以及可执行的数据操作的定义和描述。便于数据的浏览、分发和使用。

05.030　数据注册　data registration
将能提供服务的数据信息添加到服务注册中心或服务代理的注册表中。

05.031　地理标记语言　geographic markup language, GML
用于传输和存储地理要素的空间与非空间特性信息,基于地理信息国际标准体系框架的可扩展标记语言(XML)编码。

05.032　地理信息产权　geographic information intellectual property
在地理信息领域人们创造的智力劳动成果的专有权利。通常是国家赋予创造者对其智力成果在一定时期内享有的专有权或独占权。包括著作权、工业权、人身权利和财产权利。

05.033　地理信息标准化　geographic information standardization

为实现地理空间信息的共享和服务,针对直接或间接与地球上位置相关的目标或现象,制定共同使用和重复使用的条款的活动。包括编制、发布及贯彻执行地理信息标准的过程。

05.034　网络地理信息系统　web geographic information system

网络技术应用于地理信息系统开发的产物。是一个交互式、分布式、动态地理信息系统,由多个主机、多个数据库的无线终端,并由客户机与服务器(HTTP 服务器及应用服务器)相连所组成。

05.035　嵌入式地理信息系统　embedded geographic information system

嵌入到执行专用功能并被内部计算机控制的设备或系统中的地理信息系统。广泛应用于基于位置服务(LBS)、车载导航、移动信息终端等嵌入式系统中。

05.036　三维地理信息系统　3D geographic information system

对三维地理空间对象进行数据描述、可视化和分析管理的地理信息系统。

05.037　移动地理信息系统　mobile geographic information system

运行在移动终端上,集成移动通信、空间定位、地理信息服务等技术的地理信息系统。

05.038　网格地理信息系统　grid geographic information system, grid GIS

网格技术支持下实现真正意义上的跨平台、互操作、资源共享和协同解决问题的地理信息系统。

05.039　基础地理信息系统　fundamental geographic information system

遵循国家标准,用于采集、存储、维护和管理地貌、水系、植被、居民地、交通、境界、地名等基础性地理信息的信息系统。

05.040　专业地理信息系统　professional geographic information system

利用地理信息系统原理方法与技术,实现对农业、水利、国土、卫生等专业部门空间、非空间数据的输入、存储、查询、检索、处理、分析、显示、更新和提供应用的信息系统。

05.041　城市地理信息系统　urban geographic information system, UGIS

利用地理信息系统原理方法与技术,实现对城市空间、非空间数据的输入、存储、查询、检索、处理、分析、显示、更新和提供应用的信息系统。

05.042　政府地理信息系统　government geographic information system

将地理信息与政务信息进行统一管理,服务于政府机关,用于电子政务和宏观分析决策的地理信息系统。

05.043　土地信息系统　land information system

集土地管理信息、土地利用信息和地产信息等在内的土地信息与地理信息于一体,具有土地信息获取、存储、管理、分析和应用等功能的地理信息系统。

05.044　军事地理信息系统　military geographic information system, MGIS

采集、存储、管理、显示、分析和应用军事地理信息,并服务于作战指挥控制的地理信息系统。

05.045　地理空间数据获取　geo-spatial data capture

通过实地测量、对地观测和地图数字化等手

段,采集地球表层自然和人文要素相关空间数据的过程。

05.046 地理实体 geographic entity
地理空间中不可再分的最小单元,主要包括点、线、面、体四种基本类型,具有空间位置、属性、时间和空间关系等特征。

05.047 点实体 point entity
表达一定地理意义的零维单元。通常由一对坐标或一个栅格像元表示。

05.048 线实体 line entity
表达具有一定地理意义的一维单元。通常由矢量数据中的有序坐标对或栅格数据中具有相同属性的点的轨迹表示。

05.049 面实体 area entity
表达具有一定地理意义的二维单元。通常由矢量数据中闭合的弧段或栅格数据中具有相同属性的点的轨迹表示。

05.050 体实体 body entity
表达三维空间中的地理现象和实体。通常由一组或多组空间曲面表示。

05.051 地理空间数据 geo-spatial data
描述地理实体的地理特征、时间分布、空间分布和相互关系的数据。通常包括几何数据、属性数据、关系数据和时态数据等类型。

05.052 几何数据 geometric data
又称"位置数据""定位数据"。描述地理实体位置和形状特征的数据。

05.053 属性数据 attribute data
又称"非几何数据"。描述地理实体除空间特征外其他地理特征的数据。

05.054 关系数据 relational data
描述地理实体之间在空间和属性上相互关联、邻接、包含等特征的数据。

05.055 时态数据 temporal data
描述地理实体随时间变化的数据,采用离散或连续的方式表达地理实体的时间属性。

05.056 矢量数据 vector data
用点、线和多边形来表示地理要素的数据模式。一对坐标表示一个点要素;一系列有序点表示线或多边形要素。每个矢量要素关联相应的属性。

05.057 栅格数据 raster data
以规则的像元阵列表示空间地物和现象的数据。像元位置表示空间位置,像元值表示地物或现象的属性。

05.058 格网数据 grid data
以相互连接的离散点构成的网状结构来表达地形起伏等空间分布的数据。分为规则格网数据和不规则格网数据。

05.059 地理信息分类 geographic information classification
在一定范围内,将具有共同属性或特征的地理信息归并在一起,把不具有这些属性和特征的地理信息区分开来的过程。

05.060 地理信息编码 geographic information coding
按照确定的地理信息分类,将分类信息用易于被计算机和人识别的符号体系进行表达和记录的过程。

05.061 识别码 identifier
用来唯一标识点、线、面地理实体的代码。

05.062 特征码 feature code
用来表示地图要素类别、级别和其他质量、数量特征的代码。

05.063 地理数据采集 geographic data collection
从地图、外业观测成果、航空像片、遥感影像、统计资料等获取地理空间信息数据的过程。

05.064 地图数字化 map digitizing

通过扫描仪、数字化仪等设备将地图从模拟形式转换到数字形式的过程。

05.065 扫描数字化 digitizing by scanning method

地图数字化方法之一。即利用扫描仪将地图图形或图像资料转换成栅格数据的方法。必要时还需通过图形图像识别软件或屏幕跟踪软件,将其转换成矢量数据。

05.066 数据编辑 data editing

将录入系统的数据进行校验、检查、修改、排序等处理操作的过程。包括几何数据编辑、属性数据编辑和关系(拓扑)数据编辑。

05.067 空间数据管理 spatial data management

为了提高空间数据的利用水平和存取效率而采取的一系列技术、方法、手段和措施的总和。

05.068 概念数据模型 conceptual data model

地理空间论域中地理实体或现象的抽象概念集。属于对空间认知和抽象的最高层次。

05.069 实体-关系模型 entity relationship model

地理实体、属性、实体间的关系等的抽象概念集。用实体关系图表示。实际上是一种语义数据模型或建立概念数据模型的工具。

05.070 场模型 field model

在建立概念数据模型时,把地理空间中的事物和现象视为连续的变量或体的建模方法。如图斑模型、等值线模型、选样模型等。

05.071 栅格数据模型 raster data model

将世界表示为由规则格网单元组成的矩阵。每个单元含有位置坐标和属性值。栅格数据模型有益于存储连续变化的数据。

05.072 规则格网模型 regular grid model

将区域空间切分为规则的格网单元(正方形、矩形或三角形等),每个单元对应一个数值,从而描述模型的数据结构。

05.073 不规则格网模型 irregular grid model

针对研究区域内非规则离散分布的特征点,用各种不规则的格网单元来建立的数字模型。

05.074 不规则三角网模型 triangular irregular network model, TIN model

将地理空间分割为毗邻的非重叠的三角形构成的数据模型。

05.075 对象模型 object model

在建立空间概念数据模型时将地理空间看成一个空域,地理实体和现象作为独立的对象分布在其中的建模方法。

05.076 矢量数据模型 vector data model

以点、线和多边形表示地理要素的一种基于坐标对的数据组织形式。

05.077 拓扑数据模型 topology data model

用结点、弧段和多边形表示实体之间的关联、邻接和包含等关系的数据组织方法。

05.078 网络模型 network model

将地理空间目标抽象为结点和链等对象并组织成有向图结构,结构中结点代表数据记录,链描述不同结点间的连通关系。

05.079 三维空间数据模型 3D spatial data model

能够明确反映现实世界中三维空间实体及实体间的相互联系的数据模型。是关于三维空间数据组织的概念和方法。

05.080 时空数据模型 spatio-temporal data model

通常用来反映空间要素随时间变化的建模,

能够同时兼顾时间和空间概念的数据模型。

05.081　逻辑数据模型　logical data model
描述概念数据模型中空间实体和现象及其关系的逻辑结构。是计算机系统对空间认知和抽象的中间层。

05.082　地理目标　geographic object
具有确定位置和形态特征的地理实体或现象。

05.083　面向对象空间数据模型　object-oriented spatial data model
将地理对象的属性(状态)及相应操作(行为)封装为一体的数据组织方法。

05.084　空间数据结构　spatial data structure
空间数据在计算机内的组织和编码形式,适合计算机存储、管理和处理空间数据的逻辑结构。是地理实体的空间排列和相互关系的抽象描述。

05.085　格网数据结构　grid data structure
以格网单元为基础的地理空间数据组织方式。通过对区域按一定大小划分成格网矩阵,其行列号隐含实体的位置和关系,格网单元值反映属性特征。

05.086　矢量数据结构　vector data structure
用几何学中的点、线、面及其组合体来表示地理实体空间分布的一种数据组织方式。

05.087　栅格数据结构　raster data structure
用规则格网单元表示地理实体及现象分布状态的空间数据组织方式。

05.088　拓扑数据结构　topological data structure
具有对点、线、面之间的拓扑关系进行明确定义和描述的矢量数据结构。

05.089　拓扑单形　topological primitive
单一的、不可再分的拓扑对象。

05.090　拓扑对象　topological object
在连续变化中,空间特性不变的空间对象。

05.091　多边形数据结构　polygon data structure
在矢量数据结构中,将多边形的特征点坐标以多边形为单位独立记录的一种空间数据组织方式。

05.092　物理数据模型　physical data model
概念数据模型在计算机内部具体的存储形式和操作机制,属于对空间认知和抽象的最底层次。

05.093　空间数据索引　spatial data index
依据空间对象的位置和形状或空间对象之间的某种空间关系,按一定的顺序排列的数据结构。用来提高系统对空间数据的存取效率。

05.094　最小外接矩形　minimum bounding rectangle, MBR
以二维坐标表示的若干二维形状(如点、直线、多边形)的最大范围,即以给定的二维形状各顶点中的最大横坐标、最小横坐标、最大纵坐标、最小纵坐标定下边界的矩形。

05.095　规则格网索引　regular grid index
将空间实体集合所在的空间范围划分为一系列大小相同的格网,并记录每一个格网所包含空间实体的编码或位置的索引方法。

05.096　B树索引　B-tree index
一种动态调节的平衡多路检索树的索引方法。其对树中每个结点的子数目和每一条路径的长度都有一定的限制。

05.097　R树索引　R-tree index
B树向多维空间的扩展。其采用空间聚集的方式将相邻的空间实体划分在一起,组成更高一级的结点,直到所有实体组成一个根结点。

05.098　四叉树索引　quadtree index
建立在对区域循环分解原则上的一种层次数据结构。将空间范围递归进行四分的数据索引构建方法。

05.099　静态索引　static index
索引结构在生成后就固定下来，并在执行插入和删除等操作的前后不发生改变的一种索引技术。

05.100　动态索引　dynamic index
为了保持较高的检索效率，索引结构在执行插入和删除等操作的前后将自动进行调整，结构发生改变的一种索引技术。

05.101　空间数据文件　spatial data file
由大量反映地理实体属性特征(特征码)和几何特征(坐标)的记录所组成的数据集合。通常由地图资料进行数字化而产生。

05.102　空间数据组织　spatial data organization
为满足用户的应用需求和提高空间数据的存取效率而对空间数据进行的一系列技术处理的总称。

05.103　空间数据库管理系统　spatial database management system
介于用户和操作系统之间能够实现对各类空间数据的统一组织、存储、管理、控制和维护的一种软件系统。是空间数据库系统的核心。

05.104　关系数据库管理系统　relational database management system
建立在关系模型基础上并提供一系列手段使用户能以二维表形式存储、管理数据的数据库管理系统。

05.105　面向对象数据库管理系统　object-oriented database management system
基于面向对象数据模型并支持将数据作为对象来模拟和创造的一种数据库管理系统。

05.106　对象-关系数据库管理系统　object relational database management system
在关系型数据库管理系统的基础上，用面向对象的设计和编程方法，将对象应用于其中，并能够存储和操纵这些对象类型的数据库管理系统。

05.107　空间数据库引擎　spatial database engine
能用传统关系数据库实现客户-服务器的分布计算模式和空间数据的透明访问、共享与互操作的中间件技术。

05.108　空间数据质量　spatial data quality
空间数据在表达实体的空间位置、特征和时间上所能达到的准确性、一致性和完整性程度以及数据适用于不同应用的能力。

05.109　空间数据质量元素　spatial data quality element
评价空间数据满足用户要求和使用目的的定量成分。包括位置精度、属性精度、逻辑一致性、数据完整性、现势性、影像质量和附件质量等。

05.110　位置精度　positional accuracy
空间实体的地理坐标值与其真实坐标值或理论坐标值的接近程度。

05.111　属性精度　attribute accuracy
空间实体的属性值与其真实值或理论值的接近程度。

05.112　时间精度　time accuracy
空间实体的时间特征值与其真实值或理论值的接近程度。

05.113　数据完整性　data completeness
说明数据集在要素、要素属性和要素关系三方面的遗漏和多余信息。

05.114　逻辑一致性　logical consistency
地理数据关系上的可靠性。包括概念一致

性、定义域一致性、格式一致性和拓扑一致性。

05.115 数据现势性 data timeliness
地理信息对现实地理世界现状的反映程度。

05.116 空间数据不确定性 spatial data uncertainty
空间实体或现象在空间位置、属性特征和时间信息上不能被准确确定的程度。

05.117 数据可用性 data availability
反映空间数据能够满足用户需求的程度。包括数据质量、规范性、完整性、可靠性、熟悉性、易用性等。

05.118 数据质量检查 data quality check
依据空间数据质量评价的相关标准和规范，检查空间数据产品各质量元素与标准和规范要求之间的符合程度。

05.119 数据质量评价 data quality evaluation
用空间数据质量标准要素对数据所描述的空间、专题和时间特征进行评价。

05.120 空间数据安全 spatial data security
为了防止用户对地理空间数据进行非法或非授权的获取、访问、传播、复制和使用而采取的技术手段和保护措施的总称。

05.121 空间数据加密 spatial data encryption
将空间数据按某种算法进行变换，使其成为不可直接解读或无法理解的密文的方法。只有在解密后才能恢复数据原来的面貌。

05.122 空间数据隐写 spatial data steganography
将空间数据文件秘密隐藏于另一非秘密文件载体中，使之既隐藏数据文件又不影响原始载体的使用，从而达到欺骗和伪装目的的方法。以保障地理空间数据的安全。

05.123 空间数据版权 spatial data copyright
空间数据的所有者对该数据享有的权利，内容涵盖传统的地图、图集、影像、测量成果和数字条件下的空间数据产品。

05.124 空间数据数字水印 spatial data digital watermarking
将空间数据产品有关的一些信息嵌入该产品，在保证不影响其使用价值的同时还不易被人察觉，以保护这些产品的版权并证明其真实可靠性的技术。

05.125 空间数据数字指纹 spatial data digital fingerprinting
利用空间数据产品中存在的冗余数据与随机性，在其拷贝中嵌入必要的信息甚至误差，以便能够唯一标证该拷贝的身份，从而达到版权保护和威慑作用的技术。

05.126 空间数据处理 spatial data processing
对地理信息数据进行加工（归纳、整理、分类、统计、转化等）获得有用结果的过程。

05.127 图形编辑 graphic editing
通过人机界面对几何数据和属性编码进行修改的过程。

05.128 图形裁剪 graphic clip
根据给定的条件，从已知图形数据集中切割分离出部分内容，形成新的数据集的过程。

05.129 图形合并 graphic combination
合并两个或两个以上图形数据的方法。包括图形数据和属性数据的合并。

05.130 拓扑关系构建 topological relation construction
建立空间点、线、面地理要素实体间的包含、覆盖、相离和相接等空间关系的过程。

05.131 结点 node
又称"节点"。包括孤立点、线的端点、面的首尾点、链的连接点等。

05.132　顶点　vertex
线段弧段的中间点。

05.133　结点匹配　node snap
把一定限差内的链端点作为一个结点,其坐标值取多个端点的平均值,然后对结点顺序编号的过程。

05.134　弧段　arc
又称"链"。两结点间的有序线段。

05.135　邻接　adjacency
两个或两个以上的多边形共有一个边或分界线,两条或两条以上链共有一个结点的空间关系。

05.136　多边形　polygon
由一系列坐标点顺序首尾连接而成的一个封闭形状。其中第一和最后的点坐标值相同,其他点坐标值都是唯一的。

05.137　空间数据转换　spatial data conversion
将空间数据从一种表示形式转变为另一种表示形式的过程。

05.138　空间数据格式　spatial data format
存储空间数据文件或记录的数据编排方式。

05.139　空间数据同化　spatial data assimilation
根据一定的数学模式和标准,将同一地区的多源异构空间数据处理成具有时间一致性、空间一致性和物理一致性的数据集的过程。

05.140　空间数据融合　spatial data fusion
对多种不同数据源空间数据的自动化检测、互联、相关、估计和组合处理的过程。

05.141　空间数据匹配　spatial data matching
多种空间数据之间参照某种规则相互对应的过程。

05.142　空间数据集成　spatial data integration
将多种不同来源、格式、特性的空间数据组织在一起的过程。

05.143　空间数据更新　spatial data updating
以新空间数据项或记录,替换数据文件或数据库中相对应的旧数据项或记录的方法。

05.144　空间数据压缩　spatial data compression
缩减空间数据量以减少存储容量,提高其传输、存储和处理效率的技术方法。包括有损压缩和无损压缩。

05.145　自适应可视化　self-adaptive visualization
根据系统的用户、数据、资源及要解决的问题等情况,主动改变自身特征来达到最优的可视化效果的方法。

05.146　空间数据过滤　spatial data filtering
在可视化过程中,对空间数据进行预先选取处理的过程,以反映空间数据最本质的特征及达到最佳的可视化效果。

05.147　纹理映射　texture mapping
将位图或栅格影像映射到三维物体几何模型表面,以增强真实感的过程。

05.148　空间体视化　spatial volume visualization
通过对空间进行三维采样并通过一定方法投射显示在平面上的可视化方法。

05.149　地理空间场景　geo-spatial scene
在三维可视化中模型所表达的地理对象所构成的空间。

05.150　细节层次　level of detail, LOD
针对同一物体建立的细节程度不同的一组模型。不同细节程度的模型具有不同的几何面数和纹理分辨率。

05.151 空间分区 spatial partitioning
通过对可视化场景进行划分去除视域外的物体以提高计算效率的技术。

05.152 动态可视化 dynamic visulization
针对地理空间观察位置、自身形态或表达方法的变化进行的可视化。

05.153 动画地图 animation map
使用动态符号表达动态或静态地理现象的地图。

05.154 虚拟地理环境 virtual geographic environment，VGE
以虚拟现实理念为核心，基于地理信息、遥感信息、网络信息与移动空间信息等研究现实地理环境和赛博空间现象与规律的技术领域。

05.155 地形建模 terrain modeling
针对地球表面高程变化进行的模型构建。

05.156 地表纹理建模 terrain texture modeling
对于地球表面外观进行分类并赋予相应的细节、纹理或颜色的建模过程。

05.157 仿真地表纹理 simulated terrain texture
通过计算机生成或处理过的纹理。

05.158 地物建模 geographic object modeling
通过三维空间中的点所连成的三角形、线、曲面等表达地理空间中物体几何构造的过程。

05.159 多尺度建模 multiscale modeling
能够在多种尺度上对于地理现象进行分别建模并形成纵向联系的技术。

05.160 格网简化 mesh simplification
为减少存储空间和提高处理效率，对物体表面的几何表达模型进行冗余特征点删除处理的过程。

05.161 动态地形模型 dynamic terrain model
能够随着视点变化等动态因素改变局部或全局细节程度的地形表达模型。

05.162 全景图模型 paranoma model
在可视化中以一种广角图的方式呈现地理空间场景的方法。

05.163 三维态势建模 3D situation modeling
利用三维技术对态势相关的场景进行建模的技术。

05.164 三维态势推演 3D situation inference
在三维时空可视化模型中进行的态势分析和评估。

05.165 地理环境仿真 geographic environment simulation
借助计算机，用模型对地理环境可视化系统进行试验，以达到分析、研究与设计该系统目的的过程。

05.166 空间感知仿真 spatial perception simulation
通过直观地对地理环境进行可视化来训练空间相关分析与决策能力的过程。

05.167 视觉仿真 visual simulation
将地理环境中可见的(如地形、地物)和不可见的(如电磁场、潮汐流场)要素以多维动态的图形图像表达出来。

05.168 三维景观仿真 three-dimensional landscape simulation
根据数字高程模型、遥感影像或地图等数据用计算机生成三维地形景观图像的技术。

05.169 动态景观仿真 dynamic landscape simulation
利用计算机将所生成的三维图像，随时间的变化或使用者(操作者)视点的移动而做相应改变，用以模拟实地观察场景的技术。

05.170 听觉仿真 auditory simulation
通过对地理环境中各地物的声音(音效、音量和音位)的模拟来营造环境气氛的技术。

05.171 触觉仿真 tactile simulation
通过对人机交互设备的操作来实现人与环境的交流的技术。是使用户产生临场感的重要手段。

05.172 虚拟现实系统 virtual reality system
能够生成逼真的三维视觉、听觉、嗅觉等感觉,使人作为参与者通过适当装置自然地对虚拟世界进行体验和交互的计算机系统。

05.173 视觉显示系统 visual display system
能够实现图形图像显示的各类光学模型展示系统。

05.174 合成视觉系统 synthetic vision system
通过合成多传感器获得的影像,生成全面反映外界客观视觉信息的系统。是真实环境与虚拟环境瞬间转换的视觉应用系统,用于模拟驾驶、旅游、未知区域考察和区域分析等业务。

05.175 虚拟现实建模语言 virtual reality modeling language
用于建立真实世界的场景模型或人们虚构的三维世界的一种场景建模语言。具有平台无关性。

05.176 增强现实系统 augmented reality
通过计算机系统提供的信息增加用户对现实世界感知的技术,将虚拟的信息应用到真实世界,并将计算机生成的虚拟物体、场景或系统提示信息叠加到真实场景中,从而实现对现实的增强。

05.177 虚拟景观 virtual landscape
虚拟现实技术用于地景仿真的新方法。由计算机生成的可与用户在视觉、听觉上实行交互,使用户有身临其境之感的人造环境。

其在测量与地学领域中的应用可以看作地图认知功能在计算机信息时代的新扩展。

05.178 空间分析 spatial analysis
基于地理对象的位置和形态特征的空间数据分析理论和方法。其目的在于利用各种空间分析模型和空间操作对空间数据进行深加工,进而产生新知识。

05.179 空间查询 spatial query
从数据库中查找并提取出符合一定条件的空间数据的过程。

05.180 空间查询语言 spatial query language
对空间数据库和空间信息系统进行查询的计算机语言。

05.181 结构化查询语言 structured query language, SQL
关系数据库管理数据的一种编程语言。

05.182 几何查询 geometric query
查询与给定几何对象符合某种空间关系和条件的对象的过程。

05.183 属性查询 attributational query
查询与给定属性值相吻合的对象的过程。

05.184 拓扑查询 topological query
查询与给定几何对象符合某种拓扑关系和条件的对象的过程。

05.185 地名查询 place name query
根据地理名称来定位对象并获得其属性信息的过程。

05.186 组合查询 combinational query
查询符合多种条件的对象的过程。

05.187 自然语言空间查询 natural-language spatial query
采用自然语言给定查询条件以获取空间数据的过程。

05.188　查询优化　query optimization
数据库管理系统(DBMS)对描述性语言表达的查询语句进行分析,为其确定合理、有效的执行策略和步骤的过程。

05.189　空间量算　spatial measuring and caculation
对空间对象的长度、面积和质心等基本几何参数进行的量测与计算。

05.190　空间统计分析　spatial statistical analysis
运用统计方法及与空间对象有关的知识,对空间数据进行定量处理和分析的理论与方法。

05.191　空间自相关分析　spatial auto-correlation analysis
确定某一变量在空间上是否相关及相关程度如何的计算、处理与判断方法。

05.192　回归分析　regression analysis
确定两种或两种以上地理现象变量间相互依赖的定量关系的一种统计分析方法。

05.193　趋势分析　trend analysis
用一个数学函数对地理现象的空间分布特征进行分析,用该函数来逼近现象分布特征的变化规律的一种统计分析方法。

05.194　空间聚类分析　spatial cluster analysis
根据距离或相似度在一个较大的数据集中标示出稠密分布的区域,将数据分成一系列相互区分的组,使得同组中实体之间具有较高的相似度,而不同组中实体的差别较大的一类分析方法。

05.195　最优分割　optimum partition
对有序样本进行最优分类或分组的有效方法。

05.196　邻近分析　proximity analysis
用于确定一个选定对象与其邻近对象关系的解析方法。

05.197　缓冲区　buffer
围绕空间对象的,以距离或时间为测度单位的多边形区域。

05.198　缓冲区分析　buffer analysis
基于缓冲区进行的空间查询与分析,通常用于空间邻近性和邻近程度的空间分析方法。

05.199　静态缓冲区分析　static buffer analysis
空间对象与邻近对象只是单一的距离关系时所进行的一种缓冲区分析。

05.200　动态缓冲区分析　dynamic buffer analysis
空间对象对邻近对象的影响随时间和距离变化呈不同程度的扩散或衰减关系时所进行的一种缓冲区分析。

05.201　叠置分析　overlay analysis
通过同一地理区域多层数据的叠加运算来获取新的信息的空间分析方法。分为矢量数据叠置分析和栅格数据叠置分析两种。

05.202　泰森多边形分析　Thiessen polygon analysis
以泰森多边形为单元进行的空间分析。泰森多边形是指对空间对象邻域进行划分形成的多边形区域,使得区域中任何位置到其关联要素的距离都比到其他任何空间的距离更近。

05.203　德洛奈三角网　Delaunay triangulation network
符合最大化最小角原则的,将地理空间分割为不重叠的相连三角形网络。

05.204　沃罗诺伊图　Voronoi diagram
将空间分割为围绕一系列几何对象(通常为点)的面状区域或格网单元,这些格网单元或多边形必须符合德洛奈三角形的判定准则。围绕某对象的区域中,所有点位与该对象的距离小于其他对象。

05.205 空间优化分析 spatial optimization analysis
在给定约束下,从一组可能的结果中,求得最优解的分析方法。

05.206 网络分析 network analysis
关于网络的图论分析、最优化分析以及动力学分析的总称。地理信息系统中的网络分析包括路径分析、地址匹配及资源分配。

05.207 通道 passage
将若干线状要素相互连接成网状结构,资源沿着这个线性网络流动所组成的一个系统。

05.208 地理网络 geographical network
将一组地理空间位置通过"通道"联系起来所组成的一个系统。

05.209 选址分析 location analysis
为一个或多个设施寻找最佳服务点位的空间分析方法。

05.210 定位分配分析 location-allocation analysis
通过对某个设施或一个设施网络的供给和需求两者之间相互作用关系进行分析,实现其空间位置分布模式优化配置的分析方法。

05.211 网络空间优化分析 network optimization analysis
在网络中,根据给定约束条件,使某一或某些指标达到最优的分析方法。

05.212 路径分析 route analysis
根据地理网络的属性,找出符合给定条件的路径。

05.213 最优路径分析 optimal path analysis
寻求最符合给定条件的路径。

05.214 最短路径分析 shortest path analysis
寻求距离最短的路径。

05.215 空间插值 spatial interpolation
根据已知离散数据点,对落在其数值区间内的任意点进行估值的过程。

05.216 地形分析 terrain analysis
对地形属性进行计算和特征提取的信息处理技术。

05.217 地形可视化分析 terrain visualization analysis
运用图形和图像方法对地形进行的分析。

05.218 地形剖面分析 terrain profile analysis
对地形在某一截面上的起伏状况进行计算和特征提取的地形特征分析方法。

05.219 通视分析 visibility analysis
以某一点为观察点,研究区域内可视情况的地形分析。其核心是绘制通视图。

05.220 坡度分析 slope analysis
对地形表面的坡度特征与分布等进行的分析。

05.221 地形统计分析 terrain statistical analysis
运用统计方法对描述地形特征的各种可量化因子或参数等进行分析,并选择合适的因子或参数建立地学模型,从更深层次研究地形演化及其空间变异规律。

05.222 汇水分析 catchment analysis
对汇水参数(汇水量、汇水方向、汇水面积等)进行计算的分析方法。

05.223 空间数据挖掘 spatial data mining
从空间数据集中识别、提取出有效、新颖、潜在有用、最终可理解的模式的过程。

05.224 空间数据仓库 spatial data warehouse

支持决策过程,面向主题、集成、稳定、不同时间的空间数据集合和关联分析工具的集合。

05.225 空间数据清理 spatial data cleaning

删除、更正数据库中错误、不完整、格式有误或多余的数据。数据清理不仅更正错误,同样加强来自各个单独信息系统不同数据间的一致性。

05.226 空间数据立方体 spatial data cube

由非空间维、空间维、空间度量维相互正交组成的空间数据描述方法。

05.227 空间决策支持 spatial decision support

综合利用各种数据、信息、知识、人工智能和模型技术,辅助高级决策,解决半结构化或非结构化空间决策问题的方法。

05.228 网络数据挖掘 web data mining

利用数据挖掘技术从万维网(WWW)的资源(即 web 文档)和行为(即 web 服务)中自动发现并提取感兴趣的、有用的模式和隐含的信息。

05.229 不确定性数据挖掘 uncertain data mining

从大量不确定性数据中发现和提取感兴趣的、有用的模式和隐含的信息的过程。

05.230 多尺度数据挖掘 multi-scale data mining

从多尺度数据库中发现和提取感兴趣的、有用的模式和隐含的信息的过程。

05.231 空间数据挖掘规则 spatial data mining rule

用于挖掘空间数据的规则。

05.232 空间聚类规则 spatial clustering rule

空间对象根据类内相似性最大、类间相似性

最小的原则分组或聚类,并据此导出的空间规则。

05.233 空间特征规则 spatial characteristic rule

用规则描述的一类或几类空间目标的共性几何或属性特征。

05.234 空间区分规则 spatial discriminate rule

用规则描述的一类或几类空间目标特有的几何或属性特征。

05.235 空间演变规则 spatial evolution rule

空间目标和现象依时间而变化(伴随、相符、类似、突变)的规则。

05.236 空间关联规则 spatial association rule

空间目标之间同时出现的内在规律,即空间目标间具有相邻、相连、共生和包含等空间规律的规则。

05.237 空间预测规则 spatial predicatable rule

利用空间分类规则、聚类规则、关联规则等,预测空间事物和现象未来的数量和空间分布特征的规则。

05.238 空间依赖规则 spatial dependent rule

不同空间实体间或同一空间实体不同属性间的函数依赖关系。常用实体名或属性名为变量的数学方程表示。

05.239 空间例外 spatial outlier

空间数据集中偏离其他数据共性特征之外的偏差或独立点。是关于类比差异的描述。

05.240 地理信息服务 geographic information service

利用各种便捷方式向用户提供地理信息及相关计算功能的活动。如通过网络向用户提供地理信息查询、空间分析和统计计算等活动。

05.241 地理信息网络服务 geographic information web service

遵循服务体系架构和标准,采用网络服务技术,基于地理信息互操作标准和规范,在网络环境下提供地理信息系统数据、分析、可视化等功能的服务。

05.242 网络地图服务 web map service, WMS

又称"web 地图服务"。在网络环境下根据地理信息动态地生成具有空间参考信息的地图的服务。

05.243 网络要素服务 web feature service, WFS

又称"web 要素服务"。在网络环境下实现地理要素互操作的服务。可以在支持超文本传输协议的分布式计算平台上实现地理要素的查询、获取、创建、锁定、更新和删除等操作。

05.244 网络覆盖服务 web coverage service, WCS

又称"web 覆盖服务"。在网络环境下遵循互操作标准和规范提供栅格类型数据的服务。

05.245 网络处理服务 web processing service, WPS

又称"web 处理服务"。以标准化的方式在网络环境下提供空间信息处理功能的服务。

05.246 网络众包服务 web crowdsourcing service

基于网络的志愿者数据加载和软件插入的自发地理信息网上发布服务。

05.247 网格服务 grid service

采用开放式网格服务体系结构对网络服务进行扩展,兼用网络服务的一些标准协议和网格服务特有的标准与协议,实现资源共享和协同解决问题的一种新兴技术。

05.248 地理信息服务分类 geographic information service classification

遵照一定的规则,将空间信息获取、处理和应用等服务按其同和异,构建反映空间信息服务集合特征的分类模型的过程。

05.249 地理信息目录服务 geographic information catalogue service

对分布在网络中的地理信息进行统一描述、发现和访问的软件组件或系统。通用目录服务在地理信息领域的应用。

05.250 服务描述 service description

利用网络服务描述语言或网格服务描述语言,描述网络服务或网格服务及服务重置需要的全部信息,以实现服务跨平台、跨系统、跨语言的应用。

05.251 服务注册 service registration

服务提供者遵循一定的标准,向服务注册中心为某个服务赋予一个永久、唯一和无二义的标识符,发布所拥有的服务名称及描述服务的信息的过程。

05.252 服务发现 service discovery

又称"服务匹配"。服务请求者在服务注册中心查找和绑定所需服务的操作。包括顺序查找逐一匹配服务发现方法、面向服务分类的服务发现方法和语义支持的服务自动发现方法。

05.253 服务聚合 service composition

又称"服务组合"。按照服务请求者的应用需求,将分布在网络节点的服务组件组合成新的"系统"的操作。

05.254 服务工作流 service workflow

按照一组顺序规则,使服务在参与者之间传递、操作,实现服务过程的整体或部分自动化。

05.255　服务链　service chain
服务序列。在该序列每个相连的服务对中，第一个服务行为是产生第二个服务行为的必要条件，包括透明链、半透明链和不透明链。

05.256　网格服务标准化协议　grid service standard protocol
基于开放网络服务体系，把网格标准与以商用为主的网络服务的标准结合起来，统一以服务的方式对外提供网格服务。

05.257　电子地图位置服务　location-based service of electric map
基于电子地图的位置服务。集导航定位与电子地图于一体，以可视化形式提供基于位置的地理信息服务。

05.258　关注点　point of interest，POI
又称"兴趣点"。公众感兴趣的对象。网络环境下将供查询的目标及其相关属性标注在网络电子地图的适当位置，为网络电子地图更新提供信息源。

05.259　地理信息云服务　geographic information cloud service
将大量用网络连接的计算资源统一管理和调度，构成一个云计算与服务平台，向用户提供所需的地理信息服务模式。

05.260　云地理信息系统　cloud geographic information system
将云计算的各种功能用于支撑地理空间信息系统的各要素，包括建模、存储、处理等，从而改变用户传统的地理信息系统应用方法和建设模式，以一种更加友好的方式提供更高级的地理信息服务。

06.　工 程 测 量 学

06.001　控制测量　control survey
为工程建设等提供空间基准所做的测量工作。

06.002　平面控制测量　plane control survey
为确定控制点的平面坐标值所进行的测量。

06.003　平面坐标　horizontal coordinate
某一点在平面坐标系中的坐标分量。

06.004　三边测量　trilateration
测定测边控制网中各三角形边长，以确定网中各点平面坐标的测量工作。

06.005　边角测量　triangulateration
测定边角控制网中的边长和角度，以确定网中各点平面坐标的测量工作。

06.006　导线测量　traverse survey
将一系列测点依相邻次序连成折线形式，并测定各折线边的边长和转折角，再根据起始数据推算各测点平面坐标的测量工作。

06.007　全球导航卫星系统测量　Global Navigation Satellite System survey
简称"GNSS 测量（GNSS survey）"。利用全球导航卫星系统确定待测点三维坐标的测量技术与方法。

06.008　闭合导线　closed traverse
起止于同一已知控制点的导线。

06.009　附合导线　connecting traverse
起止于两个已知控制点的导线。

06.010　支导线　open traverse
由已知控制点出发，不附合、不闭合于任何已知点的导线。

06.011 经纬仪导线 theodolite traverse
采用经纬仪测角、钢尺量距的导线。

06.012 视距导线 stadia traverse
用经纬仪的视距装置、配合相应的标尺测定边长与角度的一种导线。

06.013 平板仪导线 plane-table traverse
用平板仪视距法测定导线边长或以交会法在平板仪上确定点位,并组成附合于已知点的导线。

06.014 光电测距导线 EDM traverse
以光电测距仪测边和以经纬仪测角的导线。

06.015 全站仪导线 total station traverse
利用全站仪既测边长又测角度的导线。

06.016 导线点 traverse point
以导线测量方法测定的固定点。

06.017 导线边 traverse leg
相邻两导线点的连线。

06.018 导线折角 traverse angle
相邻两导线边构成的水平夹角。

06.019 导线结点 junction point of traverse
导线网中至少连接三条导线边的相交点。

06.020 导线曲折系数 meandering coefficient of traverse
导线的中间点到起点、终点连线的距离之比值,是衡量导线直伸程度的技术指标。比值小于 1/8 的,可视为直伸导线。

06.021 导线角度闭合差 angle closing error of traverse
导线测量的角度观测值总和与其理论值的差值。

06.022 导线全长闭合差 total length closing error of traverse
由导线的起点推算至终点的位置与已知点位置之差。

06.023 导线相对闭合差 relative length closing error of traverse
导线全长闭合差与导线全长的比值。

06.024 导线纵向误差 longitudinal error of traverse
导线的全长闭合差在导线起终点连线方向上的分量。

06.025 导线横向误差 lateral error of traverse
导线的全长闭合差在垂直于导线起终点连线方向上的分量。

06.026 角度测量 angle measurement
采用经纬仪或全站仪等测角仪器测定水平角或竖直角的工作。

06.027 水平角 horizontal angle
由一点到两个目标的两条方向线在水平面上投影所构成的夹角。

06.028 垂直角 vertical angle
测站点至观测目标的方向线与水平面间的夹角。

06.029 复测法 repetition method
观测一个水平角的 n 倍角,并取其中数,求得该角值的方法。

06.030 距离测量 distance measurement
测量两点之间长度的技术方法。

06.031 电磁波测距 electromagnetic distance measurement, EDM
根据电磁波在待测距离两端点间传播的时间确定两点间距离的测量方法。

06.032 测站 station
测量时安置仪器的点位。

06.033 测站归心 reduction to station center
消除由于仪器中心和标石中心不处在同一

铅垂线上所引起的测量偏差的测量工作。

06.034　照准点　sighting point
仪器观测照准的目标点。

06.035　照准点归心　reduction to target center
消除由于照准点和标石中心不处在同一铅垂线上所引起的测量偏差的测量工作。

06.036　任意轴子午线　arbitrary axis meridian
被选测区的中央子午线。

06.037　独立坐标系　independent coordinate system
独立于国家坐标系外的局部平面直角坐标系。

06.038　假定坐标系　assumed coordinate system
假定一个控制点的坐标和一条边的方向作为起算参数的一种平面直角坐标系。

06.039　坐标增量　increment of coordinate
两点平面直角坐标值之差值。

06.040　坐标增量闭合差　closing error in coordinate increment
根据推算路线求得的坐标增量总和与两端点已知坐标增量的差值。

06.041　测量控制网　survey control network
按一定原则布设,并按一定技术规定和标准联测的一系列固定点所构成的网。

06.042　平面控制网　horizontal network
由一系列平面控制点所构成的测量控制网。

06.043　三边网　trilateration network
控制网中测量三角形边长的一种网。

06.044　边角网　triangulateration network
控制网中测量全部或部分边、角的一种网。

06.045　导线网　traverse network
由多条导线构成的控制网。

06.046　工程控制网　engineering control network
为工程建设布设的专用测量控制网。

06.047　变形监测控制网　control network for deformation observation
为监测建筑物、构筑物或地表的位移及沉降等变形而建立的专用测量控制网。

06.048　控制网平差　control network adjustment
按照一定准则对控制网进行平差的方法。

06.049　城市控制网　urban control network
在国家控制网的基础上,为城市建设而布设的测量控制网。

06.050　矿山控制网　mine control network
为满足地质勘探、矿山设计和矿山生产而建立的测量控制网。

06.051　高程控制测量　vertical control survey
测定控制点高程值的技术方法。

06.052　高程控制网　vertical control network
由一系列高程控制点所构成的测量控制网。

06.053　高程测量　vertical survey
确定地面点高程的测量。主要方法包括水准测量、三角高程测量、气压高程测量及流体静力水准测量和全球导航卫星系统高程测量等。

06.054　水准测量　leveling
用水准仪和水准尺测定两点间高差的技术方法。

06.055　三角高程测量　trigonometric leveling

通过观测两点间的距离和天顶距(或高度角)求定两点间高差的技术方法。在短边的情况下,按直角三角形解算。

06.056 附合水准路线 connecting leveling line

起止于两已知高级水准点间的水准路线。

06.057 闭合水准路线 closed leveling line

起止于同一已知水准点的环形水准路线。

06.058 支水准路线 open leveling line

从一已知高级水准点出发,终点不附合于另一已知高级水准点的水准路线。

06.059 激光水准测量 laser leveling

利用水平激光束代替水准仪的水平视线而进行的水准测量。

06.060 流体静力水准测量 hydrostatic leveling

利用自由流体的静止液面等高的原理确定两点间高差的方法。

06.061 视线高程 elevation of sight

测站高程与仪器高度之和。即仪器视准轴中心的高程。

06.062 三角高程导线 polygonal height traverse

以导线的方式,用三角高程的测量方法测定控制点高程的导线。

06.063 高程点 elevation point

地形图上标注有高程数据的点。

06.064 独立交会高程点 elevation point by independent intersection

以多个已知高程点起算,用三角高程测量方法独立测定高程的点。

06.065 交会高程测量 vertical survey by intersection

根据多个已知高程点,用交会法和三角高程

测量来测定待定点高程的测量方法。

06.066 三维控制测量 three-dimensional control measurement

利用三维测量系统测定控制点三维坐标的技术方法。

06.067 三维控制网 three-dimensional network

同时测定每一个顶点 3 个坐标参数和 2 个垂线方向参数的控制网。

06.068 地形测量 topographic survey

根据规范和图式,测量地形、地物及其他地理要素,并记录在某种载体上的技术。

06.069 图根控制 mapping control

为地形测图而建立的平面控制和高程控制。

06.070 图根点 mapping control point

直接用于测绘地形图碎部的控制点。

06.071 图解图根点 graphic mapping control point

在图板上用几何原理直接读数和画线的方法所确定的控制点。

06.072 解析图根点 analytic mapping control point

以已知点及所观测的角度、边长和垂直角或水准测量值解算坐标及高程的测图控制点。

06.073 图根导线 mapping traverse

当已有控制点密度不能满足测图要求时,以等级控制点作为起始点所布设的闭合导线、附和导线或支导线。

06.074 前方交会 forward intersection

在两个已知点上分别架设仪器对待定点进行水平角观测,并根据已知点的坐标及观测角值计算出待定点坐标的方法。

06.075 侧方交会 side intersection

在一个已知点和一个待定点上分别架设仪

器对另一个已知点进行水平角观测,并根据已知点的坐标及观测角值计算出待定点坐标的方法。

06.076 后方交会 resection
在待定点上架设仪器向至少 3 个已知点进行水平角观测,并根据 3 个已知点的坐标及两个水平角值计算待定点坐标的方法。

06.077 边角交会法 linear-angular intersection
在两个及以上已知点上分别架设仪器对待定点进行水平角和距离观测,并根据已知点的坐标及观测角值和距离计算出待定点坐标的方法。

06.078 边交会法 linear intersection
在两个及以上已知点上分别架设仪器对待定点进行距离观测,并根据已知点的坐标及观测的距离计算出待定点坐标的方法。

06.079 地形控制点 topographic control point
为地形测量而布设的国家等级以外的控制点。

06.080 碎部测量 detail survey
根据比例尺要求,运用制图综合原理,利用图根控制点对地物、地貌等地形图要素的特征点,用测图仪器进行测定,并对照实地用等高线、地物、地貌符号和高程注记、地理注记等绘制成地形图的测量工作。

06.081 碎部点 detail point
根据比例尺要求,运用制图综合原理所选取的地物、地貌等地形图要素的特征点。

06.082 大比例尺测图 large scale topographical mapping
测绘比例尺不小于 1∶2000 的地形图的技术、方法与流程。

06.083 平板仪测绘 plane-table surveying
使用平板仪测绘地形图的技术。

06.084 经纬仪测绘 theodolite surveying
采用经纬仪测角和视距,在图板上用量角器展点,以测绘地形图的技术。

06.085 电子平板测绘 electronic plane-table surveying
利用全站仪及安装有地面数字测图软件的便携式计算机测绘地形图,实现随测、随记和随显示,现场实时编辑、修改与成图的内外业一体化数字测图技术。

06.086 数字化测图 digitizing mapping
以全球导航卫星系统(GNSS)实时动态定位,利用全站仪、三维激光扫描仪等电子测量仪器进行地形图测量,并以专用软件辅助绘图的技术。

06.087 全站仪测绘 total station surveying
采用全站仪测量碎部点的三维坐标,现场记录碎部点属性,在内业利用数字绘图软件进行地形图绘制的技术。

06.088 任意设站 free setting station
在任意适合工作的位置安置全站仪,对可通视的两个以上已知点进行角度和距离观测以求得测站点和待测目标点坐标和高程的方法。

06.089 直角坐标网 rectangular grid
地图上用来确定点位的按一定间隔绘制的正方形格网。

06.090 矩形分幅 rectangular map sheet
在大比例尺地形测量中,按矩形划分的地形图图幅。

06.091 正方形分幅 square map sheet
在大比例尺地形测量中,按正方形划分的地形图图幅。

06.092 地形底图 base map of topography
在实测原图基础上,经加工整饰形成的透明纸图或聚酯薄膜图。

06.093 大比例尺数字测图 large scale digital topographical mapping

利用全球导航卫星系统实时动态定位、全站仪、三维激光扫描仪等电子测量仪器进行比例尺不小于 1∶2 000 的地形图测量，并由专用软件辅助绘图的测绘技术、方法和流程。

06.094 变形测量 deformation measurement

对建筑物、构筑物和地表相对位置变化所进行的测量。

06.095 变形观测网 deformation observation network

为监测建筑物、构筑物和地表等的位移、沉降等变形而建立的控制网。

06.096 滑坡监测 landslide monitoring

记录滑坡形成活动过程的各种工作。

06.097 裂缝观测 fissure observation

对被观测物体的裂缝所进行的测量。

06.098 沉降观测 settlement observation

对被观测物体的高程变化所进行的测量。

06.099 挠度测量 deflection observation

对被观测物体的弯曲程度所进行的测量。

06.100 倾斜测量 tilt observation

对建筑物、构筑物上的参考线或面相对于垂线或水平面之间的夹角的测量。

06.101 大坝变形观测 dam deformation observation

利用测量方法和各种传感器，连续或周期性测定大坝的塑性变形、刚性变形（水平位移、垂直位移、裂缝等变形要素）以及与变形相关的物理量。

06.102 变形反演 deformation inversion

根据测定的变形量分析变形机理。

06.103 动态监测 dynamic monitoring

对观测目标的姿态或位置等进行实时和连续的观测，具有较高的采样频率。

06.104 位移观测 displacement observation

对观测物体的水平和垂直位置变化所进行的测量。

06.105 引张线法 method of tension wire alignment

以两固定点间拉紧的细线作为基准线，定期测量观测点到基准线间的距离，以求定观测点水平位移量的技术方法。

06.106 视准线法 collimation line method

以两固定点间的视线作为基准线，定期测量观测点到基准线间的距离，求定观测点水平位移量的技术方法。

06.107 激光准直法 method of laser alignment

分为激光束准直法和波带板激光准直法。激光束准直法是以激光束作为基准线，在被测点上设置激光束的接收装置，求得准直点偏离值的一种测量方法。波带板激光准直法是以点光源和接收装置中心构成基准线，测定波带板相对于基准线的偏移量的一种测量方法。

06.108 小角度法 minor angle method

以两固定点间的视线作为基准线，基准线的一端架设测角仪器，一端架设标牌，测定观测点与基准线的夹角，计算观测点到基准线的偏移量的方法。

06.109 正锤[线]观测 direct plummet observation

又称"正锤法"。在固定点下以悬挂重锤拉直的金属丝作为竖向基准线，定期测量建筑物、构筑物不同高度处的观测点与基准线的距离，求定观测点水平位移量的一种观测方法。

06.110 倒锤[线]观测 inverse plummet observation

又称"倒锤法"。金属丝的一端固定在变形体下方的基岩内,另一端连接在浮筒内的自由浮体上,以该拉直金属丝作为竖向基准线,定期测量建筑物、构筑物不同高度处的观测点与基准线的距离,求定观测点水平位移量的一种观测方法。

06.111 精密工程测量 precise engineering survey

采用高精度的测量仪器和专用设备,利用相应的测量方法和数据处理手段,使测量的绝对精度达到毫米量级及以上或相对精度达到 10^{-5} 以上要求的工程测量工作。

06.112 精密工程控制网 precise engineering control network

为精密工程的建设而布设的测量控制网。

06.113 精密三角高程测量 precise trigonometric leveling

采用两台高精度的全站仪,进行准同时对向观测垂直角(天顶距)和距离,计算高差、传递高程的测量方法。要求观测边长不超过1000m,垂直角不超过 $10°$ 。

06.114 精密测距 precise ranging

对两点间相对精度达到 1×10^{-6} 以上或绝对精度优于 0.1mm 的长度测定。

06.115 工业测量 industrial measurement

为工业设备的设计、安装、制造、检测及逆向工程等进行的精密测量工作。

06.116 安装测量 installation measurement

将设备或部件安装到设计位置上的测量工作。

06.117 精密机械安装测量 precise mechanism installation measurement

在机械安装和大型设备装配过程中所进行的高精度测量工作。

06.118 粒子加速器测量 particle accelerator survey

为高能物理实验设备的安装和定位所进行的高精度测量工作。

06.119 地下工程测量 underground engineering survey

为地下工程建设在规划、设计、施工、竣工及运营管理各阶段所进行的测量工作。

06.120 地下铁路测量 subway survey

为城市地下铁路建设所进行的控制测量、贯通测量、施工放样、变形测量等测量工作。

06.121 地下油库测量 underground oil depot survey

为地下油库建设在勘测设计、施工建造及运营管理等阶段所进行的测量工作。

06.122 军事工程测量 military engineering survey

为军事工程的勘测设计、施工建造及使用管理等阶段所进行的测量工作。

06.123 导弹试验场工程测量 engineering survey of missile test site

为导弹试验场的勘测设计、施工、竣工、维护及形变等所进行的测量工作。

06.124 导弹定向测量 missile orientation survey

为确定发射基准边方位及标定射向所进行的测量工作。

06.125 靶道工程测量 target road engineering survey

为武器试验区靶道工程的勘测设计、施工、竣工、维护及变形观测等所进行的测量工作。

06.126 权属测量 ownership survey

对不动产、行政界线等土地权属进行的测量工作。

06.127 地籍调查 cadastral inventory
对土地权属、土地利用现状、土地等级和房产情况等地籍要素所进行的调查。

06.128 地籍 cadastre
以宗地为单位记载土地的位置、范围、面积、权属、利用现状等信息,由政府管理的土地档案。

06.129 地籍测量 cadastral survey
调查和测定地籍要素,编制地籍册和地籍图(或者更新和维护地籍数据库)。

06.130 界址点 boundary mark, boundary point
宗地权属界址线的转折点。

06.131 宗地 land lot
被权属界址线所封闭的土地单元。

06.132 坐标地籍 coordinate cadastre
通过测定界址点的坐标来满足权属管理需要的地籍。

06.133 地籍修测 cadastral revision
对土地及其权属变化所进行的调查、更正和修补的测量工作。

06.134 地籍更新 renewal of the cadastre
为保证地籍的现势性,对其内容及权属关系所进行的更新调查。

06.135 地块测量 parcel survey
对土地利用分类或土地等级划分的地块所进行的测量工作。

06.136 宗地测量 land lot survey
为获取和绘制分幅图、宗地图,以及表达宗地位置、宗地面积、权属面积和土地分摊面积等地籍信息所进行的测量工作。

06.137 地籍管理 cadastral management
为管理土地而采取的以土地调查(含测量)、土地分等定级、估价、土地登记、土地统计、地籍档案为主要内容的综合措施。

06.138 地籍图 cadastral map
描述土地及其附着物的位置、边界、权属、数量和质量的图件。

06.139 地籍册 cadastral list
记载宗地号、界址点坐标、面积等信息的地籍管理表册。

06.140 地籍簿 land register
以表册形式表示的土地登记文件。

06.141 多用途地籍 multi-purpose cadastre
包括土地权属、利用、规划、估价等综合内容,可为国民经济各部门提供多用途服务的地籍资料。

06.142 房地产地籍 real estates cadastre
又称"不动产地籍(real property cadastre)"。房屋及其他构筑物的产权归属和使用权认定的地籍。

06.143 地籍信息 cadastral information
有关土地及其附属物的位置、面积、质量、权属、利用现状等的信息。

06.144 地籍信息系统 cadastral information system
以地籍信息(包括土地权属、等级、用途等)为对象的管理信息系统。是土地信息系统的子系统。

06.145 房产测量 real property survey
又称"不动产测量"。对不动产的位置、形状、面积(对建、构筑物而言含建筑面积、使用面积、公用分摊面积、土地分摊面积等)等进行的测量。

06.146 立面图 vertical side of building map
建筑物、构筑物等在与其立面平行的投影面上的正投影图。

06.147 立面测量 surveying the vertical side

of building

为满足城市工程建筑物、构筑物的改建或扩建需要进行的立面图测绘工作。

06.148　土地调查　land investigation

对土地的权属、利用类型、面积、质量和分布进行的调查。

06.149　土地登记　land registration

又称"地权属登记"。依照法定程序将土地的权属关系、用途、面积、使用条件、等级、价值等情况记录于专门的簿册,以确定土地权属,保护权利人对土地的合法权益的法律行为。

06.150　土地划分　subdivision of land, parcel subdivision

又称"土地分宗"。出于建设目的或其他目的,将较大的地块划分成若干较小的地块。

06.151　土地统计　land statistics

利用数字、图表、文字资料及其他手段,对土地的数量、质量、分布、权属和利用状况及其动态变化所进行的汇总、整理和分析。

06.152　土地测量　land survey

为满足土地调查、整理、规划、利用和管理等需要进行的测量工作。

06.153　土地利用图　land use map

表示土地利用状况的图件。

06.154　土地利用现状图　map of present land use

反映土地开发、整治、利用和保护现状的图件。

06.155　勘界　boundary survey

测定地块或区域的具有法律作用的边界。

06.156　地界　abuttals

区分土地权属的分界线。

06.157　地界测量　land boundary survey

对行政区域或地块界线、界点、重要界标设施等所进行的测量。

06.158　地产界测量　property boundary survey

对土地和房屋权属界线等所进行的测量。

06.159　地类界图　land boundary map

表示土地利用现状的类型及自然地理、地貌空间分布的图件。

06.160　标界测量　survey for marking of boundary

对土地使用权界线以及自然地形、人工地形界线所进行的测量工作。

06.161　矿区测量　mining area survey

在曾经开采、正在开采或准备开采的含矿地段(包括若干矿井或露天矿的区域)所进行的测量工作。

06.162　矿区控制测量　control survey of mining area

在矿区地面建立平面和高程控制网的测量工作。

06.163　矿体几何制图　geometrisation of ore body

分析矿体形态和结构,研究矿产特性变化规律所进行的制图工作。

06.164　开采沉陷观测　mining subsidence observation

对因地下采矿引起的岩层移动和地表沉陷范围及程度所进行的测量。

06.165　边坡稳定性观测　observation of slope stability

通过建立专门观测站,定期进行边坡滑动观测,以研究边坡的移动和稳定性的测量工作。

06.166　露天矿测量　opencast survey

在露天矿设计、建设和生产过程中所进行的

测量工作。

06.167 复垦测量 reclaimation survey
在土地复垦工程的规划设计、施工、竣工验收及复垦土地后期利用过程中所进行的测量工作。

06.168 矿山测量图 mine map
简称"矿图"。表示地面和井下自然要素、经济现象,反映地质条件和井下采掘工程活动情况的矿山生产建设图的总称。

06.169 井田区域地形图 topographic map of mining area
反映井田范围内地貌及地物等地理要素的综合性图件。

06.170 矿场平面图 mining yard plan
反映矿场内生产系统、生活设施以及其他自然要素的综合性图件。

06.171 井底车场平面图 shaft bottom plan
反映井底车场巷道和硐室的位置分布以及运输和排水系统的综合性图件。

06.172 采掘工程平面图 mining engineering plan
反映开采矿层或开采分层内采掘工程、地质信息的综合性图件。

06.173 井上下对照图 surface-underground contrast plan
反映矿山地面的地物、地貌和井下采掘工程之间空间位置对应关系的综合性图件。

06.174 露天矿矿图 opencast mining plan
反映露天采场的境界位置及现状范围,各台阶边坡位置及范围,各类探、采工程位置及矿体地质构造的综合性图件。

06.175 采剥工程断面图 striping and mining engineering profile
为反映剥离与回采工作,计算矿产储量、采剥量,检查梯段的技术规格而测绘的采场断面图件。

06.176 采剥工程综合平面图 synthetic plan of striping and mining
反映露天矿回采与剥离工程的平面图件。

06.177 矿山测量交换图 exchanging documents of mining survey
为反映生产情况而提供的矿山生产、通风、排水以及运输等图件。

06.178 开采沉陷图 map of mining subsidence
表示因矿山开采引起地表沉陷状况的图件。

06.179 联系测量 connection survey
将地面平面坐标系统和高程系统数据传递到井下的测量。

06.180 立井定向测量 shaft orientation survey
通过立井将地面的平面坐标和方向,传递到井下的测量。

06.181 几何定向 geometric orientation
采用在立井内悬挂垂线与井上下定向连接点构成几何图形的方法,将地面平面坐标和方向传递到井下的定向测量。包括一井定向和两井定向。

06.182 定向连接测量 orientation connection survey
通过测量立井内悬挂垂线与井上下定向连接点所构成的几何图形的相关要素,将地面上的坐标和方向传递到井下测量基点的工作。

06.183 定向连接点 connection point for orientation, connection point
立井联系测量时,与投点垂线进行连接测量的测站点。

06.184 瞄直法 sighting line method
在一个立井中悬挂两条重锤线,并将定向连

接点设置在两条重锤线的延长线上的定向连接测量方法。

06.185 激光投点 laser plumbing
用激光铅垂仪将地面测点坐标通过立井传递至井下定向水平的测量。

06.186 重锤投点 damping-bob for shaft plumbing
用重锤线将地面测点坐标通过立井传递至井下定向水平的测量。

06.187 连接三角形法 connection triangle method
以连接点和井筒内两垂线构成三角形,进行一井定向的连接测量方法。

06.188 导入高程测量 induction height survey
将地面的高程系统通过平硐、斜井或立井传递到井下高程基点所进行的测量。

06.189 立井导入高程测量 induction height survey through shaft
通过立井将地面高程系统传递到井下定向水平高程基点的测量。

06.190 建井测量 shaft construction survey
在矿井施工建设和设备安装过程中所进行的控制测量、联系测量、施工放样、检查测量、图纸编绘等测量工作。

06.191 井筒十字中线标定 setting-out of cross line through shaft center
按设计位置及方向将井筒十字中线标设于现场的技术方法。

06.192 凿井施工测量 construction survey for shaft sinking
为保证立井垂直度和断面按设计要求施工所进行的测量。

06.193 立井激光指向[法] laser guide [method] of vertical shaft
用激光指向仪标定立井垂直凿进方向的方法。

06.194 激光指向仪给向 driving direction guided by laser
用激光指向仪指示巷道掘砌工作的方向和坡度。

06.195 井下测量 underground survey
又称"矿井测量"。为指导和监督矿产资源开发,在矿井特殊条件下所进行测量工作的总称。

06.196 陀螺定向光电测距导线 gyrophic EDM traverse
用陀螺经纬仪测定导线边方位角,用光电测距仪(全站仪)测量导线边长的导线。

06.197 陀螺仪定向测量 gyrostatic orientation survey
用陀螺经纬仪(全站仪)确定井下起始边方位角的测量。

06.198 逆转点法 reversal points method
用陀螺经纬仪跟踪观测指标线到达东西逆转点时水平度盘上的读数,确定陀螺子午线方向的一种定向方法。

06.199 陀螺方位角 gyro azimuth
从陀螺经纬仪子午线北端起顺时针至某方向线的水平夹角。

06.200 方向附合导线 direction-connecting traverse
从一条已知坐标和方位角的已知边开始布设导线,附合到另一条仅有已知方位角而无已知坐标的一种导线。

06.201 顶板测点 roof station
设置在巷道顶板或巷道永久支护上部的测点。

06.202 底板测点 floor station
设置在巷道底板上的测点。

06.203　点下对中　centring under point
在顶板测点下进行的测量仪器对中。

06.204　采区测量　survey in mining
为采区巷道掘进施工与采场作业所进行的测量工作。

06.205　采区联系测量　connection survey in mining panel
通过竖直和倾斜巷道把方向、坐标和高程引测到采区内所进行的测量工作。

06.206　采场测量　stope survey
为及时反映采场空间变化所进行的测量工作。

06.207　井下空硐测量　underground cavity survey
在采区范围内,对天然或人工形成的各种形状、大小的空硐或硐室所进行的测量。

06.208　巷道验收测量　footage measurement of workings
丈量巷道进度,检查巷道规格、质量所进行的测量工作。

06.209　线路工程测量　route engineering survey
铁路、公路、索道、输电线路及管道等线路工程,在勘测设计、施工建造和运营管理的各个阶段进行的测量。

06.210　线路勘测　line reconnaissance and survey
在铁路、公路、索道、输电线路及管道等线路工程施工前,对实地进行的调查测量。

06.211　初测　preliminary survey
在铁路、公路等线路工程建设初步设计阶段所进行的测量工作。

06.212　定测　location survey
在铁路、公路等线路工程建设施工图设计阶段所进行的测量工作。

06.213　线路平面控制测量　route horizontal control survey
沿线路建立平面控制网的测量工作。

06.214　线路高程控制测量　route vertical control survey
沿线路建立高程控制网的测量工作。

06.215　轨道控制网　track control network,CP Ⅲ
为轨道铺设和运营维护,在线下工程施工完成后,沿线路布设的三维控制网。

06.216　中线桩高程测量　center line stake leveling
简称"中平"。测定中线桩处的地面高程或既有线路顶面的高程。

06.217　定线测量　alignment survey
将线路工程设计图纸上的线路位置测设于实地或在实地直接选定线路后测定线路位置的工作。

06.218　中[线]桩　center stake
沿线路中线所设置的标有里程桩号的标志。

06.219　中线测量　center line survey
将线路的设计中心线测设到地面或测绘既有线路中心线的测量工作。

06.220　断高　broken leveling
在线路测量中,同一个点上标注有两个高程,其高程差为断高。

06.221　断链　broken chainage
在线路工程建设中,因局部改线或分段测量等原因造成的桩号里程不相连接的现象。

06.222　线路水准测量　route leveling
在线路工程建设中,采用水准仪测定线路水准点高程(基平)和中桩点高程(中平)的工作。

06.223　工点地形图　topographic map of construction site

为车站、桥梁、隧道和站场等工程设计提供
的局部地形图。

06.224 带状地形图 zone topography
表示沿道路及线型工程中心线两侧一定范
围内的地物、地貌的地形图件。

06.225 线路平面图 route plan
表示线路设计中线及沿线两侧一定范围内
的地物、地貌等地理要素的图件。

06.226 交叉测量 across survey
测量电线、管线、公(道)路等建筑物与铁路
线路交叉关系(平面、高程)的工作。

06.227 里程测量 measure mileage
测量线路中心线长度的工作。

06.228 坡度测设 grade location
将线路设计坡度的变坡点标定于实地的测
量工作。

06.229 边坡桩测设 slope staking
在道路、河渠施工过程中,按设计断面线,在
施工现场标定边坡上特征点(如坡顶、坡脚、
马道等)的位置。

06.230 曲线测设 curve setting-out
又称"曲线放样"。把设计曲线标定在实地
上的测量工作。

06.231 平面曲线测设 plane curve location
把设计的平面曲线标设于实地的测量工作。

06.232 圆曲线测设 circular curve location
把设计的圆曲线放于实地的测量工作。

06.233 缓和曲线测设 transition curve location
把设计的缓和曲线放于实地的测量工作。

06.234 回头曲线测设 hair-pin curve location
把设计的回转形曲线放于实地的测量工作。

06.235 偏角法 method of deflection angle
在平面曲线的测设中,以曲线的起终点为起
始方向,计算曲线上各点的偏角和弦长,在
实地测设曲线的一种方法。

06.236 切线支距法 tangent off-set method
在平面曲线的测设中,以曲线的起终点为原
点,以切线为 X 轴,以切线的垂线为 Y 轴,计
算出曲线上各点的坐标值 x、y,在实地测设
曲线的一种方法。

06.237 弦线支距法 chord off-set method
在平曲线的测设中,以曲线的弦为 X 轴,弦
的垂线为 Y 轴,以每段的起点为原点,计算
曲线上各点的坐标值 x、y,在实地测设曲线
的一种方法。

06.238 竖曲线测设 vertical curve location
把设计的道路纵坡变换处的竖向曲线放样
到实地的测量工作。

06.239 坐标测设法 method of coordinate setting-out
按照线路的里程和线型计算线路上各点的
坐标,在实地测设线路位置的一种方法。

06.240 断面测量 section survey
在线路、水渠、河道等工程中,测定纵、横断
面上特征点的三维坐标,并绘制纵、横断面
图。

06.241 纵断面测量 profile survey
在线路测量中,对线路中桩所进行的测量工
作,以表示线路纵向地面起伏形态。

06.242 纵断面图 profile diagram
表示线路纵向地面起伏的剖面图。

06.243 横断面测量 cross-section survey
在线路测量中,对中桩处垂直于线路中线方
向的地面起伏形态所进行的测量工作。

06.244 横断面图 cross-section profile
表示中桩处垂直于线路中线方向的地面起

伏的剖面图。

06.245 桥梁测量 bridge survey
在桥梁施工和运营各阶段所进行的测量工作。

06.246 桥梁控制测量 bridge construction control survey
为桥梁建设所进行的控制测量工作。

06.247 桥梁轴线测设 bridge axis location
把桥梁的设计轴线(中心线)标定于实地的测量工作。

06.248 桥墩定位 pier location
在桥梁施工时把桥梁的墩、台的设计中心位置标定于实地的测量工作。

06.249 隧道测量 tunnel survey
在隧道工程的施工、竣工验收及运营等阶段所进行的测量工作。

06.250 贯通测量 holing through survey, breakthrough survey
为保证地下工程(如巷道或立井等)按设计要求掘进所进行的测量工作。

06.251 公路工程测量 road engineering survey
为公路工程建设的勘测设计、施工、养护、运营管理等所进行的测量工作。

06.252 铁路工程测量 railway engineering survey
为铁路工程建设的勘测设计、施工、养护、运营管理等所进行的测量工作。

06.253 输油管道测量 petroleum pipeline survey
为输油管道及其附属设施的勘测设计、施工、竣工及运营管理所进行的测量工作。

06.254 输电线路测量 power transmission line survey
对输电线路的勘察、设计、施工、竣工等阶段所进行的测量工作。

06.255 架空索道测量 aerial cableway survey
为架空索道建设工程的勘测、设计、施工、运营等阶段所进行的测量工作。

06.256 水利工程测量 hydro-engineering survey
在水利工程的规划、勘察、设计、施工、运营管理各阶段所进行的测量工作。

06.257 水库测量 reservoir survey
在水库的勘测设计、施工、运营管理等阶段所进行的测量工作。

06.258 坝址勘查 dam site investigation
为查明拟规划、设计区域内的岩层种类与性质,研究地下水的现状和运动情况,对选址所进行的地形测图、纵横断面图等测量工作。

06.259 堤坝施工测量 dam construction survey
对堤坝的施工放样、设备安装及变形监测等所进行的测量工作。

06.260 库容测量 reservoir storage survey
对水库容水量的测定。

06.261 水库淹没线测设 setting-out of reservoir flooded line
对一系列淹没线的桩点所进行的测绘工作。

06.262 汇水面积测量 catchment area survey
在水库修建或道路的桥、涵工程建设中,标定出河流与地面汇集雨水面积大小的测量工作。

06.263 水系图 drainage map
表示海岸、滩涂、江河、湖泊、水库、水塘、沟渠等自然和人工水体位置、大小形状、流向等水系要素及水工建筑设施的综合性图件。

06.264 河道整治测量 river improvement survey

为河道进行综合性利用与开发对河床形状的纵、横断面和水下地形等所进行的测量工作。

06.265 灌区平面布置图 irrigation layout plan

绘有灌区交通道路、水渠、灌溉范围及反映土地利用现状和其他附属设施的图件。

06.266 港口工程测量 harbor engineering survey

在港口工程的规划、勘察、设计、施工与营运等阶段所进行的测量工作。

06.267 城市测量 urban survey

为城市规划、建设、运行和管理所进行的测量工作。

06.268 规划测量 planning survey

为城乡或工程建设的规划设计和实施提供测绘技术保障和服务的测量工作。

06.269 城市控制测量 urban control survey

为建立城市的平面控制网与高程控制网所进行的测量工作。

06.270 城市地形测量 urban topographic survey

为城市规划、建设和管理所进行的各种比例尺地形图的测绘工作。

06.271 城市地形图 topographic map of urban area

为城市的规划、建设和管理等所测绘的表示城市地物、地貌等地理要素的地图。

06.272 地形图更新 revision of topographic map

为提高地形图的现势性,确保其使用价值,对原地形图所进行的修测或重测。

06.273 市政工程测量 public engineering survey

为市政工程建设的规划设计、施工放样及竣工验收等所进行的测量工作。

06.274 城市测量数据库 database for urban survey

把城市测量的相关数据,按照其固有的相互联系,用数据库管理软件组织在一起的数据集合。

06.275 城市基础地理信息系统 urban foundational geographical information system, UFGIS

对城市基础测绘信息按空间分布及属性,以一定的格式输入、存储、检索、分析管理、输出的城市地理信息系统。

06.276 乡村规划测量 rural planning survey

为村镇建设、农田水利、乡村道路和水土保持以及综合整治等规划工作所进行的测量工作。

06.277 土地规划测量 land planning survey

为土地规划设计及将规划内容标定于实地所进行的测量。

06.278 规划道路定线测量 planning road alignment survey

根据城乡建设规划要求,实施确定规划道路中线或道路边线(规划道路红线)的测量工作。

06.279 平整土地测量 survey for land consolidation

为农田基本建设、建筑场地的土地平整所进行的测量工作。

06.280 面水准测量 area leveling

为场地的平整而进行的水准测量工作。

06.281 建筑工程测量 building engineering survey

为建筑物、构筑物的施工、设备安装、竣工验收、变形监测等所进行的测量工作。

06.282 选址测量 surveying for site selection
为建设工程选址所进行的测量工作。

06.283 施工测量 construction survey
为使工程建设按设计要求施工所进行的测量工作。

06.284 放样测量 setting-out survey
将设计的建筑物、构筑物的形状、大小、位置和高程标注于实地的测量工作。

06.285 施工控制网 construction control network
为工程建设施工而布设的测量控制网。

06.286 施工方格网 square control network
由正方形或矩形格网组成的施工平面控制网。

06.287 主轴线测设 setting-out of main axis
把设计的建筑物主轴线放样于实地的测量工作。

06.288 建筑红线 boundary line of building
又称"建筑控制线"。城市道路两侧控制沿街建筑物或构筑物(如外墙、台阶等)靠临街面的界线。

06.289 建筑轴线测量 building axis survey
将设计的建筑物轴线,按照坐标或相对关系在实地进行放样的过程。

06.290 竣工测量 acceptance survey
建设工程项目竣工验收时所进行的测量工作。

06.291 工厂现状图测量 survey of present state at industrial site
为经营管理以及改扩建而进行的工厂现状图的测量工作。

06.292 建筑物沉降观测 building subsidence survey
连续或周期性监测建筑物下沉的测量工作。

06.293 地下管线测量 underground pipeline survey
为各种地下管线及其附属设施新建、扩建、改建的勘测设计、施工、竣工、验收、养护及营运管理等所进行的测量工作。

06.294 地下管线普查 general survey of underground pipelines
按城市规划、建设和管理要求,依据统一的技术标准,采取经济合理的方法查明调查区域内的地下管线现状,获取管线属性及空间位置、编绘管线图、建立数据库和信息系统的过程。

06.295 地下管线探测 underground pipeline detecting and surveying
通过地球物理探测和测量技术手段,在非开挖的情况下确定地下管线的空间位置的全过程。

06.296 管线点 surveying point of underground pipeline
地下管线探查过程中,为准确描述地下管线的走向特征和附属设施信息而设立的测点。分为明显管线点和隐蔽管线点。

06.297 偏距 deflection distance
从管线附属设施的中心点至管线中心线垂足点的水平距离。

06.298 综合管线图 synthesis pipeline map
表示调查区域内所有地下管线及其附属设施的位置、相对关系、高程及相关地形的图件。

06.299 专业管线图 special pipeline map
表示调查区域内一个类别的所有地下管线及其附属设施的位置、相对关系、高程及相关地形的图件。

06.300　地下管线信息管理系统　underground pipeline information system
利用地理信息系统技术实现对地下管线及其附属设施的空间信息和属性信息进行输入、编辑、存储、查询统计、分析、维护更新、输出、发布与共享的计算机管理系统。

06.301　机场测量　airport survey
为机场建设的勘测设计、施工、竣工及营运管理等所进行的测量工作。

06.302　机场跑道测量　airfield runway survey
为机场跑道的施工及竣工验收所进行的测量工作。

06.303　净空区测量　clearance limit survey
按机场设计要求,在安全区域内对影响安全的障碍物位置所进行的测量工作。

06.304　导航台定位测量　navigation station positioning
按设计要求把导航面位置标定于实地,并测定其地理位置的测量工作。

06.305　工程测量专用仪器　engineering survey instrument
针对工程测量的精度要求、使用环境等特点进行测量所使用的特殊仪器设备。

06.306　陀螺经纬仪　gyrotheodolite, gyroazimuth theodolite, survey gyroscope
将陀螺仪和经纬仪组合在一起,用作测定测线真方位角的仪器。

06.307　矿山经纬仪　mining theodolite
适用于矿井测量环境的经纬仪。

06.308　摄影经纬仪　photo theodolite
摄影机与经纬仪功能相结合的一种地面测量仪器。

06.309　垂准仪　optical plumment, laser plumment, optical precise plummment
确定铅垂方向的仪器。

06.310　激光准直仪　laser aligner
由激光器做光源的发射系统和光电接收系统组成的、用于指向的仪器。

06.311　工程水准仪　engineer's level
用于工程勘测设计、施工及管理的中低精度水准仪。

06.312　激光扫平仪　rotating laser, rotary laser
将铅直的激光束通过绕轴旋转的五角棱镜,扫出水平面的仪器。一般带有探测装置。

06.313　手持水准仪　hand-held level
测定地面两点间高差的手扶式简易仪器。

06.314　平板仪　plane-table equipment
测定点位和高差,由照准仪和平板等组成,用于地形测图的仪器。

06.315　电子平板仪　electronic plane-table
带有光电测距装置的平板仪。

06.316　求积仪　planimeter, platometer
测量图形面积的仪器。

06.317　工业测量系统　industrial measuring system
利用高精度电子经纬仪、全站仪、激光跟踪仪、近景摄影机等,按交会法、极坐标法等获取三维坐标,给出工件的形位公差或运动位姿的测量系统。

06.318　综合测绘系统　general surveying system
一种集野外测量、数据处理及室内成图于一体的数字化测绘系统。

07. 海洋测绘学

07.001 海洋测量 marine survey
以海洋为研究对象,在海洋区域及邻近陆地开展的各种测量工作的统称。包括海道测量、海岸地形测量、海底地形测量、海洋大地测量、海洋重力测量、海洋磁力测量和海洋工程测量等内容。

07.002 海洋大地测量 marine geodetic survey, marine geodesy
为建立海洋范围的大地控制网,确定海洋重力场、海洋大地水准面、海面地形及其变化所进行的测量。

07.003 海底控制网 submarine control network
在海区布设的海底控制点所构成的网。

07.004 海底控制点 submarine control point
为建立海洋大地测量控制网而设在海底的控制点。

07.005 海控点 hydrographic control point
以国家控制网点为基础,布设于沿岸的以海道测量为目的的控制点。

07.006 岛陆联测 island-mainland connection survey
为统一岛屿与大陆的坐标系和高程起算面实施的测量。

07.007 水面水准 surface level
当两点间水面平静时,视该水面为水准面,用于观测两点的高差。

07.008 海面地形 sea surface topography
平均海面相对于大地水准面的起伏。

07.009 深度基准面 depth datum level
水深测量及海图所载深度的起算面。

07.010 海图基准面 chart datum
海图上高程与深度的起算面,包括高程基准面和深度基准面。

07.011 无缝深度基准面 seamless depth datum
连续统一的水深测量及海图所载深度的起算面。

07.012 深度基准面保证率 assuring rate of depth datum
在一定时期内,高于深度基准面的低潮出现的次数与出现低潮的总次数之比的百分数。

07.013 当地平均海面 local mean sea level
某一地点在一定时期内海面高度的平均值。

07.014 日平均海面 daily mean sea level
一日内连续观测的海面高度平均值。

07.015 月平均海面 monthly mean sea level
一月内连续观测的海面高度平均值。

07.016 年平均海面 annual mean sea level
一年内连续观测的海面高度平均值。

07.017 多年平均海面 multi-year mean sea level
若干年海面高度的平均值。

07.018 平均海面归算 correction of mean sea level
将短期的平均海面改正至多年平均海面的技术。

07.019 海道测量 hydrographic survey
又称"水道测量"。以保证航海安全为主要

目的,对海洋(包括内陆水域)和海岸特征进行测量和描述的一门应用科学分支。

07.020 沿岸测量 coastal survey
距岸约 10 海里水域内的海洋测量。

07.021 近海测量 offshore survey
一般指距岸 10~200 海里水域的海洋测量。

07.022 远海测量 pelagic survey
一般指距岸约 200 海里以外水域的海洋测量。

07.023 港口航道测量 coastal port and fairway survey
在沿海港口、航道、航路及其他可航水域进行的测量。

07.024 岛屿测量 island survey
对岛屿及其周围水域进行的勘测与调查。

07.025 港湾测量 harbor survey
对港湾水域和沿岸地形进行的测量。

07.026 港口疏浚测量 harbor dredge survey
港口航道清淤工程的测量。按照设定的通航要求,在疏浚前、后和工程实施中进行。

07.027 江河测量 river survey
对江河进行的水深和地形测量。

07.028 湖泊测量 lake survey
对湖泊、水库进行的水深和地形测量。

07.029 航行障碍物探测 observation of navigation obstruction
用扫海测量或水深加密测量方法探测礁石、浅滩、沉船等航行障碍物的准确位置、最浅深度和延伸范围等。

07.030 扫海测量 wire drag survey, sweep
为查明航行障碍物和确定舰船安全航行深度,利用扫海具、侧扫声呐、多波束测深系统或磁力仪等对选定海区进行的面状探测。

07.031 定深扫海 sweeping at definite depth
将扫海具的底索或硬质横杆保持在某给定深度上的扫海测量。

07.032 拖底扫海 aground sweeping
扫海具底索全部着底的扫海测量。

07.033 磁力扫海 magnetic sweeping
用海洋磁力仪对水下磁性航行障碍物的探测。

07.034 声呐扫海 sonar sweeping
利用高分辨率侧扫声呐进行的扫海测量。

07.035 声图 sonar image
全称"声呐图像"。用侧扫声呐对海底进行扫描探测所获得的二维影像。

07.036 声图判读 interpretation of echograms
对声图上目标的高度、大小、性质和位置进行的估算与识别。

07.037 扫海深度 sweeping depth
在定深扫海测量时,扫海具的底索在深度基准面以下的深度。

07.038 扫海趟 sweeping trains
扫海测量中,扫海具扫测或多波束测深扫海时,掠扫一趟所覆盖的条带范围。

07.039 底质调查 bottom characteristics exploration
又称"海底底质探测"。对海底表层组成物质种类、性质和厚度等进行的探测与分析。

07.040 底质采样 bottom characteristics sampling
用机械采泥器等获取底质样品的方法。

07.041 海岸 coast
在海水面和陆地接触处,经波浪、潮汐、海流等作用形成的滨海地带。

07.042 海岸线 coastline
海水面和陆地的交界线。在海图上,在有潮

海为多年平均大潮高潮的水陆分界线;在无潮海为平均海面的水陆分界线。

07.043 海岸带 coastal zone
陆地与海洋相互作用的地带。是海岸线向陆地、海洋扩展一定宽度的带状区域。

07.044 海岸性质 nature of coast
海岸的物质组成和坡度等形态特征。

07.045 潮间带 intertidal zone
平均高潮线与平均低潮线之间的潮浸地带。

07.046 干出滩 drying shoal
海岸线至零米等深线之间的海滩地带。

07.047 低潮线 low water line
海水落潮时退到离海岸最远的潮位线。

07.048 干出高度 drying height
礁石等物体在深度基准面以上的高度。

07.049 航行障碍物 navigation obstruction
水中天然或人为的有碍船舶航行安全的物体。

07.050 水下地形测量 underwater topographic survey
对海洋及内陆江河、湖泊、水库的水下地形进行的测量。

07.051 海底地形测量 bathymetric survey, bathymetry
为获取海底地形空间信息进行的测量。

07.052 大陆架地形测量 continental shelf topographic survey
为确定海洋大陆架区域所进行的海底地形测量。

07.053 水深测量 sounding, bathymetry
测定水面点至水底的垂直距离及其平面位置的工作。

07.054 回声测深 echo sounding
测量声波在水体中传播的往返时间,并根据声波在水中的传播速度求取深度的方法。

07.055 多波束测深 multibeam echosounding
声学换能器在垂直于测船航向形成扇形波束,同时获取多个水深数据的测量技术。

07.056 条带测深 swath sounding
从单一航迹上获得条带型水深测量数据的测量方法。

07.057 遥感测深 remote sensing sounding
利用遥感技术反演水深的方法。

07.058 机载激光测深 airborne laser sounding
从飞机上发射激光脉冲,并记录海面和海底反射激光的时间差,以此来测量水深的方法。

07.059 测线 survey line
实施测量作业的计划航线或实际航线。

07.060 加密探测 interline examing of sounding
为了详细探测水下航行障碍物和复杂海区的地貌而缩小测线间距的测量。

07.061 水深密度 density of sounding
水深测量单位面积内水深点的个数。

07.062 测深改正 correction of sounding
为消除水深测量原始数据中的各种误差而实施的化算和改正。

07.063 测深归算 reduction of sounding
水深测量中对观测深度进行潮汐高度改正,化算至深度基准面的方法。

07.064 水位改正 correction of water level
对瞬时海面上的实测深度,化算到由深度基准面起算的改正。

07.065 水位分带改正 correction with tidal zoning

根据两个(含)以上验潮站的观测资料,按照验潮站的有效范围,分成若干区域实施的水位改正。

07.066 时差法 time difference method
水深测量时通过确定两个或多个验潮站之间的潮时差来进行水位改正的方法。

07.067 声速改正 correction of sound velocity
针对水中实际声速与回声测深仪设定声速不等而对实测水深进行的改正。

07.068 声速剖面测量 sound velocity profiling
对不同深度水体的声传播速度进行的观测。

07.069 档差改正 correction for scale difference
测深仪深度档变换引起的改正。

07.070 波浪补偿 heave compensation, compensation of undulation
针对波浪影响引起船体姿态发生变化而对水深观测值进行的改正。

07.071 换能器吃水改正 correction for transducer draft
对测深数据实施的测深仪换能器入水深度的改正。分静态吃水改正和动态吃水改正。

07.072 换能器静态吃水 transducer static draft
船只静止时量取的测深仪换能器入水深度。

07.073 换能器动态吃水 transducer dynamic draft
因船只航速变化引起船体沉浮而使换能器入水深度产生的动态变化。

07.074 换能器基线 transducer baseline
回声测深仪收发换能器中心之间的连线。

07.075 换能器基线改正 correction of transducer baseline
将测深仪实测水深归算到相对于换能器基线中点的深度改正。

07.076 波束角 wave beam angle, beam angle
换能器发射声波波束的开角。

07.077 波束间角 beam spacing
多波束测深系统两相邻波束对称轴线之间的夹角。

07.078 波束掠射角 beam grazing angle
多波束测深系统波束对称轴线与其所投射的水平界面之间的夹角。

07.079 波束入射角 beam incident angle
多波束测深系统波束对称轴线与铅垂线之间的夹角。

07.080 扇区开角 fan width, swath width
多波束测深系统一次完整扇形扫描所形成的波束外缘线间的夹角。

07.081 海底倾斜改正 seafloor slope correction
单波束测深时,对因海底倾斜引起的记录深度与实际深度不一致而进行的改正。

07.082 测深仪记录纸 recording paper of sounder
回声测深仪记录水深模拟信号的纸带。

07.083 测深仪回波信号 echo signal of sounder
回声测深仪记录的反映所测深度的连续信号。

07.084 测深仪发射线 transmitting line of sounder
又称"测深仪零线"。回声测深仪记录的零位线。

07.085 定位标记 positioning mark

为使定位与测深同步而发送并记录在测深仪记录纸上的打标信号。

07.086 零[位]线改正 correction of zero line
对测深仪记录的零位线偏移的改正。

07.087 测深仪读数精度 reading accuracy of sounder
测深仪记录的不同深度档读数最小刻划的分辨率或数字水深读数的最低小数位。

07.088 测深精度 accuracy of sounding
水深测量中表示水深准确度的技术指标。一般以中误差表示。

07.089 特殊水深 special depth
较周围深度有明显变化的水深。

07.090 异常水深 anomalous depth
水深测量时,发射的信号遇到水体中的物体或特殊水文现象产生的非真实海底深度。通常由鱼群及其他悬浮物、水中气泡引起。

07.091 主检比对 main-check comparison
主测线与检查线交叉处测量结果的比较。用于评估测量成果精度。

07.092 邻图拼接比对 comparison with adjacent chart
相邻图幅重叠处测量结果的比对。用于检查系统误差和粗差。

07.093 透写图 overlay tracing
将测量成果绘制于透明纸(或薄膜)上而成的测量成果图。

07.094 水深抽稀 soundings thining
为使成果数据分布更加简洁,在不明显降低海底地形表现力的前提下,对采集的水深数据进行的筛减。

07.095 数字水深模型 digital bathymetric model
利用一组有序水深数字阵列表达区域水下地形的一种方式。

07.096 验潮 tidal observation
又称"潮汐测量"。在某一地点按一定时间间隔对潮汐涨落进行的观测。

07.097 理论最低潮面 theoretical lowest tide surface
理论上可能出现的潮高最小值。以 13 个分潮的调和常数,按特定的公式计算得到。

07.098 平均大潮低潮面 mean low water springs,MLWS
大潮期间低潮水位的平均值。

07.099 平均大潮高潮面 mean high water springs,MHWS
大潮期间高潮水位的平均值。

07.100 略最低低潮面 lower low water
又称"印度大潮低潮面(Indian spring low water)"。利用两个主要太阴分潮和两个主要太阳分潮推算的深度基准面。

07.101 设计水位 design level
江河航道水深测量用的起算面。

07.102 大潮升 spring rise
从深度基准面起算的大潮期高潮高度的平均值。

07.103 小潮升 neap rise
从深度基准面起算的小潮期高潮高度的平均值。

07.104 验潮站 tidal station
观测潮汐变化规律,记录水位升降的站点。

07.105 验潮站零点 zero point of the tidal
验潮站水位的起算面。

07.106 潮汐基准面 tidal datum
根据潮汐观测数据计算求出的一种海平面。据此推算水深和潮高,大多与深度基准面一致。

07.107 同步验潮 tidal synobservation
不同地点的两个以上验潮站,在规定的时间段内同时观测潮汐的涨落。

07.108 日潮港 diurnal tidal harbor
24h 只有一次高潮和一次低潮的海港。

07.109 半日潮港 semidiurnal tidal harbor
24h 有两次高潮和两次低潮的海港。

07.110 混合潮港 mixed tidal harbor
不正规半日潮混合潮港和不正规日潮混合潮港的总称。

07.111 分潮 partial tide, constituent
按静力学理论将海洋潮汐分解为一系列简谐波,每一简谐波即为一个分潮。

07.112 分潮振幅 amplitude of partial tide
某个分潮潮差的一半。

07.113 分潮迟角 epoch of partial tide
分潮天体经过某地子午线上中天到某地发生分潮高潮时对应的角度值。

07.114 潮汐调和分析 tidal harmonic analysis
将潮汐各个分潮的平均振幅和迟角从实际潮位资料中分解出来的计算过程。

07.115 潮汐调和常数 tidal harmonic constant
每个分潮的平均振幅和迟角值。

07.116 潮汐非调和分析 tidal nonharmonic analysis
根据同一天文条件下潮汐变化规律的同一性,由实测资料进行统计,得出各地潮汐变化规律和有关常数的过程。

07.117 潮汐非调和常数 tidal nonharmonic constant
非直接由潮汐调和分析得出的常数。例如平均高潮间隙、平均低潮间隙、平均大潮差、

平均潮差等。

07.118 潮汐预报 tidal prediction
根据潮汐调和常数对某一地点某一时刻潮高的推算和报告。

07.119 水位 water level
海洋、江河、湖泊等水域的表面在某一时刻相对于某一基准面上的高度。

07.120 水位曲线 curve of water level
反映观测站(点)水位随时间变化的曲线。

07.121 水文观测 hydrologic observation
又称"水文测验"。在江河、湖泊、海洋的某一地点或断面上观测各种水文要素,并对观测资料进行分析整理的工作。

07.122 测流 current survey
又称"海流观测"。对海水流动状况进行的观察和测量。观测的主要量有流速和流向,辅助量为风速、风向和水深。

07.123 潮流分析 tidal current analysis
对潮流观测资料的统计、分析、计算和评价。

07.124 潮汐表 tide table
刊载沿海若干地点未来一定时期内潮汐涨落情况的专门资料。

07.125 平均大潮高潮线 mean high water spring tide, MHWST
大潮期间海面升至最高的平均水位痕迹线。

07.126 最低天文潮面 lowest astronomical tide, LAT
在平均气象条件和任何天文条件下,可以预报出的最低潮位值。

07.127 最高天文潮面 highest astronomical tide, HAT
在平均气象条件和任何天文条件下,可以预报出的最高潮位值。

07.128 海洋测绘数据库 marine surveying

and mapping database

计算机存储的各种海洋测绘数据及其管理软件的集合。

07.129　海洋测量信息系统　marine survey information system

在计算机技术支持下综合处理和分析海洋测量数据的技术系统。

07.130　海底地形模型　bathymetric model, seafloor elevation model

描述海底表面形态的有序数据集合。

07.131　海洋工程测量　marine engineering survey

为海洋工程建设的设计、施工和监测进行的测量。

07.132　海底施工测量　submarine construction survey

在进行水下工程施工时进行的测量。

07.133　海底隧道测量　submarine tunnel survey

在海底隧道工程的设计、施工和运营管理阶段进行的测量。

07.134　海岸地形测量　coast topographic survey

对海岸线位置、海岸性质、沿海陆地和海滩地形进行的测量。

07.135　海洋专题测量　marine thematic survey

以海洋区域的地理专题要素为对象进行的测量。

07.136　航标测量　navigation mark survey

对海上助航标志的位置和布设环境进行的测量。

07.137　领海基点测量　territorial sea base-point survey

为确定领海基点位置及环境要素进行的测量。

07.138　海洋划界测量　marine demarcation survey

为划定海洋主权或管辖界限进行的测量。

07.139　浅地层剖面测量　subbottom profiling

对海底及海底以下几十米的地层剖面的地质密度分布情况进行的探测。主要仪器为浅地层剖面仪。

07.140　海区资料调查　sea area information investigation

对海洋测量区域进行的辅助性考察和研究。包括搜集分析自然地理、交通、通信、航标和锚地设施等资料的工作。

07.141　海籍　marine cadastral document

记载各项目用海的位置、界址、权属、面积、类型、用途、用海方式、使用期限、海域等级等基本情况的簿册和图件。

07.142　宗海　parcel sea

权属界址所封闭的用海单元。

07.143　海籍测量　marine cadastral survey

对宗海的位置、界址、形状、面积等进行的测量。

07.144　海洋重力测量　marine gravimetry

对海域重力加速度的测定。有海底重力测量、海面船载重力测量、海洋航空重力测量和卫星海洋重力测量等方法。

07.145　厄特沃什效应　Eotvos effect

因地球自转及运载体相对于地球运动,改变了作用在重力仪上的离心力而对所测重力值产生的影响。

07.146　交叉耦合效应　cross-coupling effect

又称"C-C效应(C-C effect)"。摆杆型海洋重力仪测量时,周期相同、相位差 $\pi/2$ 的垂直加速度和水平加速度共同作用在摆杆上使所测重力值发生变化的一种效应。

07.147　潮汐改正　tidal correction
为消除潮汐对测量结果的影响而进行的改正。

07.148　海洋重力异常　marine gravity anomaly
在海洋区域,绝对重力值和正常重力值之差。

07.149　重力测线网平差　adjustment of gravity survey network
为削弱测点位置误差对海洋重力值的直接影响和间接影响,利用交叉点重力不符值进行的平差。

07.150　海洋磁力测量　marine magnetic survey
对海洋区域地磁要素的测量。

07.151　地磁场　geomagnetic field
在地球表面及近地空间形成的磁场。

07.152　正常磁场　normal magnetic field
通常指按一定规律分布的地球基本磁场和与大陆分布有关的大陆磁场。

07.153　地磁要素　magnetic element
表示地球磁场大小和方向的物理量。包括地磁场总强度、磁倾角、磁偏角、水平分量、垂直分量、北向分量、东向分量。

07.154　磁偏角测量　magnetic declination survey
为确定磁子午线与真子午线间的夹角进行的测量。

07.155　磁力梯度测量　magnetic gradient survey
对地磁场强度在某一方向上的变化率的测量。

07.156　磁力梯度张量测量　magnetic gradient tensor survey
对地磁场矢量 3 个分量(水平分量 X,水平分量 Y,垂直分量 Z)在 3 个方向上的空间变化率的测量,共计 9 个要素构成二阶张量梯度。

07.157　磁异常探测　magnetic anomaly detection
对磁性目标产生的磁异常进行的测定。

07.158　海洋磁力异常　marine magnetic anomaly
在海洋区域,地磁场总强度值与地磁参考场模型值之差。

07.159　日变改正　diurnal variation correction
在进行地磁测量时,为了消除或减弱一天内由于地球自转、太阳照射和地磁活动产生的影响而进行的改正。

07.160　地磁日变站　geomagnetic diurnal station
为了进行日变改正而建立的连续观测地磁场每日全天的变化情况的地磁观测站。

07.161　航磁补偿　airplane magnetic field compensation
为减弱飞机和探头磁场对航空磁力测量的影响进行的改正。

07.162　海洋测量定位　marine positioning
海洋测量中测定点位的技术和方法。

07.163　位置线　line of position, LOP
位置函数等值线在测点处的切线。

07.164　位置函数　position function
又称"坐标函数"。平面上点位运动轨迹以坐标表示的关系式。

07.165　位置线方程　equation of line of position
表述位置线的直线方程。

07.166　位置[线交]角　intersection angle of line of position

过定位点的两条位置线之间的夹角。

07.167 定位点间距 positioning interval
测线上两定位点间的距离。

07.168 光学[仪器]定位 optical instrument positioning
利用光学仪器测定点位的技术和方法。

07.169 卫星定位 satellite positioning
利用卫星测定点位的技术和方法。

07.170 组合定位 integrated positioning
综合利用多种定位技术确定点位的方法。

07.171 圆-圆定位 range-range positioning
又称"距离-距离定位"。以测点至两个已知点的距离为半径,已知点为圆心,两圆相交确定点位的方法。

07.172 双曲线定位 hyperbolic positioning
又称"测距差定位"。利用无线电双曲线定位系统测得至主台和两副台的距离差形成的两条双曲线相交确定点位的方法。

07.173 极坐标定位 polar coordinate positioning
又称"一距离一方位定位"。利用一个距离和一个方位进行定位的方法。

07.174 水声定位 acoustic positioning
利用水声技术测定点位的方法。

07.175 水下声标 underwater acoustic beacon
安置于水中或水底的声学发射和接收设备。

07.176 主动声标 active acoustic beacon
水下声学信标的一种工作模式,主动接收和发射信号。

07.177 被动声标 passive acoustic beacon
水下声学信标的一种工作模式,对发射的信号被动响应。

07.178 长基线定位 long base line positioning
利用测量水下目标声源到各个基元间的距离确定目标的位置。基阵长度从几千米到几十千米。

07.179 短基线定位 short base line positioning
利用目标发出的信号到达接收阵各个基元的时间差,确定目标的方位和距离。基阵长度从几米到几十米。

07.180 超短基线定位 ultra short base line positioning
利用各个基元接收信号之间的相位差,解算目标的方位和距离。基阵长度从几厘米到几十厘米。

07.181 无线电定位 radio positioning
利用无线电技术测定点位的技术和方法。

07.182 远程无线电导航 long-range radio navigation
岸台作用距离大于1500海里的海上导航技术。例如罗兰-C导航。

07.183 等角定位格网 equiangular positioning grid
采用3个或4个控制点,以每相邻两控制点间连线为弦,按等角间隔绘出的两簇圆弧构成的定位格网。

07.184 辐射线格网 radial positioning grid
由岸上两控制点绘出的两簇方向或方位辐射线构成的定位格网。

07.185 双曲线格网 hyperbolic positioning grid
以双曲线定位系统岸台位置为焦点,绘出两簇双曲线构成的定位格网。

07.186 等距圆弧格网 equilong circle arc grid

以测距定位系统两个岸台位置为圆心,按等距离间隔绘出的两簇圆弧构成的定位格网。

07.187　等精度[曲线]图　equiaccuracy chart
在定位系统工作区内定位中误差相等的各点连线图。

07.188　岸台　base station
又称"固定台"。固定设在陆地上已知位置发射定位信号的台站。

07.189　船台　mobile station
又称"移动台"。设在船上进行动态定位的接收台。

07.190　基准台　track station
又称"差分台"。为提高卫星等无线电定位系统定位精度,发送测量参数的差分量供用户接收机进行实时改正的岸台。

07.191　监测台　monitor station, check station
又称"检查台"。监测各基准台(或岸台)定位信息工作状态的台站。

07.192　台链　station chain
在双曲线定位系统中,由两个台对或一个主台、若干个副台组成,各台之间具有一定信号关系的发射台组。

07.193　主台　master station
台链中对信号同步起基准和控制作用的岸台。

07.194　副台　slave station
台链中受主台信号控制的岸台。

07.195　相位周　phase cycle, lane
又称"巷"。无线电相位定位系统的用户终端显示的相位差单位。相位差变化 2π 为一个相位周。

07.196　相位周值　phase cycle value, lane width

又称"巷宽"。当电磁波相位差变化 2π (即变化一个相位周)时对应的实地距离(或距离差)。

07.197　相位稳定性　phase stability
无线电相位定位系统的附加相位差的稳定程度。

07.198　相位多值性　phase ambiguity
无线电相位定位设备中,相位差所呈现的整周不确定性。

07.199　相位漂移　phase drift
在无线电相位定位设备中,由于电子元件参数和电磁波传播速度变化引起的附加相移。

07.200　固定相移　fixed phase drift, phase bias
无线电定位系统中,以相位周为单位的基线长的小数与仪器的相位延迟两部分的总和。

07.201　联测比对　comparison survey
定位接收机在比对点对观测值与已知值进行比较,以鉴别定位数据有无粗差,或消除相位多值性的过程。

07.202　接收中心　receiving center
双曲线定位的船台接收岸台发射的无线电信号的实际接收点。

07.203　天波干扰　sky-wave interference
当接收机因电离层发生剧烈变化而受到干扰时,接收信号的幅度和相位发生变化而显现的干扰现象。

07.204　天波修正　sky-wave correction
将接收机测得的天波时差换算为与其对应的地波时差进行的改正。

07.205　大气改正　atmospheric correction
又称"气象改正"。实际大气折射率与测量仪器的设计折射率不等引起误差的改正。

07.206　气象代表误差　meteorological repre-

sentation error

测线两端点的大气折射率的平均值与沿整个测线大气折射率的积分平均值之差。

07.207　天线方向性　directivity of antenna

无线电台发射天线电波辐射主波瓣的张角中心线所对应的方向。

07.208　天线高度　antenna height

天线收、发有效部位至某一高度基准(如平均海面或大地水准面)的垂直距离。

07.209　地理视距　geographical viewing distance

在海上能见度良好的条件下,灯光或物标顶部被一定眼高的观测者看到的最大距离。

07.210　零相位效应　zero-phase effect

定位设备接收的直接波与反射波在定位点的接收天线处相位差180°,两个信号抵消而产生定位信号为零(丢失)的现象。

07.211　测距盲区　range hole

微波测距仪测距信号消失的区域。

07.212　海图制图　charting

海图制作过程与技术的统称。包括海图编制、海图制印、海图更新等。

07.213　海图　chart

以海洋为主要描绘对象的地图。按表示内容分为航海图、普通海图和专题海图。

07.214　海图图式　symbols and abbreviations on chart

载有海图符号的样式、尺寸、颜色以及注记和图廓整饰规格的出版物。

07.215　航海图　nautical chart

用于船舶安全航行和航海定位的海图。包括海区总图、航行图、海岸图和港湾图等。

07.216　海区总图　general chart of the sea

描绘某一海域总貌的航海图。多为小比例尺,要素表示较为概略。

07.217　航行图　sailing chart

详细表示与航行有关要素的航海图。根据比例尺不同,可分为远洋、远海、近海、沿岸和窄水道航行图。

07.218　海岸图　coast chart

详细描绘海岸特征的大比例尺航海图。

07.219　港湾图　harbor chart

供船舶进出港湾、选择驻泊锚地用的大比例尺航海图。

07.220　港口航道图　fairway chart

详细描绘进出港口航道、水上通道的助航设备及通航规则等要素的大比例尺港湾图。

07.221　空白定位图　plotting chart, plotting sheet

又称"远洋作业图"。仅绘出地理格网与方位圈的海图。供船舶远洋航行中标记航线和船位。

07.222　墨卡托海图　Mercator chart

采用墨卡托投影编制的海图。

07.223　大圆航线图　great circle sailing chart

采用日晷投影编制的海图。

07.224　导航图　navigation chart

绘有各种无线电定位格网,用于无线电导航的航海图。

07.225　双曲线导航图　hyperbolic navigation chart

绘有多组不同颜色双曲线定位格网的导航图。

07.226　罗兰海图　Loran chart

双曲线导航图的一种。绘有罗兰导航系统双曲线定位格网的航海图。

07.227　台卡海图　Decca chart

双曲线导航图的一种。绘有台卡导航系统

双曲线定位格网的航海图。

07.228 康索尔海图 Consol chart
绘有康索尔定向无线电指向标方位线的导航图。

07.229 奥米伽海图 Omega chart
双曲线导航图的一种。绘有奥米伽导航系统相位双曲线定位格网的航海图。

07.230 普通海图 general chart
表示海洋及其毗邻陆地各种自然地理和人文地理要素的通用海图。

07.231 海底地势图 submarine situation chart
表示海底起伏总体趋势的小比例尺普通海图。

07.232 海底地形图 bathymetric chart
表示海底起伏的普通海图。

07.233 大洋地势图 general bathymetric chart of the oceans，GEBCO
覆盖世界海洋的小比例尺海底地形图。由国际海道测量组织(IHO)和政府间海洋学委员会(IOC)协调有关国家联合编制。

07.234 大洋水深图 ocean sounding chart
覆盖全球海域的 1∶100 万水深资料图。

07.235 专题海图 thematic chart
突出表示一种或几种海洋要素，集中表现某种主题内容的海图。

07.236 海底地貌图 submarine geomorpho-logic chart
表现海底地貌分布状况及其成因与形态类型的专题海图。

07.237 底质分布图 bottom sediment chart
表示海洋底部裸露基岩和表层沉积物特性分布的专题海图。

07.238 海底地质构造图 submarine geolo-gical structure chart
反映海底地质构造情况的专题海图。

07.239 海洋重力异常图 chart of marine gravity anomaly
表示海洋区域重力异常的专题海图。

07.240 海洋磁力图 marine magnetic chart
表示海洋区域磁场信息的专题海图。

07.241 海洋环境图 marine environmental chart
描述人类活动与海洋自然环境相互影响的专题海图。

07.242 海洋水文图 marine hydrological chart
描述海水物理性质和海水动力学性质等内容的专题海图。

07.243 潮流图 tidal current chart
表示海域潮流速度、方向和出现频率的专题海图。

07.244 海洋气象图 marine meteorological chart
描述海洋气象要素特征的专题海图。

07.245 海洋资源图 marine resource chart
描述海洋生物、化学、矿产和动力资源等分布状况的专题海图。

07.246 海洋生物图 marine biological chart
描述海洋生物分布情况的专题海图。

07.247 数字海图 digital chart
以数字形式表示并储存在某种介质上的海图。

07.248 海图单元 chart cell
组织数字海图信息的地理范围。一般根据经纬格网设置。

07.249 海图数据库 chart database
计算机存储的海图数据及其管理软件的集

合。

07.250 矢量海图 vector chart
以矢量方式表示,并以矢量数据结构存储的数字海图。

07.251 栅格海图 raster chart
又称"光栅海图"。以栅格方式表示,并以栅格数据结构存储的数字海图。

07.252 海图符号库 chart symbol library
存储于计算机的表示海图内容的各种符号数据信息、编码及其管理软件的集合。

07.253 航海通告 notice to mariners, NtM
由海道测量或其他主管机构发布的关于海区航标、障碍物等变化情况,及航海图书出版消息的出版物。

07.254 块改正 block correction
将更新内容的小片纸海图或数据块,覆盖在现行海图相应位置的一种海图改正方法。

07.255 电子海图 electronic chart
显示海图信息的电子系统的统称。

07.256 电子海图显示信息系统 electronic chart display and information system, ECDIS
由计算机控制,能分类显示海图要素、雷达图像、船位及船舶航行状态等信息的导航系统。

07.257 电子航海图 electronic navigational chart, ENC
官方发行的、符合国际海道测量组织(IHO)标准的矢量数字海图。

07.258 安全水深 safety depth
电子海图上设定的航海安全深度。一般为船的吃水加上船体龙骨下富余水深。

07.259 安全等深线 safety contour
在电子海图上设定的区分安全水域和危险水域的等深线。

07.260 北向上显示 north-up display
雷达或电子海图上正北方向总是指向屏幕上方的显示方式。

07.261 航向向上显示 course-up display
雷达或电子海图的图形符号与船只航向基本一致,指向屏幕上方的显示方式。

07.262 显示比例尺 display scale
显示器上海图某一线段长度与地(海)面上相应线段水平距离之比。

07.263 岛屿图 island chart
表示岛屿陆地地形及其沿岸海底地貌各要素的大比例尺海图。

07.264 江河图 river chart
表示江河两岸陆地、河岸及河中与航行有关要素的航行图。

07.265 分道航行图 traffic separation scheme chart
用于港口、海峡、水道等水域分道航行或惯用航道的航行图。

07.266 游艇用图 yacht chart, smallcraft chart
供旅游船艇使用的大比例尺专题海图。

07.267 渔业用图 fishing chart
供海洋捕鱼作业用的航海图。

07.268 军用海图 military chart
为军事需要编制的各种海图。

07.269 国际海图 international chart, INT chart
由国际海道测量组织(IHO)协调各成员国分工,按照统一规范编制的国际通用航海图。

07.270 郑和航海图 Zheng He's Nautical Chart

原名《自宝船厂开船从龙江关出水直抵外国诸番图》。明代航海家郑和自永乐三年（1405 年）起 28 年间 7 次远航"西洋"所绘的航海图。

07.271 国际海图生产国 INT chart producer nation

从事国际海图生产的国际海道测量组织（IHO）的成员国。

07.272 国际海图翻印国 INT chart printer nation

根据需要使用生产国的复制件，经少量改正后翻印国际海图的国际海道测量组织（IHO）成员国。

07.273 海[洋]图集 marine atlas

具有统一设计原则和编制体例，在内容上相互协调的多幅海图的系统汇编。

07.274 港湾锚地图集 harbor/anchorage atlas

以港口、锚地为描述主体，并配有文字说明的航海参考图集。

07.275 引航图集 pilot atlas

详细表示水底地形、航行目标、港口设施等要素，引导船舶进出港口和通航河流的多幅大比例尺航行图的汇编。

07.276 海籍图 marine cadastral chart

用于说明或证明权属海域位置和面积的海图。

07.277 专用海图 special chart

为满足某些部门的特殊需要而编制的海图。

07.278 按需印刷[打印]海图 print on demand chart, POD chart

又称"POD 海图"。根据用户要求，利用数字制图与数字印刷技术快速生产和提供的海图。

07.279 动态安全等深线 dynamic safety contour

在电子海图上顾及潮汐等动态信息设定的区分安全水域和危险水域的等深线。

07.280 三维航海图 three-dimensional nautical chart

又称"三维电子航海图"。以三维电子航海图数据库为基础，按照一定比例对海洋环境空间地理信息进行三维表达的航海图。

07.281 附加军事层 additional military layer

为满足军事应用需要，按有关标准在电子海图显示信息系统（ECDIS）上增加的军事海洋环境信息图层。

07.282 海上信息目标 marine information object

在电子海图上与导航有关的具有时变特征的对象。

07.283 表示库 presentation library

电子海图显示信息系统（ECDIS）中，一组主要以数字形式定义的规范。由符号库、颜色表、查找表和查找规则组成。

07.284 条件符号化 conditional symbology procedures

电子海图显示信息系统（ECDIS）中，依赖于环境的符号化过程或无法通过查找表直接定义的符号化过程。

07.285 海图编制 chart compilation

制作海图的过程。包括海图设计和编绘。

07.286 海图分幅 chart subdivision

在制图区域内计算、规划和确定海图图幅范围的工作。

07.287 海图编号 chart numbering

按一定原则给每幅海图规定的代号。

07.288 海图比例尺 chart scale

海图上某一线段的长度与地球表面上相应线段水平距离之比。

07.289　海图投影　chart projection
按一定数学法则将参考椭球面上的点线投影到海图平面上的方法。

07.290　基准纬度　latitude of reference
正圆柱投影中圆柱切割于椭球体某一纬线的纬度。该纬度的局部比例尺被作为某幅或某套海图的比例尺。

07.291　渐长纬度　meridional part
在墨卡托海图纵坐标上单位纬度投影的长度随纬度增高而渐长的子午线弧长。

07.292　渐长区间　projection interval
墨卡托海图经线上为保证制图精度允许经线被平均分割的最大纬差区间。

07.293　海图注记　lettering of chart
海图上表示海图要素的名称、意义和数量等属性的文字及数字的统称。

07.294　海图改正　chart correction
为保持海图现势性,对图上重要内容的补充、删除或更改。

07.295　海图小改正　chart small correction
根据航海通告或无线电航行警告对航海图进行的个别内容改正。

07.296　海图大改正　chart large correction
由制图单位对航海图出版原图进行的改正。改正后重新印刷发行,原海图不宣布作废。

07.297　新版海图　new edition of chart
首次出版、发行的海图。或因海图内容变动大,经原出版单位重新编制、印刷,其范围、数学基础不作变更的海图。新版图发行后原版图作废。

07.298　海图图廓　chart boarder
海图有效幅面的范围线。分内图廓和外图廓。

07.299　对数尺　logarithmic scale
在海图上用于换算航速、航时和航程的一种算尺。

07.300　千米尺　kilometer scale
海图东西图廓上绘制的供相应纬度地区量算距离用的直线比例尺。

07.301　海图标题　chart title
在海图上标注的海图图名、投影类型、比例尺及资料使用情况等说明的总称。

07.302　潮信表　tidal information panel
航海图上载有某地区高低潮间隙、大小潮升、潮高和平均海面等潮汐信息的专用表。

07.303　对景图　front view
海图上表示的实地景物像片或素描图。供航海人员在海上识别航行显著目标、港口和水道等使用。

07.304　方位圈　compass rose
又称"罗经圈"。航海图上标出圆周刻度分划的图形。

07.305　磁偏角　magnetic declination
磁北线与真北线之间的夹角。

07.306　年差　annual change of magnetic variation
磁偏角的周年变化值。

07.307　海图符号　chart symbol
海图上表示海洋空间物体的位置、大小及质量、数量特征的特定图解记号或文字。

07.308　海底地貌　submarine geomorphology
海底表面的起伏形态、结构和特征。可分为大陆边缘、大洋盆地和大洋中脊 3 个基本地貌单元及若干次级海底地貌单元。

07.309　水深　water depth
水域中某点自深度基准面至水底的垂直深度。

07.310　等深线　depth contour

深度相等的各相邻点的连线。

07.311　底质　quality of the bottom, bottom characteristic
海底表面的组成物质。包括物质构成及其物理性质。

07.312　航标　aid to navigation
全称"助航标志"。辅助引导船舶安全航行的人工装置或仪器。主要包括视觉航标、声响航标和无线电航标。

07.313　无线电指向标　radio beacon
又称"电指向"。供船舶测向、定位的专用无线电发射台。

07.314　雷达应答器　radar responder
响应雷达脉冲询问并发回编码应答信号,以确定距离和方位的导航装置。

07.315　水深信号杆　depth signal pole
杆顶悬挂当地水位变化数值标志的信号杆。

07.316　灯质　characteristic of light
又称"灯标性质"。灯标的全部特征和性能。包括灯色,灯光节奏、周期和射程,灯高,有无看守等。

07.317　灯光节奏　flashing rhythm of light
航标灯光在一个周期内的明暗次数的变化。

07.318　灯色　light color
航标灯的灯光颜色。

07.319　灯光遮蔽　eclipse
航标灯在灯罩上设挡光板,或由于自然景物遮挡而使某一角度范围海域见不到航标灯光的现象。

07.320　灯光周期　light period
航标灯光的明暗或光色互换,自开始到依同样次序重复时所经历的时间间隔。

07.321　灯高　height of light
平均大潮高潮面至航标灯光中心的高度。

07.322　灯光射程　light range
通视条件良好情况下,观测者眼高在海面上5m处所能见到航标灯光的最远距离。

07.323　海区界线　sea area boundary line
人为划定的海洋区域界线的总称。

07.324　扫海区　swept area
正在扫海或扫海后在航海图上标注的区域。

07.325　磁力异常区　magnetic anomaly area
海图上表示地磁要素同周围地区数值存在显著差别的区域。

07.326　航道　fairway, channel
供船舶安全航行的水上通道。由可通航水域、助航设施和水域条件组成。

07.327　双向航道　two-way route
为船舶航行安全而设立的可双向通行的通道。

07.328　海图出版　chart publishing
海图编制、复制和分发等过程。

07.329　航海书表　nautical publication
描述海区各种航海信息辅助海图使用的技术资料总称。包括航路指南、航标表、潮汐表、航海通告等。

07.330　海图编辑设计　compilation design of chart
又称"海图设计"。确定海图的内容、规格与制作方法的技术。

07.331　海图制图综合　chart generalization
海图制作过程中,对制图对象进行选取、化简、概括和关系协调,以反映制图区域的基本特征及其内在联系的理论和方法。

07.332　近程定位系统　short-range positioning system
岸台最大作用距离为150海里的无线电定位系统。

07.333 中程定位系统 medium-range positioning system

岸台最大作用距离为 500 海里的无线电定位系统。

07.334 远程定位系统 long-range positioning system

岸台最大作用距离大于 500 海里的无线电定位系统。

07.335 天文定位系统 astronomical positioning system

利用观测天体高度角及其观测时刻的世界时进行导航定位的系统。

07.336 测距定位系统 range-range positioning system

以测点至两个或多个已知点的距离进行交会定位的系统。

07.337 极坐标定位系统 polar coordinates positioning system

又称"一距离一方位定位系统"。利用测点至一已知目标的距离和方位进行定位的仪器。

07.338 双曲线定位系统 hyperbolic positioning system

利用测点至主台和两副台的距离差形成的两条双曲线相交确定点位的无线电定位系统。

07.339 台卡定位系统 Decca positioning system

一种低频、近程、连续波相位双曲线定位系统。

07.340 罗兰-C定位系统 Loran-C positioning system

一种较高精度的低频、中远程、脉冲式相位双曲线定位系统,同时也是一种较高精度的授时系统。

07.341 卫星-声学组合定位系统 satellite-acoustics integrated positioning system

由卫星接收机和水声定位系统组合形成的定位系统。

07.342 水声定位系统 acoustic positioning system

由水下声标(应答器)、船载声学收发设备组成的定位系统。

07.343 三杆分度仪 three-arm protractor

由三杆、中心针、度盘和两个分微轮组成,以后方交会法实施图解定位的仪器。

07.344 六分仪 sextant

由分度弧、指标臂、动镜、定镜、望远镜和测微轮组成,适用于船上观测天体高度和目标的水平角与垂直角的手持仪器。

07.345 声呐 sonar

利用声波信号对水下目标进行探测、定位和通信的电子设备。

07.346 侧扫声呐 side-scan sonar

垂直于测量船航向对水下实施扫描探测的声呐。

07.347 多普勒声呐 Doppler sonar

利用水声学原理测量相对于海底或水团的多普勒频移的声呐。

07.348 相干声呐测深系统 interferometric seabed inspection sonar

利用多声极接收回波的振幅、时间和相位差对海底各点准确定位,并快速采集和处理水深的宽条带测量系统。

07.349 线性调频脉冲 chirp

一种声呐图像信号处理技术。其原理是对发射的宽带调频(FM)脉冲,在相位和振幅等方面进行校正和补偿,并通过数字信号处理器进行处理,使换能器输入较小的峰值功率而得到较大的信噪比。

07.350 测深仪 sounder

测量水深的仪器或装置。

07.351 双频测深仪 dual-frequency sounder

具有高低两种频率可进行精密水深测量的仪器。

07.352 扫海测深仪 sweeping sounder

与船的首尾线相垂直方向上,按一定间距安装若干收发换能器对进行宽条带水深测量的仪器。

07.353 单波束测深仪 single beam echo sounder

利用单个声波束进行水深测量的仪器。

07.354 多波束测深系统 multibeam sounding system

利用多波束声呐工作原理进行水体深度测量的条带回声测深系统。

07.355 回声测深仪 echo sounder

根据声波或超声波在水中传播时间来测量水深的仪器。

07.356 激光测深仪 laser sounder

从空中发射激光脉冲记录海面和海底反射的时间差来测量水深的仪器。

07.357 海底图像系统 seafloor imaging system

由数字式侧扫声呐及浅地层剖面仪组合以提供真实比例海底图像数据的系统。

07.358 声速计 sound velocimeter

又称"声速剖面仪"。测量声波在海水中传播速度的仪器。

07.359 水声应答器 underwater acoustic responder

可接收船上声信号,并发射应答信号的水下声标。

07.360 水听器 hydrophorce

用于接收水声信号的一种电声换能器。

07.361 水砣 lead

绳下系一铅砣的简易测深与探测底质的工具。

07.362 测深杆 sounding pole

利用标注刻度的杆体测量水深的工具。适用于浅水测量。

07.363 扫海具 sweeper

由船只牵引进行扫海测量的机械式器具。分为软式扫海具和硬式扫海具。

07.364 软式扫海具 wire sweeper

为缆索拖拽式,由底索、深度索、稳定索、拖索、鱼形浮、圆形浮、滚动锤、沉锤、连接卸扣等组成的扫海具,常用于拖底或定深扫海。

07.365 硬式扫海具 bar swpeeper

由缆索、钢轨或硬质金属杆、连接卸扣等组成的扫海具。常用于港池、航道等小范围扫海,或水下工程的底部整平。

07.366 浅地层剖面仪 sub-bottom profiler

探测水底以下浅层地质构造的仪器。

07.367 海底采样器 seabed sampler

采集海底沉积物等物质样品的器具。有重力式、抓斗式、箱式、活塞式和自返式等类型。

07.368 验潮仪 gauge meter

记录水位升降变化的仪器。

07.369 浮子验潮仪 float gauge

利用浮力原理以仪器的浮子升降指示潮高的一种验潮仪。

07.370 压力验潮仪 pressure gauge

利用水的静压力与水位变化成比例的原理测定潮高的仪器。

07.371 声学水位计 acoustic water level

应用空气声学回声测距原理,根据声管传输的声信号测量水位变化的仪器。

07.372　水位遥报仪　communication device of water level

利用无线电发射装置,自动将水位升降变化实时发送到岸上台站的仪器。

07.373　水尺　tide staff

用以观测水面升降情况的各种标尺。

07.374　海流计　current meter

用于测量海流流速和流向的仪器。

07.375　声学多普勒海流剖面仪　acoustic Doppler current profiler, ADCP

通过测定声波入射到海水中微颗粒后散射在频率上的多普勒频移,得到不同水层水体的运动速度的仪器。

07.376　测波仪　wave gauge

用于观测波浪时空分布特性的仪器。根据工作原理可分为视距测波仪、压力测波仪、声学测波仪等类型。

07.377　回声测冰仪　ice fathometer

测量冰层厚度的声学仪器。

07.378　海洋重力仪　marine gravimeter

在海洋上测定相对重力的仪器。

07.379　海洋磁力仪　marine magnetometer

测定海上磁场要素和水下物体磁性特征的仪器。有海洋质子磁力仪、海洋光泵磁力仪和海洋磁力梯度仪等。

07.380　海洋质子磁力仪　marine proton magnetometer

根据质子旋进的原理设计的测量海洋磁力要素的仪器。

07.381　海洋光泵磁力仪　optical pumping magnetometer

利用光泵作用原理设计的测量海洋磁力要素的仪器。

07.382　拖鱼　towfish

由测量平台牵引的测量仪器的传感器。例如侧扫声呐、海洋磁力仪的拖曳装置。

英 汉 索 引

A

Abbe comparator principle 阿贝比长原理 03.267

absolute error 绝对误差 02.356

absolute flying height 绝对航高 03.121

absolute gap 绝对漏洞 03.123

absolute gravimeter 绝对重力仪 02.444

absolute gravity measurement 绝对重力测量 02.168

absolute orientation 绝对定向 03.168

absolute threshold 绝对阈 04.106

abstract symbol 抽象符号 04.178

abuttals 地界 06.156

accelerometer 加速度计 02.685

accelerometer bias 加速度计零位偏值 02.688

acceptance survey 竣工测量 06.290

access registration 入网注册 02.656

accuracy 准确度 01.034

accuracy of sounding 测深精度 07.088

achromatic film 盲色片 03.070

acoustic Doppler current profiler 声学多普勒海流剖面仪 07.375

acoustic positioning 水声定位 07.174

acoustic positioning system 水声定位系统 07.342

acoustic water level 声学水位计 07.371

across survey 交叉测量 06.226

ACS 姿态控制系统 02.180

active acoustic beacon 主动声标 07.176

active microwave remote sensing 主动微波遥感 03.443

active remote sensing 主动式遥感 03.410

adaptive filtering 自适应滤波 03.548

adaptive Kalman filter 自适应卡尔曼滤波 02.725

ADCP 声学多普勒海流剖面仪 07.375

additional military layer 附加军事层 07.281

additional potential 附加位 02.228

addition constant 加常数 02.491

adjacency 邻接 05.135

adjusted value 平差值 02.363

adjustment 平差 01.041

adjustment of astro-geodetic network 天文大地网平差 02.288

adjustment of correlated observation 相关平差 02.373

adjustment of gravity survey network 重力测线网平差 07.149

adjustment of kinematic observations 动态测量平差 02.374

administrative map 行政区划图 04.022

aerial cableway survey 架空索道测量 06.255

aerial camera 航空摄影机 03.008

aerial film 航摄软片 03.073

aerial image 航空影像 03.098

aerial photogrammetry 航空摄影测量 03.108

aerial photograph 航摄像片 03.132

aerial photographic gap 航摄漏洞 03.122

aerial photography 航空摄影 03.004

aerial remote sensing 航空遥感 03.387

aerial spectrograph 航空摄谱仪 03.438

aeronautical chart 航空图 04.034

aerophotogrammetry 航空摄影测量 03.108

aerophotographic filter 滤光片 03.044

affine rectification 仿射纠正 03.273

aground sweeping 拖底扫海 07.032

aid to navigation 航标，*助航标志 07.312

air base 摄影基线 03.114

airborne gravimetry 航空重力测量 02.173

airborne laser sounding 机载激光测深 07.058

airborne sensor 机载遥感器 03.420

airfield runway survey 机场跑道测量 06.302

airplane magnetic field compensation 航磁补偿 07.161

airport survey 机场测量 06.301

AL 告警限值 02.547

alarm limit 告警限值 02.547

alarm time 告警时间 02.544

alignment survey 定线测量 06.217

altimeter 测高仪 02.506

altitude angle 高度角 02.253

amplitude of partial tide 分潮振幅 07.112

anaglyphical stereoscopic viewing　互补色立体观察 03.249

anaglyphic map　互补色地图　04.063

anaglyphoscope　互补色镜　03.239

analog map　模拟地图　04.098

analog photogrammetry　模拟摄影测量　03.232

analog plotting　模拟法测图　03.258

analog stereoplotter　模拟立体测图仪　03.246

analysis of satellite resonance　卫星共振分析　02.047

analytical aerial triangulation　解析空中三角测量，＊电算加密　03.294

analytical map　分析地图　04.038

analytical mapping　解析测图　03.313

analytical orientation　解析定向　03.290

analytical photogrammetry　解析摄影测量　03.283

analytical plotter　解析测图仪　03.315

analytical rectification　解析纠正　03.311

analytical solution of motion equation　运动方程解析解 02.045

analytic mapping control point　解析图根点　06.072

ancient map　古地图　04.066

angle closing error of traverse　导线角度闭合差　06.021

angle measurement　角度测量　06.026

angular field of view　像场角　03.038

animation map　动画地图　05.153

annotation　像片调绘　03.176

annual change of magnetic variation　年差　07.306

annual mean sea level　年平均海面　07.016

anomalous depth　异常水深　07.090

antenna height　天线高度　07.208

antenna phase center　天线相位中心　02.080

anti-spoofing　反电子欺骗　02.637

aperture　光圈　03.039

apparent horizon　视地平线　03.142

Apple Macintosh　苹果工作站　04.402

arbitrary axis meridian　任意轴子午线　06.036

arbitrary projection　任意投影　04.144

arbitrary scale　任意比例尺　04.134

arc　弧段，＊链　05.134

archaeological photogrammetry　考古摄影测量　03.217

architectural photogrammetry　建筑摄影测量　03.216

arc measurement　弧度测量　02.292

arc-to-chord correction in Gauss projection　高斯投影方向改正　02.351

area correction parameter　区域改正数技术　02.733

area entity　面实体　05.049

area leveling　面水准测量　06.280

area method　范围法　04.289

area symbol　面状符号　04.171

arrowhead method　运动线法　04.286

artificial target　人工标志　03.181

AS　反电子欺骗　02.637

associative perception　整体感　04.121

assumed coordinate system　假定坐标系　06.038

assuring rate of depth datum　深度基准面保证率 07.012

astro-geodetic deflection of the vertical　天文大地垂线偏差　02.271

astro-gravimetric leveling　天文重力水准　02.211

astrolabe　等高仪　02.432

astronomical almanac　天文年历　02.269

astronomical azimuth　天文方位角　02.251

astronomical clock　天文钟　02.696

astronomical coordinate measuring instrument　天文坐标量测仪　02.437

astronomical ephemeris　天文年历　02.269

astronomical latitude　天文纬度　02.250

astronomical leveling　天文水准　02.210

astronomical longitude　天文经度　02.249

astronomical point　天文点　02.254

astronomical positioning system　天文定位系统　07.335

astronomical theodolite　天文经纬仪　02.412

astronomical time　天文时　02.744

atlas　地图集　04.067

atmosphere zenith delay　大气天顶延迟　02.065

atmospherical propagation delay　大气传播延迟　02.614

atmospheric correction　大气校正　03.526

atmospheric correction　大气改正，＊气象改正　07.205

atmospheric drag perturbation　大气阻力摄动　02.035

atmospheric noise　大气噪声　03.373

atmospheric transfer model　大气传输模型　03.375

atmospheric transmissivity　大气透过率　03.372

atmospheric window　大气窗口　03.371

atomic clock　原子钟　02.769

atomic time　原子时　02.751

atomic time second　原子时秒　02.752

attitude　姿态　03.152

attitude control system　姿态控制系统　02.180

attitude-measuring sensor　姿态测量传感器　03.436

attitude parameter　姿态参数　03.153

attributational query　属性查询　05.183

attribute accuracy　属性精度　05.111

attribute data　属性数据，*非几何数据　05.053

auditory simulation　听觉仿真　05.170

augmented reality　增强现实系统　05.176

autocollimating eyepiece　自准直目镜　02.449

autokinetic effect　动[态]感　04.127

automated cartographic generalization　自动制图综合　04.234

automatic aerial triangulation　自动空中三角测量　03.298

automatic interpretation　自动判读　03.581

automatic level　自动安平水准仪　02.425

average error　平均误差　02.358

azimuthal projection　方位投影　04.145

azimuth of photograph　像片方位角　03.147

B

back scattering　后向散射　03.451

ballistic camera　弹道摄影机　03.013

ballistic photogrammetry　弹道摄影测量　03.226

bar swpeeper　硬式扫海具　07.365

base-height ratio　基高比　03.125

baseline　基线　02.306

baseline measurement　基线测量　02.308

baseline network　基线网　02.307

base map of topography　地形底图　06.092

base station　岸台，*固定台　07.188

basic gravimetric point　基本重力点　02.158

bathymetric chart　海底地形图　07.232

bathymetric model　海底地形模型　07.130

bathymetric survey　海底地形测量　07.051

bathymetry　水深测量　07.053

bathymetry　海底地形测量　07.051

Bayesian classification　贝叶斯分类　03.600

BDS　北斗导航卫星系统　02.510

BDS commander receiver　北斗指挥型接收机　02.528

BDS receiver　北斗接收机　02.527

BDS time　北斗时　02.756

BDT　北斗时　02.756

beam angle　波束角　07.076

beam grazing angle　波束掠射角　07.078

beam incident angle　波束入射角　07.079

beam spacing　波束间角　07.077

BeiDou Navigation Satellite System　北斗导航卫星系统　02.510

Beijing Geodetic Coordinate System 1954　1954 北京坐标系　02.289

Beijing time　北京时间　02.762

benchmark　水准点　02.300

Bessel ellipsoid　贝塞尔椭球　02.327

Bessel formula for solution of geodetic problem　贝塞尔大地主题解算公式　02.347

between-the-lens shutter　中心式快门　03.042

bicubic interpolation method　双三次卷积内插法　03.360

bidirectional reflectance distribution function model　双向反射分布函数模型　03.381

bilinear interpolation method　双线性内插法　03.359

binary image　二值图像　03.523

biomedical photogrammetry　生物医学摄影测量　03.227

bird's eye view map　鸟瞰图　04.051

bitmap symbol　位图符号　04.176

bit rate　比特率　03.519

Bjerhammar problem　布耶哈马问题　02.202

black-and-white film　黑白片　03.064

black-and-white photography　黑白摄影　03.089

black body radiation　黑体辐射　03.377

bleed　出血版　04.346

blinking method of stereoscopic viewing　闪闭法立体观察　03.251

block adjustment　区域网平差　03.303

block adjustment with strip method　航带法区域网平差　03.304

block correction　块改正　07.254

block diagram　块状图　04.417

block diagram method　块状图表法　04.291

blunder　粗差　01.038

body entity　体实体　05.050

Bonne projection　彭纳投影　04.161

bookbinding machine　图册装订机　04.408

bottom characteristic　底质　07.311

bottom characteristics exploration　底质调查，*海底底质探测　07.039

bottom characteristics sampling　底质采样　07.040

bottom sediment chart　底质分布图　07.237

Bouguer anomaly　布格异常　02.188

Bouguer correction　布格改正　02.198

boundary line of building　建筑红线，*建筑控制线　06.288

boundary mark　界址点　06.130

boundary point　界址点　06.130

boundary survey　勘界　06.155

box classification method　盒式分类法　03.596

BRDF model　双向反射分布函数模型　03.381

breakthrough survey　贯通测量　06.250

bridge axis location　桥梁轴线测设　06.247

bridge construction control survey　桥梁控制测量　06.246

bridge survey　桥梁测量　06.245

bridging of model　模型连接　03.291

broadcast clock bias　广播钟差参数　02.602

broadcast ephemeris　广播星历　02.600

broken chainage　断链　06.221

broken leveling　断高　06.220

Bruns formula　布隆斯公式　02.143

B-tree index　B树索引　05.096

bubble level　水准器　02.455

buffer　缓冲区　05.197

buffer analysis　缓冲区分析　05.198

building axis survey　建筑轴线测量　06.289

building engineering survey　建筑工程测量　06.281

building subsidence survey　建筑物沉降观测　06.292

bundle aerial triangulation　光束法空中三角测量　03.297

bundle block adjustment　光束法区域网平差　03.305

C

C/A code　粗码　02.055

cadastral information　地籍信息　06.143

cadastral information system　地籍信息系统　06.144

cadastral inventory　地籍调查　06.127

cadastral list　地籍册　06.139

cadastral management　地籍管理　06.137

cadastral map　地籍图　06.138

cadastral revision　地籍修测　06.133

cadastral survey　地籍测量　06.129

cadastral surveying and mapping　地籍测绘　01.014

cadastre　地籍　06.128

calibration field　检校场　03.184

calibration station　标校站　02.649

camera　摄影机　03.006

camera calibration　摄影机检定　03.052

camera station　摄影中心　03.109

carrier phase　载波相位　02.594

carrier phase differencing　载波相位差分　02.557

carrier phase measurement　载波相位测量　02.074

carrier phase smoothing pseudorange　载波平滑伪距　02.598

cartodiagram method　分区统计图表法　04.285

cartographic abstraction　制图概括　04.229

cartographic communication　地图传输　04.093

cartographic database　地图数据库　05.020

cartographic document　制图资料　04.309

cartographic exaggeration　制图夸大　04.228

cartographic generalization　制图综合，*地图综合，*地图概括　01.049

cartographic generalization constraint　制图综合约束　04.212

cartographic generalization methods　制图综合方法　04.223

cartographic generalization model　制图综合模型　04.215

cartographic hierarchy　制图分级　04.230

cartographic information　地图信息　04.094

cartographic language　地图语言　04.182

cartographic merging　制图合并　04.226

cartographic methodology　地图研究法　04.420

cartographic model　地图模型　04.095

cartographic pragmatics　地图语用　04.185

cartographic presentation　地图表示法　04.278

cartographic scaling　制图量表　04.310

cartographic selection　制图选取　04.224

cartographic semantics　地图语义　04.184

cartographic semiology　地图符号学　04.168

cartographic simplification　制图化简　04.225

cartographic split　制图分割　04.227

cartographic syntactics　地图语法　04.183

cartography　地图学　01.006

cartography history　地图学史　04.128

cartometry　地图量算［法］　04.413

catchment analysis　汇水分析　05.222

catchment area survey　汇水面积测量　06.262

CCD　电荷耦合器件　02.482

C-C effect　＊C-C 效应　07.146

celestial/INS integrated navigation　天文与惯性组合导航　02.730

celestial altitude　天体高度　02.698

celestial body　天体　02.692

celestial coordinate system　天球坐标系统　02.011

celestial ephemeris pole　天球历书极　02.225

celestial globe　星象仪，＊星相仪　03.435

celestial navigation　天文导航　02.690

celestial sensor　天体敏感器　02.699

centering rod　对中杆　02.469

center line stake leveling　中线桩高程测量，＊中平　06.216

center line survey　中线测量　06.219

center stake　中［线］桩　06.218

centralized filtering　集中滤波　02.726

central meridian　中央子午线　02.348

centrifugal force　离心力　02.116

centring under point　点下对中　06.203

CGCS2000　2000 国家大地坐标系　02.291

CGSC　中国大地测量星表　02.053

Chandler wobble　钱德勒摆动　02.257

change detection　变化检测　03.614

Changhe-2 system　长河二号系统　02.674

channel　航道　07.326

channel time delay　通道时延　02.622

characteristic of light　灯质，＊灯标性质　07.316

characteristics of atmospheric transmission　大气传输特性　03.374

charge-coupled device　电荷耦合器件　02.482

chart　海图　07.213

chart boarder　海图图廓　07.298

chart cell　海图单元　07.248

chart compilation　海图编制　07.285

chart correction　海图改正　07.294

chart database　海图数据库　07.249

chart datum　海图基准面　07.010

chart generalization　海图制图综合　07.331

charting　海图制图　07.212

chart large correction　海图大改正　07.296

chart numbering　海图编号　07.287

chart of marine gravity anomaly　海洋重力异常图　07.239

chart projection　海图投影　07.289

chart publishing　海图出版　07.328

chart scale　海图比例尺　07.288

chart small correction　海图小改正　07.295

chart subdivision　海图分幅　07.286

chart symbol　海图符号　07.307

chart symbol library　海图符号库　07.252

chart title　海图标题　07.301

Chasles theorem　透视旋转定律　03.279

check station　监测台，＊检查台　07.191

China Geodetic Coordinate System 2000　2000 国家大地坐标系　02.291

Chinese geodetic stars catalogue　中国大地测量星表　02.053

chirp　线性调频脉冲　07.349

chord off-set method　弦线支距法　06.237

chorisogram method　分区统计图表法　04.285

choroplethic map　等值区域地图　04.046

choroplethic method　等值区域法，＊分区统计图法　04.284

CIO　国际协议原点　02.005

circle　度盘　02.453

circular curve location　圆曲线测设　06.232

city map　城市地图　04.024

Clairaut theorem　克莱罗定理　02.149

class distance　类间距离　03.590

classification accuracy assessment　分类精度评价　03.602

classification rule　分类规则　03.589

classifier　分类器　03.588

clearance limit survey　净空区测量　06.303

climatic map　气候图　04.008

clinometer　倾斜仪　02.447

clock bias　钟差　02.770

clock frequency　时钟频率　02.484

clock rate 钟速 02.057

closed leveling line 闭合水准路线 06.057

closed traverse 闭合导线 06.008

close-range photogrammetry 近景摄影测量 03.208

closing error 闭合差 02.362

closing error in coordinate increment 坐标增量闭合差 06.040

closure error 闭合差 02.362

cloud geographic information system 云地理信息系统 05.260

cloud navigation 云导航 02.737

clustering analysis 聚类分析 03.595

coarse /acquisition code 粗码 02.055

coarse acquisition code 粗捕获码 02.581

coast 海岸 07.041

coastal port and fairway survey 港口航道测量 07.023

coastal survey 沿岸测量 07.020

coastal zone 海岸带 07.043

coast chart 海岸图 07.218

coastline 海岸线 07.042

coast topographic survey 海岸地形测量 07.134

coaxis three-mirror-anastigmat camera 同轴三反相机 03.025

coefficient of sectorial harmonics 扇谐系数 02.133

coefficient of tesseral harmonics 田谐系数 02.134

coefficient of zonal harmonics 带谐系数 02.132

cognitive mapping 认知制图 04.091

collapse 图形降维 04.232

collimation line method 视准线法 06.106

collinearity equation 共线方程 03.172

color chart 地图色标 04.266

color coding 彩色编码 03.561

color composite 彩色合成 03.558

color coordinate system 彩色坐标系 03.563

color copying 彩色复印 04.377

color enhancement 彩色增强 03.569

color film 彩色片 03.065

color gamut compression 色域压缩 04.385

colorimetry 色度测量法 04.390

color infrared film 彩色红外片,＊假彩色片 03.069

color management 色彩管理 04.383

color match 颜色匹配 03.562

color mode 颜色模式 04.339

color photography 彩色摄影 03.090

color printer 彩色打印机 04.403

color proof 彩色校样 04.357

color separation 分色 04.348

color space 颜色空间 04.277

color space transformation 颜色空间转换 04.384

color transformation 彩色变换 03.537

color wheel 色环 04.270

combinational query 组合查询 05.186

combined adjustment 联合平差 03.307

combined radio navigation 复合无线电导航 02.671

common view time comparing 共视法时间比对 02.782

communication device of water level 水位遥报仪 07.372

comparison survey 联测比对 07.201

comparison with adjacent chart 邻图拼接比对 07.092

compass 罗盘仪 02.420

compass rose 方位圈,＊罗经圈 07.304

compass theodolite 罗盘经纬仪 02.413

compensating error of compensator 补偿器补偿误差 02.496

compensation of undulation 波浪补偿 07.070

compensator 补偿器 02.454

compensator level 自动安平水准仪 02.425

compilation 编绘 04.323

compilation design of chart 海图编辑设计,＊海图设计 07.330

composition 排版 04.335

comprehensive atlas 综合地图集 04.070

comprehensive map 综合地图 04.039

computer-aided mapping 机助测图 03.314

computer-assisted classification 机助分类 03.601

computer-assisted plotting 机助测图 03.314

computer to film 发排胶片 04.347

computer to plate 直接制版 04.351

computer to plate system 直接制版机 04.401

conceptual data model 概念数据模型 05.068

condition adjustment 条件平差 02.367

condition adjustment with parameters 附参数条件平差,＊附条件间接平差 02.369

conditional symbology procedures 条件符号化 07.284

condition of intersection 交线条件 03.278

confidence level 置信水平,＊置信度 01.032

conformal projection 等角投影 04.141

conical scan 圆锥镜扫描 03.482

conic projection 圆锥投影 04.147

connecting leveling line 附合水准路线 06.056

connecting traverse 附合导线 06.009

connection point 定向连接点 06.183

connection point for orientation 定向连接点 06.183

connection survey 联系测量 06.179

connection survey in mining panel 采区联系测量 06.205

connection triangle method 连接三角形法 06.187

Consol chart 康索尔海图 07.228

constant error 固定误差 02.487

constituent 分潮 07.111

construction control network 施工控制网 06.285

construction survey 施工测量 06.283

construction survey for shaft sinking 凿井施工测量 06.192

contact copier 晒版机 04.398

contact printing 接触印刷 04.367

continental shelf topographic survey 大陆架地形测量 07.052

continuity risk probability 连续性风险概率 02.551

continuous tone 连续调 04.273

contour 等高线 04.297

contour interval 等高距 04.299

contour method 等高线法 04.298

contour prism 等高棱镜 02.463

contrast 反差 03.074

contrast coefficient 反差系数 03.076

contrast enhancement 反差增强 03.570

control network adjustment 控制网平差 06.048

control network for deformation observation 变形监测控制网 06.047

control strip 构架航线 03.128

control strip 测控条 04.386

control survey 控制测量 06.001

control survey of mining area 矿区控制测量 06.162

conventional international origin 国际协议原点 02.005

conventional name 惯用名 04.205

convergent photography 交向摄影 03.191

cooperative real-time precise positioning 协同实时精密定位 02.734

coordinate cadastre 坐标地籍 06.132

coordinated universal time 协调世界时 02.759

coordinate grid 坐标格网 04.132

coordinate measuring instrument 坐标量测仪 03.242

coordinate system 坐标系 01.027

coordinate system of the pole 地极坐标系统 02.009

coplanarity equation 共面方程 03.173

correction for deflection of the vertical 垂线偏差改正 02.182

correction for earth's curvature 地球曲率改正 02.309

correction for radio wave propagation of time signal 电磁波传播改正，＊电磁波传播时延改正 02.064

correction for scale difference 档差改正 07.069

correction for skew normals 标高差改正 02.183

correction for transducer draft 换能器吃水改正 07.071

correction from normal section to geodesic 截面差改正 02.184

correction of gravity measurement for tide 重力潮汐改正 02.172

correction of mean sea level 平均海面归算 07.018

correction of sounding 测深改正 07.062

correction of sound velocity 声速改正 07.067

correction of transducer baseline 换能器基线改正 07.075

correction of water level 水位改正 07.064

correction of zero drift 零漂改正 02.171

correction of zero line 零[位]线改正 07.086

correction to time signal 时号改正数 02.267

correction with tidal zoning 水位分带改正 07.065

correlate 联系数 02.386

corresponding epipolar line 同名核线 03.330

corresponding image point 同名像点 03.158

corresponding image ray 同名光线 03.159

course-up display 航向向上显示 07.261

covariance 协方差 02.390

covariance function 协方差函数 02.402

CP Ⅲ 轨道控制网 06.215

critical baseline 临界基线 03.461

critical size 分界尺度 04.222

cross-coupling effect 交叉耦合效应 07.146

cross-sectional view 断面图 04.416

cross-section profile 横断面图 06.244

cross-section survey 横断面测量 06.243

crustal deformation 地壳形变 02.245

crustal deformation monitoring 地形变监测 02.244

crustal strain 地壳应变 02.246

CTP 直接制版 04.351

cultural map 文化地图 04.017

current meter 海流计 07.374

current survey 测流，*海流观测 07.122

curtain shutter 帘幕式快门，*焦面快门 03.043

curve of water level 水位曲线 07.120

curve setting-out 曲线测设，*曲线放样 06.230

cyber map 赛博地图 04.084

cyberspace 赛博空间 04.083

cycle slip 周跳 02.077

cycle slip repair 周跳修复 02.078

cylindrical projection 圆柱投影 04.146

Czapski condition *恰普斯基条件 03.278

D

daily mean sea level 日平均海面 07.014

dam construction survey 堤坝施工测量 06.259

dam deformation observation 大坝变形观测 06.101

damping-bob for shaft plumbing 重锤投点 06.186

dam site investigation 坝址勘查 06.258

dasymetric map 分区密度地图 04.047

data assimilation 数据同化 03.617

data availability 数据可用性 05.117

database for urban survey 城市测量数据库 06.274

data catalogue 数据目录 05.029

data completeness 数据完整性 05.113

data dictionary 数据字典 05.027

data editing 数据编辑 05.066

data lineage 数据志，*数据族系，*数据溯源 05.028

data provenance 数据志，*数据族系，*数据溯源 05.028

data quality check 数据质量检查 05.118

data quality evaluation 数据质量评价 05.119

data recorder 电子手簿 02.486

data registration 数据注册 05.030

data snooping 数据探测法 03.309

data timeliness 数据现势性 05.115

dead reckoning navigation 航位推算导航 02.678

Decca chart 台卡海图 07.227

Decca positioning system 台卡定位系统 07.339

decision level image fusion 决策级融合 03.556

decorrelation 失相干 03.458

deep coupled integration 深组合导航 02.719

deep space datum 深空基准 02.104

deep space remote sensing platform 深空遥感平台 03.386

deep space satellite 深空探测卫星 03.394

deflection distance 偏距 06.297

deflection observation 挠度测量 06.099

deformation inversion 变形反演 06.102

deformation measurement 变形测量 06.094

deformation observation network 变形观测网 06.095

degree of coherence 相干性 03.456

degree variance of gravity anomaly 重力异常阶方差 02.190

Delaunay triangulation network 德洛奈三角网 05.203

DEM 数字高程模型 04.076

DEM database 数字高程模型数据库 05.019

densitometer 密度计 04.393

densitometry 密度测量法 04.389

density of sounding 水深密度 07.061

density slicing 密度分割 03.552

depth contour 等深线 07.310

depth datum level 深度基准面 07.009

depth of field 景深 03.045

depth perception 深度感 04.125

depth signal pole 水深信号杆 07.315

design level 设计水位 07.101

detail point 碎部点 06.081

detail survey 碎部测量 06.080

developing 显影 03.057

3D geographic information system 三维地理信息系统 05.036

diagonal eyepiece 弯管目镜 02.450

diapositive 透明正片 03.063

diazo copying 重氮复印 04.375

difference threshold 差异阈 04.107

differential equation of geodesic 大地线微分方程 02.332

differential global navigation satellite system 差分全球导航卫星系统 02.100

differential GNSS 差分全球导航卫星系统 02.100

differential interferometric synthetic aperture radar 差分合成孔径雷达干涉测量 03.455

differential method of photogrammetric mapping　分工法测图，*微分法测图　03.256

differential positioning　差分定位　02.554

differential rectification　微分纠正　03.312

diffusion transfer　扩散转印　04.374

digital bathymetric model　数字水深模型　07.095

digital camera　数字摄影机　03.017

digital cartographic model　数字地图模型　04.099

digital cartography　数字地图制图　04.237

digital chart　数字海图　07.247

digital close-range photogrammetric system　数字近景摄影测量系统　03.220

digital close-range photogrammetry　数字近景摄影测量　03.219

digital differential rectification　数字微分纠正　03.336

digital elevation model　数字高程模型　04.076

digital elevation model database　数字高程模型数据库　05.019

digital image　数字影像　03.317

digital image processing　数字图像处理　03.520

digital landscape model　数字景观模型　04.078

digital line graph　数字线划图　03.346

digital line graph　数字矢量地图，*数字线划地图　04.074

digital map　数字地图　04.073

digital mapping　数字测图　03.335

digital mosaic　数字影像镶嵌　03.341

digital orthophoto　数字正射影像　03.339

digital photogrammetric station　数字摄影测量工作站　03.362

digital photogrammetry　数字摄影测量　03.316

digital printer press　数字印刷机　04.406

digital printing　数字印刷　04.379

digital proofing　数字打样　04.360

digital proofing press　数码打样机　04.400

digital raster graph　数字栅格地图，*栅格数字地图　04.075

digital surface model　数字表面模型　03.344

digital terrain model　数字地形模型，*数字地面模型　04.077

digitized image　数字化影像　03.318

digitizer　数字化器　04.327

digitizing by scanning method　扫描数字化　05.065

digitizing mapping　数字化测图　06.086

D-InSAR　差分合成孔径雷达干涉测量　03.455

direct estimation　直接估计　02.721

direct georeferencing　直接地理参考　03.102

directional antenna　定向天线　02.477

direction-connecting traverse　方向附合导线　06.200

direction relation　方向关系，*方位空间关系　05.011

directivity of antenna　天线方向性　07.207

direct linear transformation　直接线性变换　03.201

direct plummet observation　正锤[线]观测，*正锤法　06.109

direct scheme of digital rectification　直接法纠正　03.337

direct solution of geodetic problem　大地主题正解　02.344

discrepancy between twice collimation error　二倍照准部互差　02.498

dismissal alarm probability　漏警率　02.546

displacement　制图位移　04.233

displacement observation　位移观测　06.104

displacement of image point　像点位移　03.144

display scale　显示比例尺　07.262

distance correction in Gauss projection　高斯投影距离改正　02.350

distance decision function　距离判决函数　03.591

distance measurement　距离测量　06.030

distance measurement equipment　测距器　02.667

distance-measuring error　测距误差　02.503

distance meter　双色激光测距仪　02.429

distance theodolite　测距经纬仪　02.417

distortion isogram　等变形线　04.140

distortion of projection　[地图]投影变形　04.137

distributed target　分布式目标　03.470

disturbed orbit　受摄轨道　02.040

disturbing force　摄动力　02.033

disturbing function　摄动函数　02.039

disturbing gravity　扰动重力　02.141

disturbing potential　扰动位　02.142

diurnal tidal harbor　日潮港　07.108

diurnal variation correction　日变改正　07.159

DLG　数字矢量地图，*数字线划地图　04.074

DLT　直接线性变换　03.201

DME　测距器　02.667

Doodson constant　杜德森常数　02.238

Doppler count　多普勒计数　02.050

Doppler frequency shift　多普勒频移　02.593

Doppler measurement 多普勒测量 02.596

Doppler navigation system 多普勒导航系统 02.664

Doppler orbitograph and radio positioning integrated by satellite 多里斯系统，*星载多普勒定位和定轨系统 02.021

Doppler point positioning 多普勒单点定位 02.096

Doppler positioning by the short arc method 多普勒短弧法定位 02.098

Doppler sonar 多普勒声呐 07.347

Doppler translocation 多普勒联测定位 02.097

DORIS 多里斯系统，*星载多普勒定位和定轨系统 02.021

dot density 网点密度 04.387

dot gain 网点扩大值 04.388

dot method 点值法 04.281

double-difference phase observation 双差相位观测 02.083

double frequency positioning 双频定位 02.625

drainage map 水系图 06.263

3D reconstruction 三维重建 03.203

DRG 数字栅格地图，*栅格数字地图 04.075

driving direction guided by laser 激光指向仪给向 06.194

drying height 干出高度 07.048

drying shoal 干出滩 07.046

3D situation inference 三维态势推演 05.164

3D situation modeling 三维态势建模 05.163

DSM 数字表面模型 03.344

3D spatial data model 三维空间数据模型 05.079

DTM 数字地形模型，*数字地面模型 04.077

dual-frequency sounder 双频测深仪 07.351

dye line proof 彩色线划校样 04.358

dynamic buffer analysis 动态缓冲区分析 05.200

dynamic ellipticity of the earth 地球动力扁率 02.218

dynamic factor of the earth 地球动力因子 02.219

dynamic height 力高 02.138

dynamic index 动态索引 05.100

dynamic landscape simulation 动态景观仿真 05.169

dynamic map 动态地图 04.081

dynamic monitoring 动态监测 06.103

dynamic safety contour 动态安全等深线 07.279

dynamic sensor 动态遥感器 03.414

dynamic symbol 动态符号 04.180

dynamic terrain model 动态地形模型 05.161

dynamic variable 动态变量 04.101

dynamic visulization 动态可视化 05.152

E

earth ellipsoid 地球椭球 01.016

earth-fixed coordinate system 地固坐标系统 02.013

earth gravity field model 地球重力场模型 02.148

earth orientation parameter 地球定向参数 02.213

earth resources satellite 地球资源卫星 03.399

earth rotation parameter 地球自转参数 02.214

earth's gravity field 地球重力场 02.113

earth shape 地球形状 01.015

earth tide 固体潮 02.232

eccentricity of ellipsoid 椭球偏心率 02.317

ECDIS 电子海图显示信息系统 07.256

echo signal of sounder 测深仪回波信号 07.083

echo sounder 回声测深仪 07.355

echo sounding 回声测深 07.054

eclipse 灯光遮蔽 07.319

economic map 经济地图 04.025

edge detection 边缘检测 03.608

edge enhancement 边缘增强 03.567

edge extraction 边缘提取 03.356

EDM 电磁波测距 06.031

EDM instrument 电子测距仪 02.427

EDM traverse 光电测距导线 06.014

effective aperture *有效孔径 03.039

EGNOS 欧洲星基增强系统，*欧洲地球静止卫星重叠导航服务 02.572

electrohic sand table 电子沙盘 04.080

electromagnetic distance measurement 电磁波测距 06.031

electromagnetic distance meter 电子测距仪 02.427

electromagnetic spectrum 电磁波谱 03.364

electromagnetic wave feature 电磁波特性 03.365

electronic atlas 电子地图集 04.071

electronic chart 电子海图 07.255

electronic chart display and information system 电子海图显示信息系统 07.256

electronic color scanner 电子分色机 04.391

electronic distance meter　电子测距仪　02.427

electronic level　电子水准仪　02.423

electronic map　电子地图　04.079

electronic navigational chart　电子航海图　07.257

electronic plane-table　电子平板仪　06.315

electronic plane-table surveying　电子平板测绘　06.085

electronic stadia instrument　电子速测仪，＊全站仪　02.418

electronic tacheometer　电子速测仪，＊全站仪　02.418

electronic tachymeter total station　电子速测仪，＊全站仪　02.418

electronic theodolite　电子经纬仪　02.410

electro-optical distance meter　光电测距仪　02.428

electrophotography printing　静电成像印刷　04.381

element of rectification　纠正元素　03.276

elements of absolute orientation　绝对定向元素　03.170

elements of centring　归心元素　02.276

elements of exterior orientation　像片外方位元素　03.150

elements of interior orientation　像片内方位元素　03.148

elements of relative orientation　相对定向元素　03.169

elevation angle　高度角　02.253

elevation of sight　视线高程　06.061

elevation point　高程点　06.063

elevation point by independent intersection　独立交会高程点　06.064

ellipsoidal geodesy　椭球面大地测量学　02.152

ellipsoidal height　大地高　02.343

embedded geographic information system　嵌入式地理信息系统　05.035

emissivity　比辐射率，＊发射率　03.496

ENC　电子航海图　07.257

end overlap　航向重叠度　03.126

engineering control network　工程控制网　06.046

engineering photogrammetry　工程摄影测量　03.215

engineering surveying　工程测量学　01.008

engineering survey instrument　工程测量专用仪器　06.305

engineering survey of missile test site　导弹试验场工程测量　06.123

engineer's level　工程水准仪　06.311

entity relationship model　实体-关系模型　05.069

environmental map　环境地图　04.015

environmental survey satellite　环境探测卫星　03.405

EOP　地球定向参数　02.213

Eotvos effect　厄特沃什效应　07.145

ephemeris error　星历误差　02.054

epipolar correlation　核线相关　03.351

epipolar geometry　核面几何　03.200

epipolar image　核线影像　03.334

epipolar line　核线　03.327

epipolar plane　核面　03.331

epipolar ray　核线　03.327

epipole　核点　03.326

epoch of partial tide　分潮迟角　07.113

equal altitude method of multi-star　多星等高法　02.263

equally tilted photography　等倾摄影　03.192

equal value gray scale　等值灰度尺　04.252

equation of line of position　位置线方程　07.165

equation of satellite motion　卫星运动方程　02.044

equiaccuracy chart　等精度［曲线］图　07.187

equiangular positioning grid　等角定位格网　07.183

equidistant projection　等距投影　04.143

equilibrium tide　平衡潮　02.233

equilong circle arc grid　等距圆弧格网　07.186

equivalent projection　等积投影　04.142

ERP　地球自转参数　02.214

error　误差　01.035

error ellipse　误差椭圆　02.403

error ellipsoid　误差椭球　02.404

error of focusing　调焦误差　02.499

error of pivot　轴颈误差　02.264

error test　误差检验　02.405

ethnic groups map　民族地图　04.018

European geostationary navigation overlay service　欧洲星基增强系统，＊欧洲地球静止卫星重叠导航服务　02.572

exchanging documents of mining survey　矿山测量交换图　06.177

exposure　曝光　03.054

exposure station　摄影中心　03.109

extensometer　伸缩仪　02.448

exterior orientation　外部定向　03.166

extra contour　助曲线，＊辅助等高线　04.303

extragalactic compact radio source　河外致密射电源，＊类星体　02.112

extragalactic radio radiation　河外射电源　02.704

eye tracker　眼动仪　04.325

F

factional function model　有理函数模型　03.103

fair drawing　清绘　04.324

fairway　航道　07.326

fairway chart　港口航道图　07.220

false alarm probability　误警率　02.545

false color film　彩色红外片，＊假彩色片　03.069

false color image　假彩色图像　03.560

false color photography　假彩色摄影　03.091

fan width　扇区开角　07.080

fault dislocation surveying　断层位错测量　02.248

Faye correction　法耶改正　02.199

feature code　特征码　05.062

feature coding　特征编码　03.609

feature extraction　特征提取　03.603

feature level image fusion　特征级融合　03.555

feature selection　特征选择　03.610

federated filtering　联邦滤波　02.727

Ferrero's formula　菲列罗公式　02.396

F-G discrimination　图形-背景辨别　04.111

fiber scan　光学纤维电扫描　03.483

fictitious graticule　经纬[线]网，＊地理坐标网　04.240

fiducial mark　框标　03.131

field model　场模型　05.070

fifth fundamental catalogue　FK5 星表　02.052

figure-ground discrimination　图形-背景辨别　04.111

figure of the earth　地球形状　01.015

film camera　胶片摄影机　03.016

film laminating machine　覆膜机　04.407

film to plate　胶片晒版　04.352

fishing chart　渔业用图　07.267

fissure observation　裂缝观测　06.097

fixed error　固定误差　02.487

fixed mean pole　固定平极　02.223

fixed phase drift　固定相移　07.200

fixed selection model　定额选取模型　04.216

fixing　定影　03.058

FKP　区域改正数技术　02.733

FK4　FK4 星表　02.051

FK5　FK5 星表　02.052

flashing rhythm of light　灯光节奏　07.317

flattening of ellipsoid　椭球扁率　02.316

flight altitude　航高　03.119

flight block　摄影分区　03.111

flight line of aerial photography　摄影航线　03.110

flight plan of aerial photography　航摄计划　03.117

float gauge　浮子验潮仪　07.369

floor station　底板测点　06.202

fluorescent map　荧光地图　04.057

flying height　航高　03.119

FMC　像移补偿装置　03.030

f-number　光圈号数　03.040

focal length　焦距　03.033

focal plane shutter　帘幕式快门，＊焦面快门　03.043

footage measurement of workings　巷道验收测量　06.208

forward intersection　前方交会　06.074

forward motion compensation device　像移补偿装置　03.030

four-color printing　四色印刷　04.369

Fourier transform　傅里叶变换　03.544

Fourier transform infrared spectrometer　傅里叶红外光谱仪　03.428

fourth fundamental catalogue　FK4 星表　02.051

frame camera　框幅摄影机　03.018

free-air anomaly　空间异常　02.187

free-air correction　空间改正　02.195

free setting station　任意设站　06.088

free-tidal system　无潮汐系统　02.234

frequency accuracy　频率准确度　02.764

frequency calibration　频率校准　02.768

frequency domain filtering　频率域滤波　03.547

frequency drift　频漂　02.059

frequency drift ratio　频率漂移率　02.766

frequency error　频率误差　02.502

frequency-modulated radio altimeter　调频式无线电高度表　02.663

frequency offset　频偏　02.058

frequency stability　频率稳定度　02.765

front view　对景图　07.303

fundamental geographic information system　基础地理信息系统　05.039

fundamental gravity differential equation 重力基本微分方程 02.201

fundamental surveying and mapping 基础测绘 01.056

fuzzy classification method 模糊分类法 03.597

G

GAGAN 印度星基增强系统 02.574

Galileo 伽利略导航卫星系统 02.513

Galileo Navigation Satellite System 伽利略导航卫星系统 02.513

Galileo receiver Galileo 接收机 02.531

gauge meter 验潮仪 07.368

Gauss grid convergence 高斯平面子午线收敛角 02.353

Gauss-Krüger projection 高斯-克吕格投影，*高斯投影 04.162

Gauss midlatitude formula 高斯中纬度公式 02.346

Gauss plane coordinate system 高斯平面坐标系 02.352

gazetteer 地名录，*地名手册 04.196

gazetteer index 地名索引 04.195

GBAS 地基增强系统 02.568

GDOP 几何精度衰减因子 02.536

GEBCO 大洋地势图 07.233

general atlas 普通地图集 04.068

general atomic time 综合原子时 02.774

general bathymetric chart of the oceans 大洋地势图 07.233

general chart 普通海图 07.230

general chart of the sea 海区总图 07.216

general map 普通地图 04.001

general surveying system 综合测绘系统 06.318

general survey of underground pipelines 地下管线普查 06.294

generic place name 地名通名 04.187

GEO 地球静止轨道 02.519

geocentric coordinate system 地心坐标系 01.028

geocentric gravitational constant 地心引力常数 02.124

geocentric latitude 地心纬度 02.334

geocentric longitude 地心经度 02.333

geodesic 大地线 02.331

geodesy 大地测量学 01.003

geodetic azimuth 大地方位角 02.339

geodetic boundary value problem 大地测量边值问题 02.200

geodetic control point 大地控制点 02.031

geodetic coordinate 大地坐标 02.340

geodetic coordinate datum 大地坐标基准 01.021

geodetic coordinate system 大地坐标系统 02.007

geodetic database 大地测量数据库 02.003

geodetic height 大地高 02.343

geodetic instrument 大地测量仪器 02.406

geodetic latitude 大地纬度 02.342

geodetic longitude 大地经度 02.341

geodetic network 大地网 02.286

geodetic origin 大地原点 02.270

geodetic reference station 大地测量基准站 02.029

geodetic reference system 大地测量参考系统 02.006

geographical base map 地理底图 04.315

geographical map 地理图，*一览图 04.002

geographical name transliteration 地名译写 04.211

geographical network 地理网络 05.208

geographical space 地理空间 05.001

geographical viewing distance 地理视距 07.209

geographic coordinate 地理坐标 01.017

geographic data collection 地理数据采集 05.063

geographic entity 地理实体 05.046

geographic environment simulation 地理环境仿真 05.165

geographic grid 地理格网 04.133

geographic information 地理信息 01.052

geographic information catalogue service 地理信息目录服务 05.249

geographic information classification 地理信息分类 05.059

geographic information cloud service 地理信息云服务 05.259

geographic information coding 地理信息编码 05.060

geographic information engineering 地理信息工程 01.007

geographic information intellectual property 地理信息产权 05.032

geographic information metadata 地理信息元数据 05.026

geographic information semantics 地理信息语义 05.014

geographic information service 地理信息服务 05.240

geographic information service classification 地理信息服务分类 05.248

geographic information sharing 地理信息共享 05.024

geographic information standardization 地理信息标准化 05.033

geographic information system 地理信息系统 01.053

geographic information web service 地理信息网络服务 05.241

geographic markup language 地理标记语言 05.031

geographic object 地理目标 05.082

geographic object modeling 地物建模 05.158

geoid 大地水准面 02.208

geoid height 大地水准面高 02.139

geo-information tupu 地学信息图谱 04.419

geological map 地质图 04.005

geomagnetic diurnal station 地磁日变站 07.160

geomagnetic field 地磁场 07.151

geomagnetism matching navigation 地磁匹配导航 02.714

geomatics 地理空间信息学，＊地球空间信息学 01.010

geometric calibration 几何定标 03.531

geometric condition 几何条件 03.275

geometric correction 几何校正 03.529

geometric data 几何数据，＊位置数据，＊定位数据 05.052

geometric dilution of precision 几何精度衰减因子 02.536

geometric distortion 几何畸变 03.532

geometric model 几何模型 03.263

geometric orientation 几何定向 06.181

geometric query 几何查询 05.182

geometric rectification 几何校正 03.529

geometric registration of imagery 几何配准 03.530

geometrisation of ore body 矿体几何制图 06.163

geomorphological map 地貌图 04.007

geomorphologic zoning map 地貌区划图 04.013

geo-ontology 地理本体 05.013

geopotential 地球位，＊大地位 02.129

geopotential number 地球位数 02.130

geo-spatial data 地理空间数据 05.051

geo-spatial data capture 地理空间数据获取 05.045

geospatial information science 地理空间信息学，＊地球空间信息学 01.010

geo-spatial scale 地理空间尺度 05.004

geo-spatial scene 地理空间场景 05.149

geostationary earth orbit 地球静止轨道 02.519

geostationary satellite 地球同步卫星 03.391

geo-synchronous satellite 地球同步卫星 03.391

GGOS 全球大地测量观测系统 02.020

gimbaled inertial navigation system 平台式惯性导航系统 02.680

GIS 地理信息系统 01.053

GIVE 格网电离层垂直误差 02.567

global geodetic observing system 全球大地测量观测系统 02.020

Global Navigation Satellite System 格洛纳斯导航卫星系统 02.512

global navigation satellite system 全球导航卫星系统 01.054

global navigation satellite system/INS integrated navigation 卫星与惯性组合导航 02.728

global navigation satellite system combined receiver 全球导航卫星系统组合接收机 02.532

global navigation satellite system continuously operating reference station 卫星导航定位[连续运行]基准站，＊基准站 02.028

global navigation satellite system leveling 全球导航卫星系统水准 02.302

global navigation satellite system-supported aerotriangulation 全球导航卫星系统辅助空中三角测量 03.301

Global Navigation Satellite System survey 全球导航卫星系统测量 06.007

global partition 球面剖分 05.002

Global Positioning System 全球定位系统 02.511

globe 地球仪 04.060

GLONASS 格洛纳斯导航卫星系统 02.512

GLONASS receiver GLONASS接收机 02.530

GML 地理标记语言 05.031

GMT 格林尼治标准时 02.757

gnomonic projection 球心投影，＊日晷投影，＊大环投影 04.149

GNSS 全球导航卫星系统 01.054

GNSS CORS 卫星导航定位[连续运行]基准站，＊基准站 02.028

GNSS survey ＊GNSS测量 06.007

government geographic information system 政府地理信息

系统 05.042

GPS 全球定位系统 02.511

GPS and GEO augmented navigation system 印度星基增
强系统 02.574

GPS receiver GPS 接收机 02.529

GPST GPS 时 02.755

GPS time GPS 时 02.755

grade location 坡度测设 06.228

gradiometer 重力梯度仪 02.445

gradiometry 重力梯度测量 02.154

graphical analysis 地图图解分析 04.414

graphical rectification 图解纠正 03.271

graphic clip 图形裁剪 05.128

graphic combination 图形合并 05.129

graphic editing 图形编辑 05.127

graphic mapping control point 图解图根点 06.071

graphics 图形 01.043

graphic scale 图解比例尺 04.245

graphic sign 图形记号 04.173

graphic specification for topographic map 地形图图式
01.060

graphic symbol 图形符号 04.174

graphic tablet 绘图板，*数位板 04.328

grating 光栅 02.476

gravimeter 重力仪 02.440

gravimetric baseline 重力基线 02.159

gravimetric database 重力数据库 02.185

gravimetric deflection of the vertical 重力垂线偏差
02.181

gravimetric point 重力点 02.157

gravitation 引力 02.115

gravitational potential 引力位 02.125

gravity 重力 02.117

gravity anomaly 重力异常 02.186

gravity datum 重力基准 01.025

gravity field 重力场 02.118

gravity flattening 重力扁率 02.146

gravity gradient measurement 重力梯度测量 02.154

gravity line 重力线 02.122

gravity matching navigation 重力匹配导航 02.715

gravity measurement 重力测量 02.153

gravity potential 重力位 02.119

gravity reduction 重力归算 02.194

gray-scale transformation 灰度变换 03.564

great circle sailing chart 大圆航线图 07.223

Greenwich mean solar time *格林尼治平太阳时
02.749

Greenwich mean time 格林尼治标准时 02.757

grid 格网 04.131

grid bearing 坐标方位角 02.338

grid data 格网数据 05.058

grid data structure 格网数据结构 05.085

grid geographic information system 网格地理信息系统
05.038

grid GIS 网格地理信息系统 05.038

grid ionosphere vertical error 格网电离层垂直误差
02.567

grid method 格网法 04.290

grid service 网格服务 05.247

grid service standard protocol 网格服务标准化协议
05.256

gripper edge 叼口 04.353

gross error 粗差 01.038

gross error detection 粗差检测 03.308

ground based augmentation systems 地基增强系统
02.568

ground-based system 地基系统 02.023

ground-ground two-way time synchronization 站间双向时
间同步 02.612

ground nadir point 地底点 03.135

ground receiving station 地面接收站 03.407

ground remote sensing platform 地面遥感平台 03.383

ground sampling distance 地面采样距离 03.325

ground tilt measurement 地倾斜观测 02.247

gruber point 标准配置点 03.162

GSD 地面采样距离 03.325

gyro azimuth 陀螺方位角 06.199

gyroazimuth theodolite 陀螺经纬仪 06.306

gyrophic EDM traverse 陀螺定向光电测距导线 06.196

gyroscope 陀螺仪 02.682

gyroscope drift error 陀螺漂移误差 02.687

gyrostatic orientation survey 陀螺仪定向测量 06.197

gyrotheodolite 陀螺经纬仪 06.306

H

hachuring method　晕滃法　04.296

Hadamard transformation　阿达马变换　03.539

hair-pin curve location　回头曲线测设　06.234

half-interval contour　间曲线　04.302

halftone　半色调　04.272

hand-held level　手持水准仪　06.313

harbor/anchorage atlas　港湾锚地图集　07.274

harbor chart　港湾图　07.219

harbor dredge survey　港口疏浚测量　07.026

harbor engineering survey　港口工程测量　06.266

harbor survey　港湾测量　07.025

HAT　最高天文潮面　07.127

Hayford ellipsoid　海福德椭球　02.328

HDOP　水平精度衰减因子　02.538

heave compensation　波浪补偿　07.070

height　高程　02.135

height above the mean sea level　海拔　01.031

height anomaly　异常高程　02.140

height datum　高程基准　01.023

height displacement　投影差　03.146

height of light　灯高　07.321

height scale　高度表　04.253

height system　高程系统　01.030

helios　回照器　02.462

helioscope　回照器　02.462

highest astronomical tide　最高天文潮面　07.127

hill shading method　晕渲法　04.306

histogram　直方图　03.517

histogram equalization　直方图均衡　03.565

histogram specification　直方图规格化　03.566

historic map　历史地图　04.027

holing through survey　贯通测量　06.250

hologrammetry　全息摄影测量　03.231

hologram photography　全息摄影　03.222

holography　全息摄影　03.222

homeotheric map　组合地图　04.041

homologous image point　同名像点　03.158

horizon camera　地平线摄影机　03.010

horizontal angle　水平角　06.027

horizontal coordinate　平面坐标　06.003

horizontal datum　平面基准　01.022

horizontal dilution of precision　水平精度衰减因子　02.538

horizontal gradient of gravity　重力水平梯度　02.156

horizontal network　平面控制网　06.042

horizontal parallax　左右视差　03.160

horizontal protection level　水平保护值　02.548

horizontal refraction error　水平折光差　02.278

horizon trace　合线　03.141

HPL　水平保护值　02.548

Huang Hai mean sea level　1956 黄海平均海［水］面　02.295

hue　色相　04.269

humanities human map　人文地图　04.016

human vision　人眼视觉　03.235

hybrid pixel　混合像素，＊混合像元　03.512

hydro-engineering survey　水利工程测量　06.256

hydrographic control point　海控点　07.005

hydrographic survey　海道测量，＊水道测量　07.019

hydrologic map　水文图　04.010

hydrologic observation　水文观测，＊水文测验　07.121

hydrophorce　水听器　07.360

hydrostatic leveling　流体静力水准测量　06.060

hyperbolic navigation chart　双曲线导航图　07.225

hyperbolic positioning　双曲线定位，＊测距差定位　07.172

hyperbolic positioning grid　双曲线格网　07.185

hyperbolic positioning system　双曲线定位系统　07.338

hyperfocal distance　超焦点距离　03.034

hyperspectral object fine recognition　高光谱地物精细识别　03.507

hyperspectral remote sensing　高光谱遥感　03.500

hypsometric layer method　分层设色法　04.305

hypsometric map　地势图　04.006

I

ice fathometer 回声测冰仪 07.377

ICRF 国际天球参考框架 02.018

identifier 识别码 05.061

IERS 国际地球自转和参考系统服务,国际地球自转服务 01.065

IFOV 瞬时视场 03.037

IGS 国际导航卫星系统服务组织 01.066

IGSN 1971 1971 国际重力基准网 02.162

IGSO 倾斜地球同步轨道 02.520

illuminance of ground 地面照度 03.077

ILS 仪表着陆系统 02.661

image 图像,＊影像 01.042

image analysis 图像分析 03.583

image classification 图像分类 03.586

image coding 图像编码 03.578

image color dodging 影像匀色 03.342

image compression 图像压缩 03.577

image correlation 影像相关 03.350

image database 影像数据库 05.018

image description 图像描述 03.535

image digitization 图像数字化 03.522

image distortion ［像点］畸变差 03.053

image enhancement 图像增强 03.568

image fusion 影像融合 03.553

image horizon 合线 03.141

image interpretation 影像解译 03.585

image map 影像地图 04.087

image matching 影像匹配 03.348

image matching navigation 景象匹配导航 02.713

image mosaic 图像镶嵌 03.576

image orientation 像片定向 03.164

image overlaying 图像复合 03.557

image pyramid 影像金字塔 03.347

image quality 影像质量 03.087

image recognition 目标识别 03.612

image reconstruction 图像重建 03.573

image resolution 影像分辨率 03.088

image restoration 图像复原 03.575

image retrieval 图像检索 03.579

imagery 图像,＊影像 01.042

image scanner 影像扫描仪 03.319

image segmentation 图像分割 03.550

image sequence 图像序列 03.615

imagesetter 激光照排机,＊胶片输出机 04.397

image space coordinate system 像空间坐标系 03.286

image symbol 图像符号 04.175

image transformation 图像变换 03.536

image understanding 图像理解 03.584

imaging equation 构像方程 03.171

imaging geometry 成像几何 03.197

imaging radar 成像雷达 03.430

imaging sensor 成像传感器 03.421

imaging spectrometer 成像光谱仪 03.425

imposition 折手 04.345

improvement of satellite orbit 卫星轨道改进 02.048

IMU 惯性测量单元,＊惯性测量装置 02.176

inbound signal 入站信号 02.646

inclined geo-synchronous orbit 倾斜地球同步轨道 02.520

increment of coordinate 坐标增量 06.039

independent coordinate system 独立坐标系 06.037

independent model aerial triangulation 独立模型法空中三角测量 03.296

index contour 计曲线 04.301

index diagram 图幅接合表 04.255

index error of vertical circle 竖盘指标差 02.495

index for cartographic generalization 制图综合指标 04.219

index for selection norm 定额指标 04.220

index mosaic 镶嵌索引图 03.282

index of selection 选取指标 04.221

Indian Regional Navigation Satellite System 印度区域导航卫星系统 02.515

Indian spring low water ＊印度大潮低潮面 07.100

indicatrix ellipse 变形椭圆 04.139

indirect adjustment ＊间接平差 02.366

indirect estimation 间接估计 02.722

indirect scheme of digital rectification 间接法纠正

inverse solution of geodetic problem　大地主题反解　02.345

IONEX　电离层图交换格式　02.066

ionosphere map exchange format　电离层图交换格式　02.066

ionospheric correction　电离层改正参数　02.603

ionospheric delay correction　电离层延迟改正　02.615

ionospheric pierce point　电离层穿刺点　02.616

ionospheric refraction correction　电离层折射改正　02.062

IPP　电离层穿刺点　02.616

IRNSS　印度区域导航卫星系统　02.515

irregular grid model　不规则格网模型　05.073

irrigation layout plan　灌区平面布置图　06.265

island chart　岛屿图　07.263

island-mainland connection survey　岛陆联测　07.006

island survey　岛屿测量　07.024

isocenter of photograph　像等角点　03.136

isoline map　等值线地图　04.045

isoline method　等值线法　04.283

isometric latitude　等量纬度　02.336

isometric parallel　等比线　03.137

isostasy　地壳均衡　02.191

isostatic correction　地壳均衡改正　02.193

ISS　惯性测量系统　02.175

iteration method with variable weights　选权迭代法　03.310

ITRF　国际地球参考框架　02.019

ITRS　国际地球参考系统　02.004

J

JND　恰可查觉差　04.103

joint operations map　联合作战图　04.031

joint tactical information distribution system　联合战术信息分发系统　02.676

Joule vector　焦耳矢量　03.468

JTIDS　联合战术信息分发系统　02.676

junction point of traverse　导线结点　06.019

just noticeable difference　恰可查觉差　04.103

K

Kalman filter　卡尔曼滤波　02.724

kilometer grid　方里网，＊平面直角坐标网　04.241

kilometer grid of neighboring zone　邻带方里网　04.242

kilometer scale　千米尺　07.300

kinematic positioning　动态定位　02.092

knowledge map　知识地图　04.053

known height positioning　已知高程定位　02.648

Krasovsky ellipsoid　克拉索夫斯基椭球　02.329

L

LAAS　局域增强系统　02.571

lake survey　湖泊测量　07.028

Lambert projection　兰勃特投影　04.160

land boundary map　地类界图　06.159

land boundary survey　地界测量　06.157

land information system　土地信息系统　05.043

land investigation　土地调查　06.148

land lot　宗地　06.131

land lot survey　宗地测量　06.136

land planning survey　土地规划测量　06.277

land register　地籍簿　06.140

land registration　土地登记，＊地权属登记　06.149

Landsat satellites　陆地卫星　03.400

landscape map　景观地图　04.014

landscape simulation　地景仿真　04.307

landslide monitoring　滑坡监测　06.096

land statistics　土地统计　06.151

land survey　土地测量　06.152

land use map　土地利用图　06.153

lane　相位周，＊巷　07.195

lane width　相位周值，＊巷宽　07.196

Laplace azimuth　拉普拉斯方位角　02.272

Laplace point　拉普拉斯点　02.310

large scale digital topographical mapping　大比例尺数字

测图 06.093

large scale topographical mapping 大比例尺测图 06.082

laser aligner 激光准直仪 06.310

laser altimeter 激光测高仪 03.432

laser eyepiece 激光目镜 02.452

laser guide〔method〕of vertical shaft 立井激光指向〔法〕 06.193

laser level 激光水准仪 02.426

laser leveling 激光水准测量 06.059

laser plumbing 激光投点 06.185

laser plumment 垂准仪 06.309

laser remote sensing 激光遥感 03.479

laser scanner 激光扫描仪 03.193

laser sounder 激光测深仪 07.356

laser theodolite 激光经纬仪 02.411

laser topographic position finder 激光地形仪 02.419

LAT 最低天文潮面 07.126

lateral error of traverse 导线横向误差 06.025

lateral overlap 旁向重叠度 03.127

lateral tilt 旁向倾角 03.156

latitude 纬度 01.019

latitude of pedal 底点纬度 02.337

latitude of reference 基准纬度 07.290

layout 图面配置 04.260

LBS 位置服务 01.055

LBS of mobile internet 移动互联网位置服务 02.738

lead 水砣 07.361

leap second 闰秒 02.753

least squares collocation 最小二乘配置法，＊最小二乘拟合推估法 02.375

least squares correlation 最小二乘相关 03.352

least squares method 最小二乘法 02.365

legend 图例 04.251

legend design 图例设计 04.257

lens distortion 镜头畸变差 03.047

lens distortion calibration 镜头畸变差检定 03.051

lens shutter 中心式快门 03.042

lettering of chart 海图注记 07.293

level 水准仪 02.421

leveling 水准测量 06.054

leveling control network 水准控制网 02.293

leveling line 水准路线 02.301

leveling of model 模型置平 03.266

leveling origin 水准原点 02.296

leveling staff 水准尺 02.473

level of detail 细节层次 05.150

level surface 水准面 02.209

library of map symbols 地图符号库 04.264

licence for surveying and mapping 测绘资质 01.063

LiDAR 激光雷达，＊激光扫描仪 03.440

light color 灯色 07.318

light detection and ranging 激光雷达，＊激光扫描仪 03.440

light period 灯光周期 07.320

light range 灯光射程 07.322

limit error 极限误差 02.359

linear-angular intersection 边角交会法 06.077

linear array camera 线阵摄影机 03.019

linear array sensor 线阵遥感器 03.412

linear intersection 边交会法 06.078

line entity 线实体 05.048

line of position 位置线 07.163

line reconnaissance and survey 线路勘测 06.210

liner symbol method 线状符号法 04.282

line symbol 线状符号 04.170

lithography printing 平版印刷 04.366

LLR 激光测月 02.108

load potential 负荷位 02.128

load tide 负荷潮 02.231

local area augmentation system 局域增强系统 02.571

local area differencing 局域差分 02.559

local area differential global navigation satellite system 局域差分全球导航卫星系统 02.101

local area differential GNSS 局域差分全球导航卫星系统 02.101

local area differential information format 局域差分信息格式 02.633

local area integrity monitoring 局域完好性监测 02.562

local mean sea level 当地平均海面 07.013

local time 地方时 02.750

location-allocation analysis 定位分配分析 05.210

location analysis 选址分析 05.209

location-based service 位置服务 01.055

location-based service of electric map 电子地图位置服务 05.257

location survey 定测 06.212

location symbol method 定点符号法 04.279

LOD 细节层次 05.150

logarithmic scale 对数尺 07.299

logical consistency 逻辑一致性 05.114

logical data model 逻辑数据模型 05.081

long base line positioning 长基线定位 07.178

longitude 经度 01.018

longitudinal error of traverse 导线纵向误差 06.024

longitudinal overlap 航向重叠度 03.126

longitudinal tilt 航向倾角 03.155

long-range positioning system 远程定位系统 07.334

long-range radio navigation 远程无线电导航 07.182

long-wave time service 长波授时 02.778

loosely coupled integration 松组合导航 02.717

LOP 位置线 07.163

Loran chart 罗兰海图 07.226

Loran-C positioning system 罗兰-C 定位系统 07.340

LORAN-C system 罗兰 C 系统 02.673

Love number 勒夫数 02.240

lowaltitude photogrammetry 低空摄影测量 03.185

low altitude photography 低空摄影 03.005

low altitude remote sensing platform 低空遥感平台 03.384

lower low water 略最低低潮面 07.100

lowest astronomical tide 最低天文潮面 07.126

low water line 低潮线 07.047

luminous map 夜光地图 04.058

lunar gravity field 月球重力场 02.111

lunar laser ranging 激光测月 02.108

lunar orbiter 月球轨道飞行器 03.395

lunar surface surveying 月面测量学 02.110

lunar surveying and mapping 月球测绘 02.109

lunisolar gravitational perturbation 日月引力摄动 02.037

M

MAC 主辅站技术 02.732

magnetic anomaly area 磁力异常区 07.325

magnetic anomaly detection 磁异常探测 07.157

magnetic declination 磁偏角 07.305

magnetic declination survey 磁偏角测量 07.154

magnetic element 地磁要素 07.153

magnetic gradient survey 磁力梯度测量 07.155

magnetic gradient tensor survey 磁力梯度张量测量 07.156

magnetic sweeping 磁力扫海 07.033

magnetism theodolite 地磁经纬仪 02.414

magnetometer 地磁仪 02.446

main-check comparison 主检比对 07.091

main map 主图 04.258

MANS 麦氏自主天文导航系统 02.701

map 地图 01.044

map algebra 地图代数 04.136

map analysis 地图分析 04.410

map auxiliary element 地图辅助要素 04.248

map-based spatial cognition 地图空间认知 04.090

map clarity 地图清晰性 04.213

map color index 地图色谱 04.265

map color separation film 地图分色胶片 04.363

map color standard 地图色标 04.266

map compilation 地图编绘 04.308

map content 地图内容 04.238

map design 地图设计 04.256

map digitizing 地图数字化 05.064

map evaluation 地图评价 04.418

map finishing 地图整饰 04.322

map geographic feature 地图地理要素 04.247

map interpretation 地图判读 04.412

map lettering 地图注记 04.181

map load 地图负载量 04.214

map making 地图制图学 04.236

map mathematical feature 地图数学要素 04.239

map mathematical foundation 地图数学基础 04.130

map of mining subsidence 开采沉陷图 06.178

map of present land use 土地利用现状图 06.154

map orientation 地图定向 04.243

map pattern design 地图图型设计 04.261

mapping accuracy 制图精度 04.318

mapping control 图根控制 06.069

mapping control point 图根点 06.070

mapping recorded file 图历簿 04.320

mapping traverse 图根导线 06.073

map plate making 地图制版 04.349

map printing 地图印刷 04.364

map printing quality control 地图印刷质量控制 04.382

map projection 地图投影 01.047

map reading 地图阅读 04.411

map reproduction 地图制印 04.331

map revision 样图审校 04.362

map scale 地图比例尺 04.244

map screening 地图加网 04.340

map-sheet 图幅 04.316

map specification 地图规范 04.321

map symbol 地图符号 01.048

map updating 地图更新 04.319

map use 地图应用 04.409

map visual perception 地图视觉感受 04.102

marine atlas 海［洋］图集 07.273

marine biological chart 海洋生物图 07.246

marine cadastral chart 海籍图 07.276

marine cadastral document 海籍 07.141

marine cadastral survey 海籍测量 07.143

marine demarcation survey 海洋划界测量 07.138

marine engineering survey 海洋工程测量 07.131

marine environmental chart 海洋环境图 07.241

marine geodesy 海洋大地测量 07.002

marine geodetic survey 海洋大地测量 07.002

marine gravimeter 海洋重力仪 07.378

marine gravimetry 海洋重力测量 07.144

marine gravity anomaly 海洋重力异常 07.148

marine hydrological chart 海洋水文图 07.242

marine information object 海上信息目标 07.282

marine magnetic anomaly 海洋磁力异常 07.158

marine magnetic chart 海洋磁力图 07.240

marine magnetic survey 海洋磁力测量 07.150

marine magnetometer 海洋磁力仪 07.379

marine meteorological chart 海洋气象图 07.244

marine positioning 海洋测量定位 07.162

marine proton magnetometer 海洋质子磁力仪 07.380

marine resource chart 海洋资源图 07.245

marine survey 海洋测量 07.001

marine survey information system 海洋测量信息系统 07.129

marine surveying and mapping 海洋测绘学 01.009

marine surveying and mapping database 海洋测绘数据库 07.128

marine thematic survey 海洋专题测量 07.135

masking angle 截止高度角 02.589

master auxiliary concept 主辅站技术 02.732

master control station 主控站 02.522

master station 主台 07.193

matching navigation 匹配导航 02.711

mathematical cartography 数学制图学 04.129

maximum likelihood classification 最大似然分类 03.598

MBR 最小外接矩形 05.094

MCS 主控站 02.522

meandering coefficient of traverse 导线曲折系数 06.020

mean earth ellipsoid 平均地球椭球 02.150

mean high water springs 平均大潮高潮面 07.099

mean high water spring tide 平均大潮高潮线 07.125

mean low water springs 平均大潮低潮面 07.098

mean motion 平均运动 02.043

mean pole 平极 02.222

mean pole of the epoch 历元平极 02.224

mean radius of curvature 平均曲率半径 02.326

mean sea level 平均海［水］面 02.294

mean solar time 平太阳时 02.748

mean square error of side length 边长中误差 02.285

mean-tidal system 平均潮汐系统 02.236

mean-time clock 平时钟 02.439

measurement error 测量误差 02.354

measurement noise 测量噪声 02.620

measure mileage 里程测量 06.227

measuring bar 测杆 02.472

measuring mark 测标 03.237

mechatronics gyroscope 机电陀螺仪 02.683

medium earth orbit 中圆地球轨道 02.518

medium-range positioning system 中程定位系统 07.333

mental map 心象地图 04.092

MEO 中圆地球轨道 02.518

Mercator chart 墨卡托海图 07.222

Mercator projection 墨卡托投影 04.163

meridian 子午圈 02.321

meridian plane 子午面 02.318

meridional part 渐长纬度 07.291

mesh simplification 格网简化 05.160

message communication 报文通信 02.652

metallic spring gravimeter 金属弹簧重力仪 02.441

meteorological representation error 气象代表误差 07.206

method by hour angle of polaris　北极星任意时角法　02.262

method by series　方向观测法　02.275

method in all combinations　全组合测角法　02.274

method of coordinate setting-out　坐标测设法　06.239

method of deflection angle　偏角法　06.235

method of direction observation　方向观测法　02.275

method of laser alignment　激光准直法　06.107

method of tension wire alignment　引张线法　06.105

method of time determination by star transit　恒星中天测时法　02.259

method of time determination by Zinger star-pair　津格尔测时法，＊东西星等高测时法　02.260

metric camera　量测摄影机　03.015

metric relation　度量关系　05.009

MGIS　军事地理信息系统　05.044

MHWS　平均大潮高潮面　07.099

MHWST　平均大潮高潮线　07.125

microcopying　缩微摄影　03.209

microcosm autonomous navigation system　麦氏自主天文导航系统　02.701

micro-electromechanical system（MEMS）inertial sensor　微机械惯性传感器　02.686

microfilm map　缩微地图　04.059

microgravimetry　微重力测量　02.167

micrometer　测微器　02.457

micrometer eyepiece　测微目镜　02.451

microphotogrammetry　显微摄影测量　03.218

microphotography　缩微摄影　03.209

microwave distance meter　微波测距仪　02.431

microwave imagery　微波图像　03.446

microwave landing system　微波着陆系统　02.668

microwave radiation　微波辐射　03.445

microwave radiometer　微波辐射计　03.426

microwave remote sensing　微波遥感　03.442

microwave remote sensor　微波遥感器　03.416

microwave scatterometer　微波散射计　03.434

middle tone　中性色调　04.276

military chart　军用海图　07.268

military engineering survey　军事工程测量　06.122

military geographic information system　军事地理信息系统　05.044

military geographic map　军事地理图　04.032

military map　军用地图　04.029

military standard time　军用标准时间　02.761

military surveying and mapping　军事测绘　01.012

military topographic map　军用地形图　04.030

mine control network　矿山控制网　06.050

mine map　矿山测量图，＊矿图　06.168

mine surveying　矿山测量学　01.013

minimum bounding rectangle　最小外接矩形　05.094

minimum distance classification　最小距离分类　03.599

mining area survey　矿区测量　06.161

mining engineering plan　采掘工程平面图　06.172

mining subsidence observation　开采沉陷观测　06.164

mining theodolite　矿山经纬仪　06.307

mining yard plan　矿场平面图　06.170

minor angle method　小角度法　06.108

missile orientation survey　导弹定向测量　06.124

mixed tidal harbor　混合潮港　07.110

MLS　微波着陆系统　02.668

MLWS　平均大潮低潮面　07.098

mobile geographic information system　移动地理信息系统　05.037

mobile map　移动地图　04.085

mobile mapping system　移动测量系统，＊移动测图系统　03.195

mobile station　船台，＊移动台　07.189

modulation frequency　调制频率　02.483

modulation transfer function　调制传递函数　03.085

modulator　调制器　02.479

Molodensky formula　莫洛坚斯基公式　02.206

Molodensky theory　莫洛坚斯基理论　02.205

monitoring station　监测站　02.524

monitor station　监测台，＊检查台　07.191

monochromatic map　素图　04.052

monocomparator　单片坐标量测仪　03.243

monthly mean sea level　月平均海面　07.015

MSAS　日本星基增强系统　02.573

MTF　调制传递函数　03.085

multi-angle infrared remote sensing　多角度热红外遥感　03.498

multibeam echosounding　多波束测深　07.055

multibeam sounding system　多波束测深系统　07.354

multi-functional transport satellite-based augmentation system　日本星基增强系统　02.573

multi-imagery matching　多影像配准　03.349

multimedia map　多媒体地图　04.086

multipath effect 多路径效应 02.618

multipath mitigation 多路径抑制 02.619

multiple view geometry 多视几何 03.199

multiplication constant 乘常数 02.490

multi-purpose cadastre 多用途地籍 06.141

multi-scale data mining 多尺度数据挖掘 05.230

multi-scale image segmentation 多尺度影像分割 03.551

multiscale modeling 多尺度建模 05.159

multi-scale representation 多尺度表达 05.007

multispectral camera 多光谱摄影机 03.024

multispectral photography 多光谱摄影 03.093

multi-spectrum LiDAR 多光谱激光雷达 03.491

multi-spectrum scanner 多光谱扫描仪 03.424

multi-temporal analysis 多时相分析 03.616

multi-temporal remote sensing 多时相遥感 03.613

multi-touch screen 多点触控屏 04.326

multi-year mean sea level 多年平均海面 07.017

Munsell color system 芒塞尔色系 04.267

N

naming after local host 名从主人 04.190

nanophotogrammetry 电子显微摄影测量 03.228

narrow lane observation 窄巷观测值 02.060

national astro-geodetic network 国家天文大地网 02.287

national geographical census and monitoring 地理国情监测 01.057

national gravity fundamental network 国家重力基准网 02.161

National Gravity Fundamental Network 1957 1957 国家重力基准网 02.163

National Gravity Fundamental Network 1985 1985 国家重力基准网 02.164

National Gravity Fundamental Network 2000 2000 国家重力基准网 02.165

national series scale maps 国家系列比例尺地图 01.046

National Vertical Datum 1985 1985 国家高程基准 02.297

natural-language spatial query 自然语言空间查询 05.187

nature of coast 海岸性质 07.044

nautical almanac 航海天文历 02.697

nautical chart 航海图 07.215

nautical publication 航海书表 07.329

navigation 导航 01.004

navigation almanac 导航历书 02.601

navigation anti-jamming 导航抗干扰 02.638

navigation availability 导航可用性 02.552

navigation chart 导航图 07.224

navigation compatibility 导航系统兼容性 02.639

navigation continuity 导航连续性 02.550

navigation frequency 导航频率 02.579

navigation information fusion 导航信息融合 02.720

navigation integrity 导航完好性 02.542

navigation interchange ability 导航系统互换性 02.641

navigation interoperability 导航系统互操作性 02.640

navigation map database 导航地图数据库 05.023

navigation mark survey 航标测量 07.136

navigation message 导航电文 02.599

navigation obstruction 航行障碍物 07.049

navigation of aerial photography 航摄领航 03.116

navigation receiver 导航型接收机 02.525

navigation satellite 导航卫星 02.516

navigation satellite constellation 导航星座 02.517

navigation satellite system 导航卫星系统 02.509

navigation signal acquisition 导航信号捕获 02.585

navigation signal channel 导航信号通道 02.588

navigation signal demodulation 导航信号解调 02.587

navigation signal measuring 导航信号测量 02.586

navigation signal modulation 导航信号调制 02.583

navigation signal simulation source 导航信号模拟源 02.584

navigation station positioning 导航台定位测量 06.304

navigation warfare 导航战 02.635

neap rise 小潮升 07.103

nearest neighbor interpolation method 邻近点内插法 03.358

near space remote sensing platform 近空遥感平台 03.385

negative 负片 03.060

network analysis 网络分析 05.206

network model 网络模型 05.078

network optimization analysis 网络空间优化分析 05.211

network real time kinematic positioning 网络实时动态定位 02.099

network RTK 网络实时动态定位 02.099

network time service 网络授时 02.780

new edition of chart 新版海图 07.297

NGFN 1957 1957 国家重力基准网 02.163

NGFN 1985 1985 国家重力基准网 02.164

NGFN 2000 2000 国家重力基准网 02.165

node 结点，＊节点 05.131

node snap 结点匹配 05.133

nominal accuracy 标称精度 02.505

nominal scaling 名义量表 04.311

non-metric camera 非量测摄影机 03.014

non-topographic photogrammetry 非地形摄影测量 03.196

normal-angle aerial camera 常角航摄仪 03.027

normal case photography 正直摄影 03.189

normal equation 法方程 02.387

normal gravitational potential 正常引力位 02.126

normal gravity 正常重力 02.120

normal gravity field 正常重力场 02.144

normal gravity formula 正常重力公式 02.145

normal gravity line 正常重力线 02.123

normal gravity potential 正常重力位 02.121

normal height 正常高 02.137

[normal] level ellipsoid [正常]水准椭球 02.151

normal magnetic field 正常磁场 07.152

normal projection 正轴投影 04.153

normal section 法截面 02.319

north-finding instrument 寻北器 02.460

north-up display 北向上显示 07.260

notice to mariners 航海通告 07.253

NtM 航海通告 07.253

numerical solution of motion equation 运动方程数值解 02.046

nutation 章动 02.217

O

object contrast 景物反差 03.075

object extraction 目标提取 03.202

objective angle of image field 像场角 03.038

object model 对象模型 05.075

object-oriented database management system 面向对象数据库管理系统 05.105

object-oriented spatial data model 面向对象空间数据模型 05.083

object reconstruction 目标重建 03.207

object relational database management system 对象-关系数据库管理系统 05.106

object space coordinate system 物空间坐标系 03.287

object space image matching 物方匹配 03.353

object spectral characteristic 地物波谱特性 03.380

oblique camera 倾斜摄影机 03.021

oblique photography 倾斜摄影 03.095

oblique projection 斜轴投影 04.155

oblique tracing method 斜截面法 04.292

observation equation 观测方程 02.385

observation of navigation obstruction 航行障碍物探测 07.029

observation of slope stability 边坡稳定性观测 06.165

ocean load 海洋负荷 02.230

oceanography satellite 海洋卫星 03.403

ocean sounding chart 大洋水深图 07.234

ocean tidal model 海潮模型 02.242

ocean tide 海洋潮汐 02.229

OCS 运控系统 02.521

off-axis three-mirror-anastigmat camera 离轴三反相机 03.026

offset printing [平版]胶印 04.365

offset proofing 胶印打样 04.359

offshore survey 近海测量 07.021

Omega chart 奥米伽海图 07.229

omnidirectional antenna 全向天线 02.478

one way timing 单向定时 02.650

on-line aerotriangulation 联机空中三角测量，＊在线空中三角测量 03.299

on-line cartographic generalization 在线制图综合 04.235

opencast mining plan 露天矿矿图 06.174

opencast survey 露天矿测量 06.166

open leveling line　支水准路线　06.058

open service　公开服务　02.576

open traverse　支导线　06.010

operational control system　运控系统　02.521

operation between images　图像间运算　03.545

optical celestial navigation　光学天文导航　02.691

optical condition　光学条件　03.274

optical density　光密度　03.079

optical graphical rectification　光学图解纠正　03.272

optical instrument positioning　光学［仪器］定位　07.168

optical level　光学水准仪　02.422

optical-mechanical projection　光学机械投影　03.260

optical-mechanical rectification　光学机械纠正　03.270

optical mosaic　光学镶嵌　03.281

optical plumment　垂准仪　06.309

optical plummet　光学对中器　02.458

optical precise plumment　垂准仪　06.309

optical projection　光学投影　03.259

optical pumping magnetometer　海洋光泵磁力仪　07.381

optical rectification　光学纠正　03.269

optical sensor　光学遥感器　03.415

optical theodolite　光学经纬仪　02.409

optical transfer function　光学传递函数　03.086

optic gyroscope　光学陀螺仪　02.684

optimal path analysis　最优路径分析　05.213

optimum partition　最优分割　05.195

orbital coordinate system　轨道坐标系统　02.012

ordered perception　等级感　04.123

ordering relation　序关系　05.012

ordinal scaling　顺序量表　04.312

orientation connection survey　定向连接测量　06.182

orientation of reference ellipsoid　参考椭球定位　02.330

orientation point　定向点　03.163

orienteering map　定向运动地图　04.049

original acquiring　原稿获取　04.333

origin of longitude　经度起算点　02.255

orthochromatic film　正色片　03.071

orthographic projection　正射投影　04.150

orthography of place name　地名正名　04.208

orthometric height　正高　02.136

orthophoto stereomate　正射影像立体配对片　03.343

orthostereoscopy　正立体效应　03.252

OS　公开服务　02.576

oscillating mirror scan　摆镜扫描　03.480

OTF　光学传递函数　03.086

outbound signal　出站信号　02.645

outlier　粗差　01.038

outline　轮廓　04.108

outline map for filling　填充地图　04.056

outstanding point　明显地物点　03.180

overall perception　数量感　04.124

overlay analysis　叠置分析　05.201

overlay tracing　透写图　07.093

overprint　叠印　04.338

ownership survey　权属测量　06.126

P

page-making　页面制作　04.334

panchromatic film　全色片　03.066

panchromatic image　全色影像　03.099

panchromatic infrared film　全色红外片　03.068

panorama camera　全景摄影机　03.023

panoramic camera　全景摄影机　03.023

panoramic distortion　全景畸变　03.050

panoramic image　全景影像　03.101

panoramic photography　全景摄影　03.096

parallax　视差　02.500

parallel-averted photography　等偏摄影　03.190

parallel circle　平行圈　02.323

parameter adjustment　参数平差　02.366

parameter adjustment with conditions　附条件参数平差　02.368

paranoma model　全景图模型　05.162

parcel sea　宗海　07.142

parcel subdivision　土地划分，＊土地分宗　06.150

parcel survey　地块测量　06.135

partial tide　分潮　07.111

particle accelerator survey　粒子加速器测量　06.118

particular map　特种地图　04.054

passage　通道　05.207

passive acoustic beacon　被动声标　07.177

passive microwave remote sensing　被动微波遥感　03.444

passive remote sensing 被动式遥感 03.411

pass point 加密点 03.288

P code 精码 02.056

PDOP 位置精度衰减因子 02.537

PE 定位误差 02.541

pedological map 土壤图 04.011

pelagic survey 远海测量 07.022

pentaprism 五角棱镜 02.464

perceived model 视模型 03.264

perceptual constancy 知觉恒常性 04.112

perceptual effect 视觉感受效果 04.114

perceptual grouping 类别视觉感受 04.115

periodic error 周期误差 02.504

permanent scatterer 永久散射体 03.462

permanent scatterer synthetic aperture radar interferometry
　永久散射体干涉测量 03.463

persistrent scatterer 永久散射体 03.462

personal and instrumental equation 人仪差 02.265

perspective projection 透视投影 04.151

perspective tracing method 透视截面法 04.293

perturbed motion of satellite 卫星受摄运动 02.041

petroleum pipeline survey 输油管道测量 06.253

phase ambiguity 相位多值性 07.198

phase ambiguity resolution 相位模糊度解算 02.076

phase-based laser scanner 相位激光扫描仪 03.433

phase bias 固定相移 07.200

phase cycle 相位周，*巷 07.195

phase cycle value 相位周值，*巷宽 07.196

phase drift 相位漂移 07.199

phase lag 相位滞后 02.068

phase locked loop 锁相环 02.069

phase measurement 相位测量 03.490

phase stability 相位稳定性 07.197

phase transfer function 相位传递函数 03.084

phase unwrapping 相位解缠 03.459

photo 像片 03.129

photo base 像片基线 03.138

photo control point 像片控制点 03.182

photo control survey 像片控制测量 03.183

photo coordinate system 像平面坐标系 03.285

photoelectric astrolabe 光电等高仪 02.433

photoelectric transit instrument 光电中星仪 02.435

photo-electronic sensor 光电遥感器 03.417

photogrammetric coordinate system 摄影测量坐标系
03.284

photogrammetric field work 航测外业 03.175

photogrammetric interpolation 摄影测量内插 03.357

photogrammetric office work 航测内业 03.174

photogrammetric vision 摄影测量视觉 03.212

photogrammetry 摄影测量学 03.001

photogrammetry and remote sensing 摄影测量学与遥感
01.005

photograph 像片 03.129

photographic apparatus 摄影机 03.006

photographic baseline 摄影基线 03.114

photographic processing 摄影处理 03.056

photographic scale 摄影比例尺 03.112

photographic stabilized platform 摄影稳定平台 03.031

photography 摄影学 03.002

photo interpretation 像片判读 03.178

photomicrography 显微摄影 03.210

photo mosaic 像片镶嵌 03.280

photo nadir point 像底点 03.134

photo orientation elements 像片方位元素，*像片定向
参数 03.151

photo plan 像片平面图 03.345

photo planimetric method of photogrammetric mapping 综
合法测图 03.257

photo scale 像片比例尺 03.113

photo theodolite 摄影经纬仪 06.308

phototypesetter 照相排字机 04.396

physical data model 物理数据模型 05.092

physical geodesy 物理大地测量学，*大地重力学
02.114

physical map 自然地图 04.004

picto-line map 浮雕影像地图 04.064

picture format 像幅 03.130

pier location 桥墩定位 06.248

pilot atlas 引航图集 07.275

pitch 航向倾角 03.155

pixel 像素，*像元 03.322

pixel level image fusion 像素级融合 03.554

place name annotation 地名调绘 04.194

place name archive 地名档案 04.200

place name database 地名数据库 04.201

place name dictionary 地名词典 04.198

place name evolvement 地名演变 04.188

place name log 地名志 04.197

place name management 地名管理 04.191

place name paraphrase 意译地名 04.207

place name query 地名查询 05.185

place name renaming 地名更名 04.193

place name research 地名考证 04.189

place name specification 地名规范 04.204

place name spelling 地名拼写 04.210

place name standardization 地名标准化 04.202

place name survey 地名调查 04.209

place name transcription 地名译写 04.211

place name transliteration 音译地名 04.206

place naming 地名命名 04.192

plane control survey 平面控制测量 06.002

plane curve location 平面曲线测设 06.231

plane-table equipment 平板仪 06.314

plane-table surveying 平板仪测绘 06.083

plane-table traverse 平板仪导线 06.013

planetary geodesy 行星大地测量学 02.103

planetary gravity field 行星重力场 02.107

planetary photogrammetry 行星摄影测量 03.107

planet reference frame 行星参考框架 02.106

planet reference system 行星参考系统 02.105

planimeter 求积仪 06.316

planning map 规划地图 04.042

planning road alignment survey 规划道路定线测量 06.278

planning survey 规划测量 06.268

plate correction 层间改正 02.196

plate measuring device 印版检测仪 04.395

plate reader device 印版检测仪 04.395

platometer 求积仪 06.316

PLL 锁相环 02.069

plotter 绘图机 04.329

plotting chart 空白定位图，*远洋作业图 07.221

plotting sheet 空白定位图，*远洋作业图 07.221

PLRS 定位报告系统 02.675

plumb bob 垂球 02.467

plumb line *铅垂线 02.122

POD chart * POD 海图 07.278

POI 关注点，*兴趣点 05.258

point-cloud 点云 03.486

point-cloud classification 点云分类 03.487

point-cloud filtering 点云滤波 03.488

point entity 点实体 05.047

point of interest 关注点，*兴趣点 05.258

point positioning 单点定位 02.089

point symbol 点状符号 04.169

polar coordinate positioning 极坐标定位，*一距离一方位定位 07.173

polar coordinates positioning system 极坐标定位系统，*一距离一方位定位系统 07.337

polar finder 寻北器 02.460

polarimetric coherency matrix 极化相干矩阵 03.475

polarimetric covariance matrix 极化协方差矩阵 03.474

polarimetric scattering matrix 极化散射矩阵 03.471

polarimetric scattering vector 极化散射矢量 03.473

polarimetric synthetic aperture radar interferometry 极化合成孔径雷达干涉测量 03.478

polarimetric target decomposition 极化目标分解 03.476

polarimetric total power 极化总功率 03.472

polarization 极化 03.466

polarization ellipse 极化椭圆 03.467

polarization synthesis 极化合成 03.477

polar motion 极移 02.221

polar orbit satellite 极轨卫星 03.393

political map 政治地图 04.023

polyconic projection 多圆锥投影 04.148

polyfocal projection 多焦点投影 04.158

polygon 多边形 05.136

polygonal height traverse 三角高程导线 06.062

polygon data structure 多边形数据结构 05.091

polygon map 多边形地图 04.048

polyhedral projection 多面体投影 04.166

polynomial model 多项式模型 03.104

population map 人口地图 04.020

Porro-Koppe principle 波罗-科普原理 03.268

POS 定位测姿系统 03.032

positional accuracy 位置精度 05.110

position and orientation system 定位测姿系统 03.032

position differencing 位置差分 02.555

position dilution of precision 位置精度衰减因子 02.537

position function 位置函数，*坐标函数 07.164

positioning diagram method 定位统计图表法 04.280

positioning error 定位误差 02.541

positioning interval 定位点间距 07.167

positioning mark 定位标记 07.085

positioning report 定位报告 02.653

position location reporting system 定位报告系统 02.675

positive 正片 03.062

POS-supported aerotriangulation 定位测姿系统辅助空中三角测量，＊集成传感器定向 03.302

posture map 态势地图 04.033

potential coefficient of the earth 地球位系数 02.131

potential of centrifugal force 离心力位 02.127

Potsdam gravimetric system 波茨坦重力系统 02.160

power spectrum 功率谱 03.366

power transmission line survey 输电线路测量 06.254

PPP 精密单点定位 02.094

precession 岁差 02.216

precise clock error service 精密钟差服务 02.086

precise code 精码 02.056

precise data service of reference station 参考站精密数据服务 02.087

precise engineering control network 精密工程控制网 06.112

precise engineering survey 精密工程测量 06.111

precise ephemeris 精密星历 02.079

precise ephemeris service 精密星历服务 02.085

precise level 精密水准仪 02.424

precise leveling 精密水准测量 02.303

precise mechanism installation measurement 精密机械安装测量 06.117

precise point positioning 精密单点定位 02.094

precise ranging 精密测距 06.114

precise ranging code 精密测距码 02.582

precise ranging code module 精密测距码模块 02.591

precise traversing 精密导线测量 02.273

precise trigonometric leveling 精密三角高程测量 06.113

precision 精密度 01.033

precision stereoplotter 精密立体测图仪 03.247

preliminary survey 初测 06.211

prepress 印前处理 04.332

pre-press proof 预打样图 04.356

preprinted symbol 预制符号 04.177

presentation library 表示库 07.283

pressure gauge 压力验潮仪 07.370

primary frequency standard 频率基准 02.767

prime meridian 本初子午线 02.256

prime vertical 卯酉圈 02.322

prime vertical plane 卯酉面 02.320

principal component transformation 主分量变换 03.538

principal distance of camera 摄影机主距 03.035

principal distance of photo 像片主距 03.036

principal distance of projector 投影器主距 03.261

principal epipolar line 主核线 03.328

principal epipolar plane 主核面 03.332

principal line [of photograph] 主纵线 03.140

principal plane [of photograph] 主垂面 03.139

principal point of photograph 像主点 03.133

principal vanishing point 主合点 03.143

principal vertical plane 主垂面 03.139

principle of geometric reverse 几何反转原理 03.254

printing machine 印刷机 04.404

printing plate 印刷版 04.350

print on demand chart 按需印刷［打印］海图 07.278

PRM 精密测距码模块 02.591

PRN 伪随机噪声码 02.580

probability decision function 概率判决函数 03.592

probable error 概然误差 02.379

professional geographic information system 专业地理信息系统 05.040

profile 剖面图 04.415

profile diagram 纵断面图 06.242

profile survey 纵断面测量 06.241

prognostic map 预报地图 04.043

projection equation 投影方程 03.105

projection interval 渐长区间 07.292

projection printing 投影晒印 03.059

projection scale 投影比例尺 04.135

projection transformation ［地图］投影变换 04.167

projection with two standard parallels 双标准纬线投影 04.159

projective geometry 射影几何 03.198

proofing 打样 04.355

proofing press 打样机 04.399

property boundary survey 地产界测量 06.158

proportional error 比例误差 02.488

proximity analysis 邻近分析 05.196

PRS 授权服务 02.577

pseudo-color image 伪彩色图像 03.559

pseudorandom noise 伪随机噪声码 02.580

pseudorange 伪距 02.592

pseudorange differencing 伪距差分 02.556

pseudorange measurement 伪距测量 02.595

pseudosatellite 伪卫星 02.569

pseudostereoscopy 反立体效应 03.253

PTF 相位传递函数 03.084

public engineering survey 市政工程测量 06.273

public regular service 授权服务 02.577

pulsar 脉冲星 02.706

pulsar detector 脉冲星探测器 02.707

pulsar navigation 脉冲星导航 02.710

pulsar positioning 脉冲星定位 02.708

pulsar timing 脉冲星定时 02.709

pulse measurement 脉冲测量 03.489

pulse radio altimeter 脉冲无线电高度表 02.666

punching positioning 打孔定位 04.354

pure gravity anomaly 纯重力异常 02.189

push-broom camera 线阵摄影机 03.019

push-broom sensor 线阵遥感器 03.412

Q

quadrant 象限仪 02.436

quadtree index 四叉树索引 05.098

qualitative perception 质量感 04.122

quality base method 质底法 04.287

quality of aerophotography 航摄质量 03.115

quality of the bottom 底质 07.311

quantitative remote sensing 定量遥感 03.524

quantity base method 量底法 04.288

quantization 量化 03.320

quantizing 量化 03.320

quantum imaging 量子成像 03.441

quartz spring gravimeter 石英弹簧重力仪 02.442

quasi-geoid 似大地水准面 02.212

quasi-stable adjustment 拟稳平差 02.372

Quasi-zenith Satellite System 准天顶导航卫星系统 02.514

query optimization 查询优化 05.188

QZSS 准天顶导航卫星系统 02.514

R

radar altimeter 雷达测高仪，＊雷达高度计 02.507

radar image 雷达影像 03.450

radar photogrammetry 雷达摄影测量 03.230

radar remote sensing 雷达遥感 03.447

radar responder 雷达应答器 07.314

radial distortion 径向畸变 03.049

radial positioning grid 辐射线格网 07.184

radiation calibration 辐射定标 03.527

radiation sensor 辐射遥感器 03.418

radiation transfer 辐射传输 03.370

radio/INS integrated navigation 无线电与惯性组合导航 02.729

radio amplitude navigation 无线电振幅导航 02.659

radio astronomical observation system 射电天文观测系统 02.705

radio beacon 无线电指向标，＊电指向 07.313

radio celestial navigation 射电天文导航 02.703

radio compass system 无线电罗盘系统 02.660

radio determination service of satellite 卫星无线电定位服务 02.644

radio frequency navigation 无线电频率导航 02.662

radiometric correction 辐射校正 03.525

radio navigation 无线电导航 02.658

radio navigation service of satellite 卫星无线电导航服务 02.575

radio phase navigation 无线电相位导航 02.669

radio positioning 无线电定位 07.181

radio time navigation 无线电时间导航 02.665

radius of curvature in meridian 子午圈曲率半径 02.324

radius of curvature in prime vertical 卯酉圈曲率半径 02.325

railway engineering survey 铁路工程测量 06.252

RAIM 接收机自主完好性监测 02.563

random error 偶然误差 01.036

range hole 测距盲区 07.211

range-only radar 测距雷达 03.431

range-range positioning 圆-圆定位，＊距离-距离定位 07.171

range-range positioning system 测距定位系统 07.336

ranger image 距离图像 03.484

rank defect adjustment 秩亏平差 02.371

raster chart　栅格海图，*光栅海图　07.251

raster data　栅格数据　05.057

raster data model　栅格数据模型　05.071

raster data structure　栅格数据结构　05.087

raster map database　栅格地图数据库　05.022

ratio enhancement　比值增强　03.572

ratio scaling　比例量表　04.314

ratio transformation　比值变换　03.541

RDSS　卫星无线电定位服务　02.644

reading accuracy of sounder　测深仪读数精度　07.087

real-aperture radar　真实孔径雷达　03.448

real estates cadastre　房地产地籍　06.142

real map　实地图　04.096

real property cadastre　*不动产地籍　06.142

real property survey　房产测量，*不动产测量　06.145

real time aerial triangulation　实时空中三角测量　03.300

real-time kinematic survey　实时动态测量　02.071

real-time pesudorange difference　实时伪距差分　02.627

real-time photogrammetry　实时摄影测量　03.361

real-time positioning　实时定位　02.093

receiver autonomous integrity monitoring　接收机自主完好性监测　02.563

receiver clock bias　接收机钟差　02.621

receiver cold start　接收机冷启动　02.629

receiver data communication format　接收机数据通信格式　02.632

receiver hot start　接收机热启动　02.631

receiver independent exchange format　接收机通用交换格式　02.026

receiver warm start　接收机温启动　02.630

receiving center　接收中心　07.202

reclaimation survey　复垦测量　06.167

recording paper of sounder　测深仪记录纸　07.082

rectangular grid　直角坐标网　06.089

rectangular map sheet　矩形分幅　06.090

reduced latitude　归化纬度　02.335

reduction of sounding　测深归算　07.063

reduction to centring　归心改正　02.277

reduction to station center　测站归心　06.033

reduction to target center　照准点归心　06.035

redundant observation　多余观测　02.377

reference effect　参照效应　04.113

reference ellipsoid　参考椭球　02.313

reference-ellipsoidcentric coordinate system　参心坐标系　01.029

reflectance spectrum　反射波谱　03.367

regionalization map　区划地图　04.037

registered surveyor　注册测绘师　01.064

registering　套印　04.336

register mark　规矩线　04.371

regression analysis　回归分析　05.192

regular grid index　规则格网索引　05.095

regular grid model　规则格网模型　05.072

relational data　关系数据　05.054

relational database management system　关系数据库管理系统　05.104

relative error　相对误差　02.357

relative flying height　相对航高　03.120

relative gap　相对漏洞　03.124

relative gravity measurement　相对重力测量　02.169

relative length closing error of traverse　导线相对闭合差　06.023

relative orientation　相对定向　03.167

relative positioning　相对定位　02.090

relativistic correction　相对论改正　02.609

relay satellite　中继卫星　03.398

relief displacement　投影差　03.146

relief map　立体地图　04.061

relief reresentation method　地貌表示法　04.294

religious map　宗教地图　04.019

remote sensing geometry　遥感几何　03.528

remote sensing image　遥感影像　03.514

remote sensing image interpretation　遥感图像解译　03.580

remote sensing image processing　遥感图像处理　03.534

remote sensing inversion　遥感反演　03.618

remote sensing physics　遥感物理　03.363

remote sensing platform　遥感平台　03.382

remote sensing satellite　遥感卫星　03.390

remote-sensing satellite network　遥感卫星网　03.396

remote sensing sounding　遥感测深　07.057

remote sensor　遥感传感器　03.408

renewal of the cadastre　地籍更新　06.134

repetition method　复测法　06.029

replicative symbol　象形符号　04.179

reproduction camera　复照仪　04.330

resampling　重采样　03.323

resection 后方交会 06.076

reservoir storage survey 库容测量 06.260

reservoir survey 水库测量 06.257

residual 残差 01.040

resolution acuity 视觉分辨敏锐度 04.104

resolving power of lens 物镜分辨力 03.046

response time 响应时间 02.655

reversal film 反转片 03.072

reversal points method 逆转点法 06.198

revision of topographic map 地形图更新 06.272

RINEX 接收机通用交换格式 02.026

river chart 江河图 07.264

river-crossing leveling 跨河水准测量 02.304

river improvement survey 河道整治测量 06.264

river survey 江河测量 07.027

RMS 均方根误差 02.389

RMSE 均方根误差 02.389

RNSS 卫星无线电导航服务 02.575

road engineering survey 公路工程测量 06.251

robust estimation 抗差估计，*稳健估计 02.364

rod 标尺 02.471

Roelofs solar prism 鲁洛夫斯太阳棱镜 02.465

roll 旁向倾角 03.156

roof station 顶板测点 06.201

root mean square error 均方根误差 02.389

rotary laser 激光扫平仪 06.312

rotating laser 激光扫平仪 06.312

rotating mirror scan 旋转棱镜扫描 03.481

rotational angular velocity of the earth 地球自转角速度 02.215

rotation axiom of the perspective 透视旋转定律 03.279

rotation parameter 旋转参数 02.016

rotation theorem 透视旋转定律 03.279

round-off error 舍入误差 02.361

route analysis 路径分析 05.212

route engineering survey 线路工程测量 06.209

route horizontal control survey 线路平面控制测量 06.213

route leveling 线路水准测量 06.222

route plan 线路平面图 06.225

route vertical control survey 线路高程控制测量 06.214

RTD 实时伪距差分 02.627

R-tree index R 树索引 05.097

run error 行差 02.501

rural planning survey 乡村规划测量 06.276

S

SA 选择可用性 02.636

safety contour 安全等深线 07.259

safety depth 安全水深 07.258

sailing chart 航行图 07.217

SAIM 卫星自主完好性监测 02.564

sampling 采样 03.321

sampling interval 采样间隔 03.324

sand table 沙盘 04.065

SAR 合成孔径雷达 03.449

satellite-acoustics integrated positioning system 卫星－声学组合定位系统 07.341

satellite altimetry 卫星测高 02.073

satellite altitude 卫星高度 02.032

satellite autonomous integrity monitoring 卫星自主完好性监测 02.564

satellite autonomous navigation 卫星自主导航 02.643

satellite based augmentation systems 星基增强系统 02.565

satellite-borne sensor 星载遥感器 03.419

satellite clock bias determination 卫星钟差测定 02.607

satellite clock bias prediction 卫星钟差预报 02.608

satellite configuration 卫星构形 02.025

satellite constellation 卫星星座 02.024

satellite Doppler positioning 卫星多普勒定位 02.095

satellite Doppler shift measurement 卫星多普勒[频移]测量 02.072

satellite geodesy 卫星大地测量学 02.002

satellite gravimetry 卫星重力测量 02.174

satellite gravity gradiometry 卫星重力梯度测量 02.170

satellite-ground two-way time synchronization 星地双向时间同步 02.611

satellite image 卫星影像 03.516

satellite image map 卫星影像图 03.515

satellite laser ranger 卫星激光测距仪 02.430

satellite laser ranging 卫星激光测距 02.311

satellite navigation 卫星导航 02.508

satellite navigation augmentation system 卫星导航增强系统 02.553

satellite navigation signal 卫星导航信号 02.578

satellite orbit determination 卫星轨道测定 02.605

satellite orbit prediction 卫星轨道预报 02.606

satellite positioning 卫星定位 07.169

satellite-satellite two-way time synchronization 星间双向时间同步 02.613

satellite time service 卫星授时 02.777

satellite to satellite tracking 卫星跟踪卫星 02.178

saturation 饱和度 04.268

SBAS 星基增强系统 02.565

scale error 比例误差 02.488

scale parameter 尺度参数 02.017

scale transform 尺度变换 05.006

scaling of model 模型缩放 03.265

scanner 扫描仪 04.392

scenography method 写景法 04.295

Scheimpflug condition *向甫鲁条件 03.278

school map 教学地图 04.035

screen 网屏 04.341

screen dot 网点 04.342

screen line 网线 04.343

screen printing 丝网印刷 04.378

SDI 空间数据基础设施 01.050

sea area boundary line 海区界线 07.323

sea area information investigation 海区资料调查 07.140

seabed sampler 海底采样器 07.367

seafloor elevation model 海底地形模型 07.130

seafloor imaging system 海底图像系统 07.357

seafloor slope correction 海底倾斜改正 07.081

seamless depth datum 无缝深度基准面 07.011

searching area 搜索区 03.355

sea surface topography 海面地形 07.008

section survey 断面测量 06.240

selective availability 选择可用性 02.636

selenodesy 月球测绘 02.109

selenodesy 月面测量学 02.110

self-adaptive visualization 自适应可视化 05.145

self-calibration 自检校 03.306

semantic transform 语义转换 05.015

semidiurnal tidal harbor 半日潮港 07.109

semimajor axis of ellipsoid 椭球长半轴，*地球长半轴 02.314

semiminor axis of ellipsoid 椭球短半轴，*地球短半轴 02.315

semi-parameter model 半参数模型 02.376

sensitivity 感光度 03.080

sensitization 感光 03.055

sensitometric characteristic curve 感光特性曲线 03.082

sensitometry 感光测定 03.083

sequential adjustment 序贯平差 02.370

series map 系列地图 04.072

service chain 服务链 05.255

service composition 服务聚合，*服务组合 05.253

service description 服务描述 05.250

service discovery 服务发现，*服务匹配 05.252

service frequency 服务频度 02.654

service registration 服务注册 05.251

service workflow 服务工作流 05.254

setting accuracy 安平精度 02.497

setting-out of cross line through shaft center 井筒十字中线标定 06.191

setting-out of main axis 主轴线测设 06.287

setting-out of reservoir flooded line 水库淹没线测设 06.261

setting-out survey 放样测量 06.284

settlement observation 沉降观测 06.098

sextant 六分仪 07.344

shade 深色调 04.274

shaft bottom plan 井底车场平面图 06.171

shaft construction survey 建井测量 06.190

shaft orientation survey 立井定向测量 06.180

shape feature extraction 形状特征提取 03.607

shape from contour 自轮廓重建 03.205

shape from shading 自阴影重建 03.206

sheet assembly 拼大版 04.344

sheet designation 图幅编号 04.249

sheet-fed offset press 平板胶印机 04.405

sheet join 图幅接边 04.317

sheet lines 图廓[线] 04.250

sheet number 图幅编号 04.249

Shida's number 志田数 02.239

short base line positioning 短基线定位 07.179

shortest path analysis 最短路径分析 05.214

short-range positioning system 近程定位系统 07.332

short-wave time service 短波授时 02.779

shutter 快门 03.041

side intersection 侧方交会 06.075

side overlap 旁向重叠度 03.127

sidereal clock 恒时钟 02.438

sidereal time 恒星时 02.745

side-scan sonar 侧扫声呐 07.346

sighting distance 视距 02.489

sighting line method 瞄直法 06.184

sighting point 照准点 06.034

signal lamp 标志灯 02.461

signal loss of lock 信号失锁 02.049

signal re-acquisition 信号重捕 02.597

signal to noise ratio 信噪比 03.518

signal transmission group delay 信号传播群时延
02.604

simulated terrain texture 仿真地表纹理 05.157

simultaneous contrast 视场对比 04.118

simultaneous observation 同步观测 02.070

single beam echo sounder 单波束测深仪 07.353

single-difference phase observation 单差相位观测
02.082

single frequency positioning 单频定位 02.624

SISA *空间信号精度 02.535

SISE *空间信号误差 02.533

sketch of three-north direction 三北方向图 04.246

sky-wave correction 天波修正 07.204

sky-wave interference 天波干扰 07.203

slant range projection 斜距投影 03.452

slave station 副台 07.194

slope analysis 坡度分析 05.220

slope line 示坡线 04.304

slope scale 坡度尺 04.254

slope staking 边坡桩测设 06.229

slope theodolite 坡面经纬仪 02.415

SLR 卫星激光测距 02.311

SM 测绘学 01.001

smallcraft chart 游艇用图 07.266

SNR 信噪比 03.518

social economic map 社会经济地图 04.021

soft proofing 软打样 04.361

software receiver 软件接收机 02.590

solar radiation 太阳辐射 03.378

solar radiation pressure perturbation 太阳光压摄动
02.036

solar radiation spectrum 太阳辐射波谱 03.379

solar time 太阳时 02.746

sonar 声呐 07.345

sonar image 声图，*声呐图像 07.035

sonar sweeping 声呐扫海 07.034

sounder 测深仪 07.350

sounding 水深测量 07.053

sounding datum 深度基准 01.024

sounding pole 测深杆 07.362

soundings thining 水深抽稀 07.094

sound velocimeter 声速计，*声速剖面仪 07.358

sound velocity profiling 声速剖面测量 07.068

source material 制图资料 04.309

space-based system 空基系统 02.022

space camera 航天摄影机 03.007

space coordinate transformation 空间坐标变换 03.533

spacecraft autonomous celestial navigation 航天器自主天
文导航 02.702

space geodesy 空间大地测量学 02.001

space geodetic control network 空间大地控制网 02.299

space image 航天影像 03.097

space intersection 空间前方交会 03.293

space photogrammetry 航天摄影测量 03.106

space photography 航天摄影 03.003

space remote sensing 航天遥感 03.388

space resection 单片空间后方交会 03.292

space sextant celestial positioning 空间六分仪天文定位
02.700

space shuttle 航天飞机 03.389

spatial analysis 空间分析 05.178

spatial association rule 空间关联规则 05.236

spatial auto-correlation analysis 空间自相关分析
05.191

spatial characteristic rule 空间特征规则 05.233

spatial cluster analysis 空间聚类分析 05.194

spatial clustering rule 空间聚类规则 05.232

spatial cognition 空间认知 04.089

spatial data assimilation 空间数据同化 05.139

spatial database 空间数据库 05.016

spatial database engine 空间数据库引擎 05.107

spatial database management system 空间数据库管理系
统 05.103

spatial data cleaning 空间数据清理 05.225

spatial data compression 空间数据压缩 05.144

spatial data conversion 空间数据转换 05.137

spatial data copyright　空间数据版权　05.123

spatial data cube　空间数据立方体　05.226

spatial data digital fingerprinting　空间数据数字指纹　05.125

spatial data digital watermarking　空间数据数字水印　05.124

spatial data encryption　空间数据加密　05.121

spatial data file　空间数据文件　05.101

spatial data filtering　空间数据过滤　05.146

spatial data format　空间数据格式　05.138

spatial data fusion　空间数据融合　05.140

spatial data granularity　空间数据粒度　05.005

spatial data index　空间数据索引　05.093

spatial data infrastructure　空间数据基础设施　01.050

spatial data integration　空间数据集成　05.142

spatial data management　空间数据管理　05.067

spatial data matching　空间数据匹配　05.141

spatial data mining　空间数据挖掘　05.223

spatial data mining rule　空间数据挖掘规则　05.231

spatial data organization　空间数据组织　05.102

spatial data processing　空间数据处理　05.126

spatial data quality　空间数据质量　05.108

spatial data quality element　空间数据质量元素　05.109

spatial data security　空间数据安全　05.120

spatial data steganography　空间数据隐写　05.122

spatial data structure　空间数据结构　05.084

spatial data uncertainty　空间数据不确定性　05.116

spatial data updating　空间数据更新　05.143

spatial data visualization　空间数据可视化　01.051

spatial data warehouse　空间数据仓库　05.224

spatial decision support　空间决策支持　05.227

spatial dependent rule　空间依赖规则　05.238

spatial discriminate rule　空间区分规则　05.234

spatial evolution rule　空间演变规则　05.235

spatial filtering　空间域滤波　03.546

spatial interpolation　空间插值　05.215

spatial measuring and caculation　空间量算　05.189

spatial optimization analysis　空间优化分析　05.205

spatial outlier　空间例外　05.239

spatial partitioning　空间分区　05.151

spatial perception simulation　空间感知仿真　05.166

spatial predicatable rule　空间预测规则　05.237

spatial query　空间查询　05.179

spatial query language　空间查询语言　05.180

spatial reference identifier　空间参照标识符　05.003

spatial relation　空间关系　05.008

spatial statistical analysis　空间统计分析　05.190

spatial volume visualization　空间体视化　05.148

spatio-temporal data model　时空数据模型　05.080

special chart　专用海图　07.277

special depth　特殊水深　07.089

special photogrammetry　特种摄影测量　03.221

special pipeline map　专业管线图　06.299

special printing　特种印刷　04.373

special use map　专用地图　04.028

specification for topographic map symbols　地形图图式　04.263

specific place name　地名专名　04.186

speckle noise　斑点噪声　03.453

spectral analysis　光谱分析　03.501

spectral calibration　光谱定标　03.508

spectral feature extraction　光谱特征提取　03.604

spectral feature parameterization　光谱特征参量化　03.510

spectral matching　光谱匹配　03.509

spectral measurement　光谱测量　03.502

spectral reconstruction　光谱重建　03.511

spectral resolution　光谱分辨率　03.503

spectral sensitivity　光谱感光度，＊光谱灵敏度　03.081

spectral unmixing　混合像素分解　03.513

spectrograph　摄谱仪　03.437

spectrometer　地物波谱仪　03.409

spectrophotometer　色度计，＊分光光度计　04.394

spectrum character curve　波谱特征曲线　03.368

spectrum cluster　波谱集群　03.506

spectrum feature space　波谱特征空间　03.505

spectrum response curve　波谱响应曲线　03.369

spirit level　水准器　02.455

spot-color printing　专色印刷　04.370

SPOT satellite　SPOT 卫星　03.401

spring rise　大潮升　07.102

SPS　标准定位服务　02.088

SQL　结构化查询语言　05.181

square control network　施工方格网　06.286

square map sheet　正方形分幅　06.091

SRID　空间参照标识符　05.003

SST　卫星跟踪卫星　02.178

stadia addition constant　视距加常数　02.493

stadia multiplication constant　视距乘常数　02.492

stadia traverse　视距导线　06.012

staff　标尺　02.471

standard deviation　中误差，＊标准差　01.039

standard deviation of angle observation　测角中误差　02.397

standard deviation of a point　点位中误差　02.400

standard deviation of azimuth　方位角中误差　02.398

standard deviation of coordinate　坐标中误差　02.399

standard deviation of height　高程中误差　02.401

standard field of length　长度标准检定场　02.494

standard map for place name　地名标准图　04.199

standard meter　线纹米尺　02.474

standard parallel　标准纬线　04.138

standard place name　标准地名　04.203

standard positioning service　标准定位服务　02.088

standards of surveying and mapping　测绘标准　01.058

standard time　标准时间　02.760

star　恒星　02.693

star catalogue　星表　02.695

staring-imaging satellite　凝视卫星　03.397

state vector　状态向量　02.042

static buffer analysis　静态缓冲区分析　05.199

static index　静态索引　05.099

static positioning　静态定位　02.091

static sensor　静态遥感器　03.413

station　测站　06.032

station chain　台链　07.192

statistic map　统计地图　04.036

stellar camera　恒星摄影机　03.012

stellar magnitude　星等　02.694

stellar sensor　恒星敏感器　02.179

stereo camera　立体摄影机　03.022

stereocomparator　立体坐标量测仪　03.244

stereographic projection　球面投影　04.152

stereointerpretoscope　立体判读仪　03.241

stereo metric camera　立体摄影机　03.022

stereo pair　立体像对　03.234

stereo photogrammetry　立体摄影测量　03.233

stereoplotter　立体测图仪　03.245

stereoscope　立体镜　03.238

stereoscopic map　视觉立体地图　04.062

stereoscopic model　立体观测模型　03.262

stereoscopic observation　立体观测　03.248

stereoscopic perception　立体感　04.126

stereoscopic vision　立体视觉　03.236

Stokes formula　斯托克斯公式　02.204

Stokes theory　斯托克斯理论　02.203

Stokes vector　斯托克斯矢量　03.469

stope survey　采场测量　06.206

stop-number　光圈号数　03.040

strapdown inertial navigation system　捷联式惯性导航系统　02.681

strip　航带　03.118

strip aerial triangulation　航带法空中三角测量　03.295

striping and mining engineering profile　采剥工程断面图　06.175

structural selection model　结构选取模型　04.217

structured query language　结构化查询语言　05.181

stud registration　销钉定位法　04.368

sub-bottom profiler　浅地层剖面仪　07.366

subbottom profiling　浅地层剖面测量　07.139

subdivision of land　土地划分，＊土地分宗　06.150

subjective outline　主观轮廓　04.109

submarine construction survey　海底施工测量　07.132

submarine control network　海底控制网　07.003

submarine control point　海底控制点　07.004

submarine geological structure chart　海底地质构造图　07.238

submarine geomorphologic chart　海底地貌图　07.236

submarine geomorphology　海底地貌　07.308

submarine situation chart　海底地势图　07.231

submarine tunnel survey　海底隧道测量　07.133

subway survey　地下铁路测量　06.120

successive contrast　连续对比　04.119

sun-synchronous satellite　太阳同步卫星　03.392

superconductor gravimeter　超导重力仪　02.443

super-resolution image reconstruction　图像超分辨率重建　03.574

supervised classification　监督分类　03.593

superwide-angle aerial camera　特宽角航摄仪　03.029

surface level　水面水准　07.007

surface reconstruction　表面重建　03.204

surface spectrum database　地物波谱库　03.504

surface-underground contrast plan　井上下对照图　06.173

survey control network　测量控制网　06.041

survey datum　测绘基准，＊大地［测量］基准　01.020

survey for land consolidation 平整土地测量 06.279

survey for marking of boundary 标界测量 06.160

survey gyroscope 陀螺经纬仪 06.306

surveying and mapping 测绘学 01.001

Surveying and Mapping Law of the People's Republic of China 中华人民共和国测绘法 01.002

surveying and mapping satellite 测绘卫星 03.404

surveying for site selection 选址测量 06.282

surveying point of underground pipeline 管线点 06.296

surveying receiver 测量型接收机 02.407

surveying the vertical side of building 立面测量 06.147

survey in mining 采区测量 06.204

survey line 测线 07.059

survey mark 测量标志 01.062

survey of present state at industrial site 工厂现状图测量 06.291

survey specification 测量规范 01.059

suspension theodolite 悬式经纬仪 02.416

swath sounding 条带测深 07.056

swath width 扇区开角 07.080

sweep 扫海测量 07.030

sweeper 扫海具 07.363

sweeping at definite depth 定深扫海 07.031

sweeping depth 扫海深度 07.037

sweeping sounder 扫海测深仪 07.352

sweeping trains 扫海趟 07.038

swept area 扫海区 07.324

swing angle 像片旋角 03.157

symbolization ［地图］符号化，＊地图可视化 04.262

symbols and abbreviations on chart 海图图式 07.214

synchronous photography 同步摄影 03.211

synthesis pipeline map 综合管线图 06.298

synthetic aperture LiDAR 合成孔径激光雷达 03.492

synthetic aperture radar 合成孔径雷达 03.449

synthetic aperture radar photogrammetry 雷达摄影测量 03.230

synthetic aperture radar polarimetry 合成孔径雷达极化测量 03.465

synthetic aperture radar tomography 层析合成孔径雷达 03.464

synthetic map 合成地图 04.040

synthetic plan of striping and mining 采剥工程综合平面图 06.176

synthetic vision system 合成视觉系统 05.174

systematic error 系统误差 01.037

T

TACAN 塔康系统 02.672

tactical air navigation system 塔康系统 02.672

tactile simulation 触觉仿真 05.171

tactual map 触觉地图 04.055

TAI 国际原子时 02.754

Talcott method of latitude determination 塔尔科特测纬度法 02.261

tangential distortion 切向畸变 03.048

tangential lens distortion 切向畸变 03.048

tangent off-set method 切线支距法 06.236

target 觇标，＊测标 02.470

target area 目标区 03.354

target reflector 目标反射器 02.485

target road engineering survey 靶道工程测量 06.125

tasseled cap transformation 穗帽变换 03.543

TDOP 时间精度衰减因子 02.540

telematics 车联网 02.736

temporal data 时态数据 05.055

terrain analysis 地形分析 05.216

terrain matching navigation 地形匹配导航 02.712

terrain modeling 地形建模 05.155

terrain profile analysis 地形剖面分析 05.218

terrain statistical analysis 地形统计分析 05.221

terrain texture modeling 地表纹理建模 05.156

terrain visualization analysis 地形可视化分析 05.217

terrestrial camera 地面摄影机 03.009

terrestrial gravitational perturbation 地球引力摄动 02.034

terrestrial mobile mapping 地面移动测量 03.194

terrestrial photogrammetry 地面摄影测量 03.188

terrestrial photography 地面摄影 03.187

terrestrial spectrograph 地面摄谱仪 03.439

territorial sea basepoint survey 领海基点测量 07.137

texture analysis 纹理分析 03.606

texture enhancement 纹理增强 03.571

texture feature extraction 纹理特征提取 03.605

texture mapping 纹理映射 05.147

TGD 信号传播群时延 02.604

the EDM height traversing 电磁波测距高程导线测量 02.298

thematic atlas 专题地图集 04.069

thematic chart 专题海图 07.235

thematic map 专题地图 04.003

thematic mapper 专题测图仪 03.422

theodolite 经纬仪 02.408

theodolite surveying 经纬仪测绘 06.084

theodolite traverse 经纬仪导线 06.011

theoretical cartography 理论地图学 04.088

theoretical lowest tide surface 理论最低潮面 07.097

thermal infrared imagery 热红外图像 03.494

thermal infrared temperature retrieval 热红外温度反演 03.499

thermal IR imagery 热红外图像 03.494

thermal radiation 热辐射 03.376

Thiessen polygon analysis 泰森多边形分析 05.202

three-arm protractor 三杆分度仪 07.343

three-axis stabilized platform 三轴稳定平台 02.689

three-dimensional control measurement 三维控制测量 06.066

three-dimensional landscape simulation 三维景观仿真 05.168

three-dimensional nautical chart 三维航海图，＊三维电子航海图 07.280

three-dimensional network 三维控制网 06.067

tidal correction 潮汐改正 07.147

tidal current analysis 潮流分析 07.123

tidal current chart 潮流图 07.243

tidal datum 潮汐基准面 07.106

tidal factor 潮汐因子 02.237

tidal harmonic analysis 潮汐调和分析 07.114

tidal harmonic constant 潮汐调和常数 07.115

tidal information panel 潮信表 07.302

tidal nonharmonic analysis 潮汐非调和分析 07.116

tidal nonharmonic constant 潮汐非调和常数 07.117

tidal observation 验潮，＊潮汐测量 07.096

tidal perturbation 潮汐摄动 02.038

tidal prediction 潮汐预报 07.118

tidal spectrum 潮汐频谱 02.243

tidal station 验潮站 07.104

tidal synobservation 同步验潮 07.107

tidal wave 潮汐波 02.241

tide-generating force 引潮力 02.226

tide-generating potential 引潮位 02.227

tide staff 水尺 07.373

tide table 潮汐表 07.124

tie point 连接点 03.289

tightly coupled integration 紧组合导航 02.718

tilt angle of photograph 像片倾角 03.154

tilt displacement of image point 倾斜像点位移 03.145

tilt observation 倾斜测量 06.100

time 时间 02.741

time accuracy 时间精度 05.112

time and frequency 时频 02.763

time and frequency service 时间频率服务 02.739

time datum 时间基准 01.026

time difference method 时差法 07.066

time dilution of precision 时间精度衰减因子 02.540

time keeping 守时 02.771

time keeping clock ensemble 守时钟组 02.773

time keeping system 守时系统 02.772

time origin 时间原点 02.742

time receiving 收时 02.268

time scale 时间尺度 02.743

time service 授时 02.775

time service system 授时系统 02.776

time signal 时号 02.266

time synchronization 时间同步 02.610

time system 时间系统 02.740

time to first fix 首次定位时间 02.628

time transfer 时间传递 02.781

time-varying gravity field 时变重力场 02.147

time zone 时区 02.758

timing receiver 定时型接收机 02.526

timing terminal 定时终端 02.784

TIN model 不规则三角网模型 05.074

tint 浅色调 04.275

TM 专题测图仪 03.422

tone 色调 04.271

Topfer model 开方根规律模型 04.218

topocentric coordinate system 站心坐标系统 02.014

topographic control point 地形控制点 06.079

topographic correction 地形改正 02.197

topographic database 地形数据库 05.017

topographic-isostatic anomaly 地形均衡异常 02.192

topographic map 地形图 01.045

topographic map of construction site 工点地形图 06.223

topographic map of mining area 井田区域地形图 06.169

topographic map of urban area 城市地形图 06.271

topographic survey 地形测量 06.068

topological data structure 拓扑数据结构 05.088

topological map 拓扑地图 04.050

topological object 拓扑对象 05.090

topological primitive 拓扑单形 05.089

topological query 拓扑查询 05.184

topological relation 拓扑关系 05.010

topological relation construction 拓扑关系构建 05.130

topology data model 拓扑数据模型 05.077

toponomastics 地名学 01.011

toponymy 地名学 01.011

total length closing error of traverse 导线全长闭合差 06.022

total station surveying 全站仪测绘 06.087

total station traverse 全站仪导线 06.015

tourist map 旅游地图 04.044

towfish 拖鱼 07.382

track control network 轨道控制网 06.215

tracking station 跟踪站 02.030

track station 基准台，*差分台 07.190

traffic map 交通地图 04.026

traffic separation scheme chart 分道航行图 07.265

training sample 训练样本 03.587

transducer 换能器 02.480

transducer baseline 换能器基线 07.074

transducer dynamic draft 换能器动态吃水 07.073

transducer static draft 换能器静态吃水 07.072

transit 经纬仪 02.408

transit instrument 中星仪 02.434

transition curve location 缓和曲线测设 06.233

transit method 中天法 02.258

translation parameter 平移参数 02.015

transmittance 透光率 03.078

transmitting line of sounder 测深仪发射线，*测深仪零线 07.084

transparent negative 透明负片 03.061

transparent positive 透明正片 03.063

transverse projection 横轴投影 04.154

trapping 陷印 04.337

traverse angle 导线折角 06.018

traverse leg 导线边 06.017

traverse network 导线网 06.045

traverse point 导线点 06.016

traverse survey 导线测量 06.006

trend analysis 趋势分析 05.193

triangular irregular network model 不规则三角网模型 05.074

triangulateration 边角测量 06.005

triangulateration network 边角网 06.044

triangulation 三角测量 02.284

triangulation chain 三角锁 02.283

triangulation network 三角网 02.282

triangulation point 三角点 02.281

tribrach 三角基座 02.456

trigonometric leveling 三角高程测量 06.055

trigonometric leveling network 三角高程网 02.305

trilateration 三边测量 06.004

trilateration network 三边网 06.043

triple-difference phase observation 三差相位观测 02.084

triple frequency positioning 三频定位 02.626

tripod 三脚架 02.468

tropospheric dalay correction 对流层延迟改正 02.617

tropospheric refraction correction 对流层折射改正 02.063

true error 真误差 02.355

true horizon 合线 03.141

true orthophoto 真正射影像 03.340

true solar time 真太阳时 02.747

truncation error 截断误差 02.360

tunnel survey 隧道测量 06.249

two-color laser ranger 双色激光测距仪 02.429

two-medium photogrammetry 双介质摄影测量 03.223

two-way route 双向航道 07.327

two-way time comparing 双向法时间比对 02.783

two way timing 双向定时 02.651

typification 典型化 04.231

U

ubiquitous positioning　泛在定位　02.735

UDRE　用户差分距离误差　02.566

UERE　用户等效距离误差　02.534

UFGIS　城市基础地理信息系统　06.275

UGIS　城市地理信息系统　05.041

ultra short base line positioning　超短基线定位　07.180

ultraviolet imager　紫外成像仪　03.429

uncertain data mining　不确定性数据挖掘　05.229

underground cavity survey　井下空硐测量　06.207

underground engineering survey　地下工程测量　06.119

underground oil depot survey　地下油库测量　06.121

underground pipeline detecting and surveying　地下管线探测　06.295

underground pipeline information system　地下管线信息管理系统　06.300

underground pipeline survey　地下管线测量　06.293

underground survey　井下测量，*矿井测量　06.195

underwater acoustic beacon　水下声标　07.175

underwater acoustic responder　水声应答器　07.359

underwater camera　水下摄影机　03.011

underwater photogrammetry　水下摄影测量　03.224

underwater topographic survey　水下地形测量　07.050

un-differenced carrier phase observation　非差相位观测　02.081

united timing terminal　时统终端　02.785

unit weight　单位权　02.380

universal method of photogrammetric mapping　全能法测图　03.255

universal polar stereographic projection　通用极球面投影　04.165

universal time　世界时　02.749

universal transverse Mercator projection　通用横墨卡托投影　04.164

unmanned aerial vehicles for aerial photogrammetry　航摄无人机　03.186

unsupervised classification　非监督分类　03.594

uploading station　注入站　02.523

UPS　通用极球面投影　04.165

upward/downward atmospheric radiation　大气上下行辐射　03.497

URA　用户距离精度　02.535

urban control network　城市控制网　06.049

urban control survey　城市控制测量　06.269

urban foundational geographical information system　城市基础地理信息系统　06.275

urban geographic information system　城市地理信息系统　05.041

urban survey　城市测量　06.267

urban topographic survey　城市地形测量　06.270

URE　用户距离误差　02.533

user differential range error　用户差分距离误差　02.566

user equivalent range error　用户等效距离误差　02.534

user height database　用户高程数据库　02.647

user identification number　用户身份识别号　02.657

user range accuracy　用户距离精度　02.535

user range error　用户距离误差　02.533

UT　世界时　02.749

UTC　协调世界时　02.759

UTM　通用横墨卡托投影　04.164

V

vanishing line　合线　03.141

vanishing point control　合点控制　03.277

variance　方差　02.388

variance-covariance component estimation　方差－协方差分量估计　02.393

variance-covariance matrix　方差－协方差矩阵　02.392

variance-covariance propagation law　方差－协方差传播律　02.394

variance of unit weight　单位权方差，*方差因子　02.391

varioscale projection　变比例投影　04.156

VDOP　垂直精度衰减因子　02.539

vectograph method of stereoscopic viewing 偏振光立体观察 03.250

vector chart 矢量海图 07.250

vector data 矢量数据 05.056

vector data model 矢量数据模型 05.076

vector data structure 矢量数据结构 05.086

vector gravimetry 矢量重力测量 02.166

vector map database 矢量地图数据库 05.021

vegetation index 植被指数 03.542

vegetation map 植被图 04.012

Vening Meinesz formula 维宁·曼尼斯公式 02.207

vertex 顶点 05.132

vertical angle 垂直角 06.028

vertical collimation error 竖盘指标差 02.495

vertical control network 高程控制网 06.052

vertical control survey 高程控制测量 06.051

vertical curve location 竖曲线测设 06.238

vertical datum 高程基准 01.023

vertical dilution of precision 垂直精度衰减因子 02.539

vertical epipolar line 垂核线 03.329

vertical epipolar plane 垂核面 03.333

vertical gradient of gravity 重力垂直梯度 02.155

vertical parallax 上下视差 03.161

vertical photography 竖直摄影 03.094

vertical protection level 垂直保护值 02.549

vertical refraction coefficient 垂直折光系数 02.280

vertical refraction error 垂直折光差 02.279

vertical side of building map 立面图 06.146

vertical survey 高程测量 06.053

vertical survey by intersection 交会高程测量 06.065

vertical total electron content 天顶方向总电子含量 02.067

very high frequency omnidirectional range 甚高频全向信标系统 02.670

very long baseline interferometry 甚长基线干涉测量 02.312

VGE 虚拟地理环境 05.154

video camera 视频摄影机 03.020

video photogrammetry 视频摄影测量 03.225

virtual geographic environment 虚拟地理环境 05.154

virtual landscape 虚拟景观 05.177

virtual map 虚地图 04.097

virtual reality modeling language 虚拟现实建模语言 05.175

virtual reality system 虚拟现实系统 05.172

virtual reference station 虚拟参考站 02.027

visibility 能见度 02.466

visibility acuity 能见敏锐度 04.105

visibility analysis 通视分析 05.219

vision measurement 视觉测量 03.213

visual balance 视觉平衡 04.120

visual contrast 视觉对比 04.117

visual display system 视觉显示系统 05.173

visual hierarchy 视觉层次 04.116

visual illusion 视错觉 04.110

visual interpretation 目视判读 03.179

visual simulation 视觉仿真 05.167

visual variable 视觉变量 04.100

visual zenith telescope 目视天顶仪 02.459

VLBI 甚长基线干涉测量 02.312

volume symbol 体状符号 04.172

VOR 甚高频全向信标系统 02.670

Voronoi diagram 沃罗诺伊图 05.204

VPL 垂直保护值 02.549

VRS 虚拟参考站 02.027

VTEC 天顶方向总电子含量 02.067

W

WAAS 广域增强系统 02.570

Walsh transformation 沃尔什变换 03.540

water depth 水深 07.309

water level 水位 07.119

wave beam angle 波束角 07.076

waveform decomposition 波形分解 03.485

wave gauge 测波仪 07.376

WCS 网络覆盖服务，*web 覆盖服务 05.244

weather map 气象图 04.009

weather satellite 气象卫星 03.406

web coverage service 网络覆盖服务，*web 覆盖服务 05.244

web crowdsourcing service 网络众包服务 05.246

web data mining 网络数据挖掘 05.228

web feature service 网络要素服务，*web 要素服务 05.243

汉 英 索 引

A

阿贝比长原理　Abbe comparator principle　03.267
阿达马变换　Hadamard transformation　03.539
安平精度　setting accuracy　02.497
安全等深线　safety contour　07.259
安全水深　safety depth　07.258

安装测量　installation measurement　06.116
岸台　base station　07.188
按需印刷[打印]海图　print on demand chart　07.278
奥米伽海图　Omega chart　07.229

B

靶道工程测量　target road engineering survey　06.125
坝址勘查　dam site investigation　06.258
摆镜扫描　oscillating mirror scan　03.480
斑点噪声　speckle noise　03.453
半参数模型　semi-parameter model　02.376
半日潮港　semidiurnal tidal harbor　07.109
半色调　halftone　04.272
饱和度　saturation　04.268
报文通信　message communication　02.652
曝光　exposure　03.054
北斗导航卫星系统　BeiDou Navigation Satellite System, BDS　02.510
北斗接收机　BDS receiver　02.527
北斗时　BDS time, BDT　02.756
北斗指挥型接收机　BDS commander receiver　02.528
北极星任意时角法　method by hour angle of polaris　02.262
北京时间　Beijing time　02.762
1954 北京坐标系　Beijing Geodetic Coordinate System 1954　02.289
北向上显示　north-up display　07.260
贝塞尔大地主题解算公式　Bessel formula for solution of geodetic problem　02.347
贝塞尔椭球　Bessel ellipsoid　02.327
贝叶斯分类　Bayesian classification　03.600
被动声标　passive acoustic beacon　07.177
被动式遥感　passive remote sensing　03.411
被动微波遥感　passive microwave remote sensing　03.444

本初子午线　prime meridian　02.256
比辐射率　emissivity　03.496
比例量表　ratio scaling　04.314
比例误差　proportional error, scale error　02.488
比特率　bit rate　03.519
比值变换　ratio transformation　03.541
比值增强　ratio enhancement　03.572
闭合差　closing error, closure error　02.362
闭合导线　closed traverse　06.008
闭合水准路线　closed leveling line　06.057
边长中误差　mean square error of side length　02.285
边交会法　linear intersection　06.078
边角测量　triangulateration　06.005
边角交会法　linear-angular intersection　06.077
边角网　triangulateration network　06.044
边坡稳定性观测　observation of slope stability　06.165
边坡桩测设　slope staking　06.229
边缘检测　edge detection　03.608
边缘提取　edge extraction　03.356
边缘增强　edge enhancement　03.567
编绘　compilation　04.323
变比例投影　varioscale projection　04.156
变化检测　change detection　03.614
变形测量　deformation measurement　06.094
变形反演　deformation inversion　06.102
变形观测网　deformation observation network　06.095
变形监测控制网　control network for deformation observation　06.047
变形椭圆　indicatrix ellipse　04.139

标称精度　nominal accuracy　02.505

标尺　staff, rod　02.471

标高差改正　correction for skew normals　02.183

标界测量　survey for marking of boundary　06.160

标校站　calibration station　02.649

标志灯　signal lamp　02.461

*标准差　standard deviation　01.039

标准地名　standard place name　04.203

标准定位服务　standard positioning service, SPS　02.088

标准配置点　gruber point　03.162

标准时间　standard time　02.760

标准纬线　standard parallel　04.138

表面重建　surface reconstruction　03.204

表示库　presentation library　07.283

波茨坦重力系统　Potsdam gravimetric system　02.160

波带板　zone plate　02.481

波浪补偿　heave compensation, compensation of undulation　07.070

波罗-科普原理　Porro-Koppe principle　03.268

波谱集群　spectrum cluster　03.506

波谱特征空间　spectrum feature space　03.505

波谱特征曲线　spectrum character curve　03.368

波谱响应曲线　spectrum response curve　03.369

波束间角　beam spacing　07.077

波束角　wave beam angle, beam angle　07.076

波束掠射角　beam grazing angle　07.078

波束入射角　beam incident angle　07.079

波形分解　waveform decomposition　03.485

补偿器　compensator　02.454

补偿器补偿误差　compensating error of compensator　02.496

*不动产测量　real property survey　06.145

*不动产地籍　real property cadastre　06.142

不规则格网模型　irregular grid model　05.073

不规则三角网模型　triangular irregular network model, TIN model　05.074

不确定性数据挖掘　uncertain data mining　05.229

布格改正　Bouguer correction　02.198

布格异常　Bouguer anomaly　02.188

布隆斯公式　Bruns formula　02.143

布耶哈马问题　Bjerhammar problem　02.202

C

采剥工程断面图　striping and mining engineering profile　06.175

采剥工程综合平面图　synthetic plan of striping and mining　06.176

采场测量　stope survey　06.206

采掘工程平面图　mining engineering plan　06.172

采区测量　survey in mining　06.204

采区联系测量　connection survey in mining panel　06.205

采样　sampling　03.321

采样间隔　sampling interval　03.324

彩色编码　color coding　03.561

彩色变换　color transformation　03.537

彩色打印机　color printer　04.403

彩色复印　color copying　04.377

彩色合成　color composite　03.558

彩色红外片　color infrared film, false color film　03.069

彩色片　color film　03.065

彩色摄影　color photography　03.090

彩色线划校样　dye line proof　04.358

彩色校样　color proof　04.357

彩色增强　color enhancement　03.569

彩色坐标系　color coordinate system　03.563

参考椭球　reference ellipsoid　02.313

参考椭球定位　orientation of reference ellipsoid　02.330

参考站精密数据服务　precise data service of reference station　02.087

参数平差　parameter adjustment　02.366

参心坐标系　reference-ellipsoidcentric coordinate system　01.029

参照效应　reference effect　04.113

残差　residual　01.040

侧方交会　side intersection　06.075

侧扫声呐　side-scan sonar　07.346

*测标　target　02.470

测标　measuring mark　03.237

测波仪　wave gauge　07.376

测杆　measuring bar　02.472

测高仪　altimeter　02.506

测绘标准　standards of surveying and mapping　01.058

城市地形图 topographic map of urban area 06.271

城市基础地理信息系统 urban foundational geographical information system, UFGIS 06.275

城市控制测量 urban control survey 06.269

城市控制网 urban control network 06.049

乘常数 multiplication constant 02.490

尺度变换 scale transform 05.006

尺度参数 scale parameter 02.017

重采样 resampling 03.323

抽象符号 abstract symbol 04.178

出血版 bleed 04.346

出站信号 outbound signal 02.645

初测 preliminary survey 06.211

*web 处理服务 web processing service, WPS 05.245

触觉地图 tactual map 04.055

触觉仿真 tactile simulation 05.171

船台 mobile station 07.189

垂核面 vertical epipolar plane 03.333

垂核线 vertical epipolar line 03.329

垂球 plumb bob 02.467

垂线偏差改正 correction for deflection of the vertical 02.182

垂直保护值 vertical protection level, VPL 02.549

垂直角 vertical angle 06.028

垂直精度衰减因子 vertical dilution of precision, VDOP 02.539

垂直折光差 vertical refraction error 02.279

垂直折光系数 vertical refraction coefficient 02.280

垂准仪 optical plumment, laser plumment, optical precise plumment 06.309

纯重力异常 pure gravity anomaly 02.189

磁力扫海 magnetic sweeping 07.033

磁力梯度测量 magnetic gradient survey 07.155

磁力梯度张量测量 magnetic gradient tensor survey 07.156

磁力异常区 magnetic anomaly area 07.325

磁偏角 magnetic declination 07.305

磁偏角测量 magnetic declination survey 07.154

磁异常探测 magnetic anomaly detection 07.157

粗捕获码 coarse acquisition code 02.581

粗差 gross error, outlier, blunder 01.038

粗差检测 gross error detection 03.308

粗码 coarse /acquisition code, C/A code 02.055

D

打孔定位 punching positioning 04.354

打样 proofing 04.355

打样机 proofing press 04.399

大坝变形观测 dam deformation observation 06.101

大比例尺测图 large scale topographical mapping 06.082

大比例尺数字测图 large scale digital topographical mapping 06.093

大潮升 spring rise 07.102

大地测量边值问题 geodetic boundary value problem 02.200

大地测量参考系统 geodetic reference system 02.006

*大地[测量]基准 survey datum 01.020

大地测量基准站 geodetic reference station 02.029

大地测量数据库 geodetic database 02.003

大地测量学 geodesy 01.003

大地测量仪器 geodetic instrument 02.406

大地方位角 geodetic azimuth 02.339

大地高 geodetic height, ellipsoidal height 02.343

大地经度 geodetic longitude 02.341

大地控制点 geodetic control point 02.031

大地水准面 geoid 02.208

大地水准面高 geoid height 02.139

大地网 geodetic network 02.286

大地纬度 geodetic latitude 02.342

*大地位 geopotential 02.129

大地线 geodesic 02.331

大地线微分方程 differential equation of geodesic 02.332

大地原点 geodetic origin 02.270

*大地重力学 physical geodesy 02.114

大地主题反解 inverse solution of geodetic problem 02.345

大地主题正解 direct solution of geodetic problem 02.344

大地坐标 geodetic coordinate 02.340

大地坐标基准 geodetic coordinate datum 01.021

大地坐标系统 geodetic coordinate system 02.007

*大环投影　gnomonic projection　04.149

大陆架地形测量　continental shelf topographic survey　07.052

大气传播延迟　atmospherical propagation delay　02.614

大气传输模型　atmospheric transfer model　03.375

大气传输特性　characteristics of atmospheric transmission　03.374

大气窗口　atmospheric window　03.371

大气改正　atmospheric correction　07.205

大气上下行辐射　upward/downward atmospheric radiation　03.497

大气天顶延迟　atmosphere zenith delay　02.065

大气透过率　atmospheric transmissivity　03.372

大气校正　atmospheric correction　03.526

大气噪声　atmospheric noise　03.373

大气阻力摄动　atmospheric drag perturbation　02.035

大洋地势图　general bathymetric chart of the oceans，GEBCO　07.233

大洋水深图　ocean sounding chart　07.234

大圆航线图　great circle sailing chart　07.223

带谐系数　coefficient of zonal harmonics　02.132

带状地形图　zone topography　06.224

单波束测深仪　single beam echo sounder　07.353

单差相位观测　single-difference phase observation　02.082

单点定位　point positioning　02.089

单片空间后方交会　space resection　03.292

单片坐标量测仪　monocomparator　03.243

单频定位　single frequency positioning　02.624

单位权　unit weight　02.380

单位权方差　variance of unit weight　02.391

单向定时　one way timing　02.650

弹道摄影测量　ballistic photogrammetry　03.226

弹道摄影机　ballistic camera　03.013

当地平均海面　local mean sea level　07.013

档差改正　correction for scale difference　07.069

导弹定向测量　missile orientation survey　06.124

导弹试验场工程测量　engineering survey of missile test site　06.123

导航　navigation　01.004

导航地图数据库　navigation map database　05.023

导航电文　navigation message　02.599

导航抗干扰　navigation anti-jamming　02.638

导航可用性　navigation availability　02.552

导航历书　navigation almanac　02.601

导航连续性　navigation continuity　02.550

导航频率　navigation frequency　02.579

导航台定位测量　navigation station positioning　06.304

导航图　navigation chart　07.224

导航完好性　navigation integrity　02.542

导航卫星　navigation satellite　02.516

导航卫星系统　navigation satellite system　02.509

导航系统互操作性　navigation interoperability　02.640

导航系统互换性　navigation interchange ability　02.641

导航系统兼容性　navigation compatibility　02.639

导航信号捕获　navigation signal acquisition　02.585

导航信号测量　navigation signal measuring　02.586

导航信号调制　navigation signal modulation　02.583

导航信号解调　navigation signal demodulation　02.587

导航信号模拟源　navigation signal simulation source　02.584

导航信号通道　navigation signal channel　02.588

导航信息融合　navigation information fusion　02.720

导航星座　navigation satellite constellation　02.517

导航型接收机　navigation receiver　02.525

导航战　navigation warfare　02.635

导入高程测量　induction height survey　06.188

导线边　traverse leg　06.017

导线测量　traverse survey　06.006

导线点　traverse point　06.016

导线横向误差　lateral error of traverse　06.025

导线角度闭合差　angle closing error of traverse　06.021

导线结点　junction point of traverse　06.019

导线曲折系数　meandering coefficient of traverse　06.020

导线全长闭合差　total length closing error of traverse　06.022

导线网　traverse network　06.045

导线相对闭合差　relative length closing error of traverse　06.023

导线折角　traverse angle　06.018

导线纵向误差　longitudinal error of traverse　06.024

岛陆联测　island-mainland connection survey　07.006

岛屿测量　island survey　07.024

岛屿图　island chart　07.263

*倒锤法　inverse plummet observation　06.110

倒锤[线]观测　inverse plummet observation　06.110

德洛奈三角网　Delaunay triangulation network　05.203

*灯标性质　characteristic of light　07.316

灯高　height of light　07.321

灯光节奏　flashing rhythm of light　07.317

灯光射程　light range　07.322

灯光遮蔽　eclipse　07.319

灯光周期　light period　07.320

灯色　light color　07.318

灯质　characteristic of light　07.316

等比线　isometric parallel　03.137

等变形线　distortion isogram　04.140

等高距　contour interval　04.299

等高棱镜　contour prism　02.463

等高线　contour　04.297

等高线法　contour method　04.298

等高仪　astrolabe　02.432

等积投影　equivalent projection　04.142

等级感　ordered perception　04.123

等角定位格网　equiangular positioning grid　07.183

等角投影　conformal projection　04.141

等精度［曲线］图　equiaccuracy chart　07.187

等距量表　interval scaling　04.313

等距投影　equidistant projection　04.143

等距圆弧格网　equilong circle arc grid　07.186

等量纬度　isometric latitude　02.336

等偏摄影　parallel-averted photography　03.190

等倾摄影　equally tilted photography　03.192

等深线　depth contour　07.310

等值灰度尺　equal value gray scale　04.252

等值区域地图　choroplethic map　04.046

等值区域法　choroplethic method　04.284

等值线地图　isoline map　04.045

等值线法　isoline method　04.283

低潮线　low water line　07.047

低空摄影　low altitude photography　03.005

低空摄影测量　lowaltitude photogrammetry　03.185

低空遥感平台　low altitude remote sensing platform　03.384

堤坝施工测量　dam construction survey　06.259

底板测点　floor station　06.202

底点纬度　latitude of pedal　02.337

底质　quality of the bottom, bottom characteristic　07.311

底质采样　bottom characteristics sampling　07.040

底质调查　bottom characteristics exploration　07.039

底质分布图　bottom sediment chart　07.237

地表纹理建模　terrain texture modeling　05.156

地产界测量　property boundary survey　06.158

地磁场　geomagnetic field　07.151

地磁经纬仪　magnetism theodolite　02.414

地磁匹配导航　geomagnetism matching navigation　02.714

地磁日变站　geomagnetic diurnal station　07.160

地磁要素　magnetic element　07.153

地磁仪　magnetometer　02.446

地底点　ground nadir point　03.135

地方时　local time　02.750

地固坐标系统　earth-fixed coordinate system　02.013

地基系统　ground-based system　02.023

地基增强系统　ground based augmentation systems, GBAS　02.568

地极坐标系统　coordinate system of the pole　02.009

地籍　cadastre　06.128

地籍簿　land register　06.140

地籍册　cadastral list　06.139

地籍测绘　cadastral surveying and mapping　01.014

地籍测量　cadastral survey　06.129

地籍调查　cadastral inventory　06.127

地籍更新　renewal of the cadastre　06.134

地籍管理　cadastral management　06.137

地籍图　cadastral map　06.138

地籍信息　cadastral information　06.143

地籍信息系统　cadastral information system　06.144

地籍修测　cadastral revision　06.133

地界　abuttals　06.156

地界测量　land boundary survey　06.157

地景仿真　landscape simulation　04.307

地壳均衡　isostasy　02.191

地壳均衡改正　isostatic correction　02.193

地壳形变　crustal deformation　02.245

地壳应变　crustal strain　02.246

地块测量　parcel survey　06.135

地类界图　land boundary map　06.159

地理本体　geo-ontology　05.013

地理标记语言　geographic markup language, GML　05.031

地理底图　geographical base map　04.315

地理格网　geographic grid　04.133

地理国情监测　national geographical census and monitoring 01.057

地理环境仿真 geographic environment simulation 05.165

地理空间 geographical space 05.001

地理空间场景 geo-spatial scene 05.149

地理空间尺度 geo-spatial scale 05.004

地理空间数据 geo-spatial data 05.051

地理空间数据获取 geo-spatial data capture 05.045

地理空间信息学 geomatics, geospatial information science 01.010

地理目标 geographic object 05.082

地理实体 geographic entity 05.046

地理视距 geographical viewing distance 07.209

地理数据采集 geographic data collection 05.063

地理图 geographical map 04.002

地理网络 geographical network 05.208

地理信息 geographic information 01.052

地理信息编码 geographic information coding 05.060

地理信息标准化 geographic information standardization 05.033

地理信息产权 geographic information intellectual property 05.032

地理信息分类 geographic information classification 05.059

地理信息服务 geographic information service 05.240

地理信息服务分类 geographic information service classification 05.248

地理信息工程 geographic information engineering 01.007

地理信息共享 geographic information sharing 05.024

地理信息目录服务 geographic information catalogue service 05.249

地理信息网络服务 geographic information web service 05.241

地理信息系统 geographic information system, GIS 01.053

地理信息语义 geographic information semantics 05.014

地理信息元数据 geographic information metadata 05.026

地理信息云服务 geographic information cloud service 05.259

地理坐标 geographic coordinate 01.017

*地理坐标网 fictitious graticule 04.240

地貌表示法 relief reresentation method 04.294

地貌区划图 geomorphologic zoning map 04.013

地貌图 geomorphological map 04.007

地面采样距离 ground sampling distance, GSD 03.325

地面接收站 ground receiving station 03.407

地面摄谱仪 terrestrial spectrograph 03.439

地面摄影 terrestrial photography 03.187

地面摄影测量 terrestrial photogrammetry 03.188

地面摄影机 terrestrial camera 03.009

地面遥感平台 ground remote sensing platform 03.383

地面移动测量 terrestrial mobile mapping 03.194

地面照度 illuminance of ground 03.077

地名标准化 place name standardization 04.202

地名标准图 standard map for place name 04.199

地名查询 place name query 05.185

地名词典 place name dictionary 04.198

地名档案 place name archive 04.200

地名调查 place name survey 04.209

地名调绘 place name annotation 04.194

地名更名 place name renaming 04.193

地名管理 place name management 04.191

地名规范 place name specification 04.204

地名考证 place name research 04.189

地名录 gazetteer 04.196

地名命名 place naming 04.192

地名拼写 place name spelling 04.210

*地名手册 gazetteer 04.196

地名数据库 place name database 04.201

地名索引 gazetteer index 04.195

地名通名 generic place name 04.187

地名学 toponomastics, toponymy 01.011

地名演变 place name evolvement 04.188

地名译写 place name transcription, geographical name transliteration 04.211

地名正名 orthography of place name 04.208

地名志 place name log 04.197

地名专名 specific place name 04.186

地平线摄影机 horizon camera 03.010

地倾斜观测 ground tilt measurement 02.247

*地球长半轴 semimajor axis of ellipsoid 02.314

地球定向参数 earth orientation parameter, EOP 02.213

地球动力扁率 dynamic ellipticity of the earth 02.218

地球动力因子 dynamic factor of the earth 02.219

*地球短半轴 semiminor axis of ellipsoid 02.315

地球静止轨道　geostationary earth orbit, GEO　02.519

*地球空间信息学　geomatics, geospatial information science　01.010

地球曲率改正　correction for earth's curvature　02.309

地球同步卫星　geo-synchronous satellite, geostationary satellite　03.391

地球椭球　earth ellipsoid　01.016

地球位　geopotential　02.129

地球位数　geopotential number　02.130

地球位系数　potential coefficient of the earth　02.131

地球形状　earth shape, figure of the earth　01.015

地球仪　globe　04.060

地球引力摄动　terrestrial gravitational perturbation　02.034

地球重力场　earth's gravity field　02.113

地球重力场模型　earth gravity field model　02.148

地球资源卫星　earth resources satellite　03.399

地球自转参数　earth rotation parameter, ERP　02.214

地球自转角速度　rotational angular velocity of the earth　02.215

*地权属登记　land registration　06.149

地势图　hypsometric map　04.006

地图　map　01.044

地图比例尺　map scale　04.244

地图编绘　map compilation　04.308

地图表示法　cartographic presentation　04.278

地图传输　cartographic communication　04.093

地图代数　map algebra　04.136

地图地理要素　map geographic feature　04.247

地图定向　map orientation　04.243

地图分色胶片　map color separation film　04.363

地图分析　map analysis　04.410

*web 地图服务　web map service, WMS　05.242

地图符号　map symbol　01.048

[地图]符号化　symbolization　04.262

地图符号库　library of map symbols　04.264

地图符号学　cartographic semiology　04.168

地图辅助要素　map auxiliary element　04.248

地图负载量　map load　04.214

*地图概括　cartographic generalization　01.049

地图更新　map updating　04.319

地图规范　map specification　04.321

地图集　atlas　04.067

地图加网　map screening　04.340

*地图可视化　symbolization　04.262

地图空间认知　map-based spatial cognition　04.090

地图量算[法]　cartometry　04.413

地图模型　cartographic model　04.095

地图内容　map content　04.238

地图判读　map interpretation　04.412

地图评价　map evaluation　04.418

地图清晰性　map clarity　04.213

地图色标　color chart, map color standard　04.266

地图色谱　map color index　04.265

地图设计　map design　04.256

地图视觉感受　map visual perception　04.102

地图数据库　cartographic database　05.020

地图数学基础　map mathematical foundation　04.130

地图数学要素　map mathematical feature　04.239

地图数字化　map digitizing　05.064

地图投影　map projection　01.047

[地图]投影变换　projection transformation　04.167

[地图]投影变形　distortion of projection　04.137

地图图解分析　graphical analysis　04.414

地图图型设计　map pattern design　04.261

地图信息　cartographic information　04.094

地图学　cartography　01.006

地图学史　cartography history　04.128

地图研究法　cartographic methodology　04.420

地图印刷　map printing　04.364

地图印刷质量控制　map printing quality control　04.382

地图应用　map use　04.409

地图语法　cartographic syntactics　04.183

地图语言　cartographic language　04.182

地图语义　cartographic semantics　04.184

地图语用　cartographic pragmatics　04.185

地图阅读　map reading　04.411

地图整饰　map finishing　04.322

地图制版　map plate making　04.349

地图制图学　map making　04.236

地图制印　map reproduction　04.331

地图注记　map lettering　04.181

*地图综合　cartographic generalization　01.049

地物波谱库　surface spectrum database　03.504

地物波谱特性　object spectral characteristic　03.380

地物波谱仪　spectrometer　03.409

地物建模　geographic object modeling　05.158

地下工程测量　underground engineering survey　06.119

地下管线测量　underground pipeline survey　06.293

地下管线普查　general survey of underground pipelines　06.294

地下管线探测　underground pipeline detecting and surveying　06.295

地下管线信息管理系统　underground pipeline information system　06.300

地下铁路测量　subway survey　06.120

地下油库测量　underground oil depot survey　06.121

地心经度　geocentric longitude　02.333

地心纬度　geocentric latitude　02.334

地心引力常数　geocentric gravitational constant　02.124

地心坐标系　geocentric coordinate system　01.028

地形变监测　crustal deformation monitoring　02.244

地形测量　topographic survey　06.068

地形底图　base map of topography　06.092

地形分析　terrain analysis　05.216

地形改正　topographic correction　02.197

地形建模　terrain modeling　05.155

地形均衡异常　topographic-isostatic anomaly　02.192

地形可视化分析　terrain visualization analysis　05.217

地形控制点　topographic control point　06.079

地形匹配导航　terrain matching navigation　02.712

地形剖面分析　terrain profile analysis　05.218

地形数据库　topographic database　05.017

地形统计分析　terrain statistical analysis　05.221

地形图　topographic map　01.045

地形图更新　revision of topographic map　06.272

地形图图式　graphic specification for topographic map　01.060

地形图图式　specification for topographic map symbols　04.263

地学信息图谱　geo-information tupu　04.419

地质图　geological map　04.005

典型化　typification　04.231

点实体　point entity　05.047

点位中误差　standard deviation of a point　02.400

点下对中　centring under point　06.203

点云　point-cloud　03.486

点云分类　point-cloud classification　03.487

点云滤波　point-cloud filtering　03.488

点值法　dot method　04.281

点状符号　point symbol　04.169

电磁波测距　electromagnetic distance measurement, EDM　06.031

电磁波测距高程导线测量　the EDM height traversing　02.298

电磁波传播改正　correction for radio wave propagation of time signal　02.064

*电磁波传播时延改正　correction for radio wave propagation of time signal　02.064

电磁波谱　electromagnetic spectrum　03.364

电磁波特性　electromagnetic wave feature　03.365

电荷耦合器件　charge-coupled device, CCD　02.482

电离层穿刺点　ionospheric pierce point, IPP　02.616

电离层改正参数　ionospheric correction　02.603

电离层图交换格式　ionosphere map exchange format, IONEX　02.066

电离层延迟改正　ionospheric delay correction　02.615

电离层折射改正　ionospheric refraction correction　02.062

*电算加密　analytical aerial triangulation　03.294

*电指向　radio beacon　07.313

电子测距仪　EDM instrument, electronic distance meter, electromagnetic distance meter　02.427

电子地图　electronic map　04.079

电子地图集　electronic atlas　04.071

电子地图位置服务　location-based service of electric map　05.257

电子分色机　electronic color scanner　04.391

电子海图　electronic chart　07.255

电子海图显示信息系统　electronic chart display and information system, ECDIS　07.256

电子航海图　electronic navigational chart, ENC　07.257

电子经纬仪　electronic theodolite　02.410

电子平板测绘　electronic plane-table surveying　06.085

电子平板仪　electronic plane-table　06.315

电子沙盘　electrohic sand table　04.080

电子手簿　data recorder　02.486

电子水准仪　electronic level　02.423

电子速测仪　electronic tacheometer, electronic stadia instrument, electronic tachymeter total station　02.418

电子显微摄影测量　nanophotogrammetry　03.228

叼口　gripper edge　04.353

叠印　overprint　04.338

叠置分析　overlay analysis　05.201

顶板测点　roof station　06.201

顶点　vertex　05.132

定测 location survey 06.212

定点符号法 location symbol method 04.279

定额选取模型 fixed selection model 04.216

定额指标 index for selection norm 04.220

定量遥感 quantitative remote sensing 03.524

定深扫海 sweeping at definite depth 07.031

定时型接收机 timing receiver 02.526

定时终端 timing terminal 02.784

定位分配分析 location-allocation analysis 05.210

定位报告 positioning report 02.653

定位报告系统 position location reporting system, PLRS 02.675

定位标记 positioning mark 07.085

定位测姿系统 position and orientation system, POS 03.032

定位测姿系统辅助空中三角测量 POS-supported aero-triangulation 03.302

定位点间距 positioning interval 07.167

*定位数据 geometric data 05.052

定位统计图表法 positioning diagram method 04.280

定位误差 positioning error, PE 02.541

定线测量 alignment survey 06.217

定向点 orientation point 03.163

定向连接测量 orientation connection survey 06.182

定向连接点 connection point for orientation, connection point 06.183

定向天线 directional antenna 02.477

定向运动地图 orienteering map 04.049

定影 fixing 03.058

*东西星等高测时法 method of time determination by Zinger star-pair 02.260

动画地图 animation map 05.153

动态安全等深线 dynamic safety contour 07.279

动态变量 dynamic variable 04.101

动态测量平差 adjustment of kinematic observations 02.374

动态地图 dynamic map 04.081

动态地形模型 dynamic terrain model 05.161

动态定位 kinematic positioning 02.092

动态符号 dynamic symbol 04.180

动[态]感 autokinetic effect 04.127

动态缓冲区分析 dynamic buffer analysis 05.200

动态监测 dynamic monitoring 06.103

动态景观仿真 dynamic landscape simulation 05.169

动态可视化 dynamic visulization 05.152

动态索引 dynamic index 05.100

动态遥感器 dynamic sensor 03.414

独立交会高程点 elevation point by independent intersection 06.064

独立模型法空中三角测量 independent model aerial triangulation 03.296

独立坐标系 independent coordinate system 06.037

杜德森常数 Doodson constant 02.238

度量关系 metric relation 05.009

度盘 circle 02.453

短波授时 short-wave time service 02.779

短基线定位 short base line positioning 07.179

断层位错测量 fault dislocation surveying 02.248

断高 broken leveling 06.220

断链 broken chainage 06.221

断面测量 section survey 06.240

断面图 cross-sectional view 04.416

对景图 front view 07.303

对流层延迟改正 tropospheric dalay correction 02.617

对流层折射改正 tropospheric refraction correction 02.063

对数尺 logarithmic scale 07.299

对象-关系数据库管理系统 object relational database management system 05.106

对象模型 object model 05.075

对中杆 centering rod 02.469

多边形 polygon 05.136

多边形地图 polygon map 04.048

多边形数据结构 polygon data structure 05.091

多波束测深 multibeam osounding 07.055

多波束测深系统 multibeam sounding system 07.354

多尺度表达 multi-scale representation 05.007

多尺度建模 multiscale modeling 05.159

多尺度数据挖掘 multi-scale data mining 05.230

多尺度影像分割 multi-scale image segmentation 03.551

多点触控屏 multi-touch screen 04.326

多光谱激光雷达 multi-spectrum LiDAR 03.491

多光谱扫描仪 multi-spectrum scanner 03.424

多光谱摄影 multispectral photography 03.093

多光谱摄影机 multispectral camera 03.024

多焦点投影 polyfocal projection 04.158

多角度热红外遥感 multi-angle infrared remote sensing

03.498

多里斯系统 Doppler orbitograph and radio positioning integrated by satellite, DORIS 02.021

多路径效应 multipath effect 02.618

多路径抑制 multipath mitigation 02.619

多媒体地图 multimedia map 04.086

多面体投影 polyhedral projection 04.166

多年平均海面 multi-year mean sea level 07.017

多普勒测量 Doppler measurement 02.596

多普勒单点定位 Doppler point positioning 02.096

多普勒导航系统 Doppler navigation system 02.664

多普勒短弧法定位 Doppler positioning by the short arc method 02.098

多普勒计数 Doppler count 02.050

多普勒联测定位 Doppler translocation 02.097

多普勒频移 Doppler frequency shift 02.593

多普勒声呐 Doppler sonar 07.347

多时相分析 multi-temporal analysis 03.616

多时相遥感 multi-temporal remote sensing 03.613

多视几何 multiple view geometry 03.199

多项式模型 polynomial model 03.104

多星等高法 equal altitude method of multi-star 02.263

多影像配准 multi-imagery matching 03.349

多用途地籍 multi-purpose cadastre 06.141

多余观测 redundant observation 02.377

多圆锥投影 polyconic projection 04.148

E

厄特沃什效应 Eotvos effect 07.145

二倍照准部互差 discrepancy between twice collimation error 02.498

二值图像 binary image 03.523

F

发排胶片 computer to film 04.347

*发射率 emissivity 03.496

法方程 normal equation 02.387

法截面 normal section 02.319

法耶改正 Faye correction 02.199

反差 contrast 03.074

反差系数 contrast coefficient 03.076

反差增强 contrast enhancement 03.570

反电子欺骗 anti-spoofing, AS 02.637

反立体效应 pseudostereoscopy 03.253

反射波谱 reflectance spectrum 03.367

反转片 reversal film 03.072

泛在定位 ubiquitous positioning 02.735

范围法 area method 04.289

方差 variance 02.388

方差-协方差传播律 variance-covariance propagation law 02.394

方差-协方差分量估计 variance-covariance component estimation 02.393

方差-协方差矩阵 variance-covariance matrix 02.392

*方差因子 variance of unit weight 02.391

方里网 kilometer grid 04.241

方位角中误差 standard deviation of azimuth 02.398

*方位空间关系 direction relation 05.011

方位圈 compass rose 07.304

方位投影 azimuthal projection 04.145

方向附合导线 direction-connecting traverse 06.200

方向关系 direction relation 05.011

方向观测法 method of direction observation, method by series 02.275

房产测量 real property survey 06.145

房地产地籍 real estates cadastre 06.142

仿射纠正 affine rectification 03.273

仿真地表纹理 simulated terrain texture 05.157

放样测量 setting-out survey 06.284

非差相位观测 un-differenced carrier phase observation 02.081

非地形摄影测量 non-topographic photogrammetry 03.196

*非几何数据 attribute data 05.053

非监督分类 unsupervised classification 03.594

非量测摄影机 non-metric camera 03.014

菲列罗公式 Ferrero's formula 02.396

分瓣投影 interrupted projection 04.157

分布式目标 distributed target 03.470

分层设色法 hypsometric layer method 04.305

分潮　partial tide, constituent　07.111

分潮迟角　epoch of partial tide　07.113

分潮振幅　amplitude of partial tide　07.112

分带子午线　zone dividing meridian　02.349

分道航行图　traffic separation scheme chart　07.265

分工法测图　differential method of photogrammetric mapping　03.256

*分光光度计　spectrophotometer　04.394

分界尺度　critical size　04.222

分类规则　classification rule　03.589

分类精度评价　classification accuracy assessment　03.602

分类器　classifier　03.588

分区密度地图　dasymetric map　04.047

分区统计图表法　cartodiagram method, chorisogram method　04.285

*分区统计图法　choroplethic method　04.284

分色　color separation　04.348

分析地图　analytical map　04.038

服务发现　service discovery　05.252

服务工作流　service workflow　05.254

服务聚合　service composition　05.253

服务链　service chain　05.255

服务描述　service description　05.250

*服务匹配　service discovery　05.252

服务频度　service frequency　02.654

服务注册　service registration　05.251

*服务组合　service composition　05.253

浮雕影像地图　picto-line map　04.064

浮子验潮仪　float gauge　07.369

辐射传输　radiation transfer　03.370

辐射定标　radiation calibration　03.527

辐射线格网　radial positioning grid　07.184

辐射校正　radiometric correction　03.525

辐射遥感器　radiation sensor　03.418

*辅助等高线　extra contour　04.303

负荷潮　load tide　02.231

负荷位　load potential　02.128

负片　negative　03.060

附参数条件平差　condition adjustment with parameters　02.369

附合导线　connecting traverse　06.009

附合水准路线　connecting leveling line　06.056

附加军事层　additional military layer　07.281

附加位　additional potential　02.228

附条件参数平差　parameter adjustment with conditions　02.368

*附条件间接平差　condition adjustment with parameters　02.369

附图　inset map　04.259

复测法　repetition method　06.029

复合无线电导航　combined radio navigation　02.671

复垦测量　reclaimation survey　06.167

复照仪　reproduction camera　04.330

副台　slave station　07.194

傅里叶变换　Fourier transform　03.544

傅里叶红外光谱仪　Fourier transform infrared spectrometer　03.428

*web 覆盖服务　web coverage service, WCS　05.244

覆膜机　film laminating machine　04.407

G

伽利略导航卫星系统　Galileo Navigation Satellite System, Galileo　02.513

概率判决函数　probability decision function　03.592

概念数据模型　conceptual data model　05.068

概然误差　probable error　02.379

干出高度　drying height　07.048

干出滩　drying shoal　07.046

干涉基线　interferometry baseline　03.460

干涉图　interferogram　03.457

感光　sensitization　03.055

感光测定　sensitometry　03.083

感光度　sensitivity　03.080

感光特性曲线　sensitometric characteristic curve　03.082

港口工程测量　harbor engineering survey　06.266

港口航道测量　coastal port and fairway survey　07.023

港口航道图　fairway chart　07.220

港口疏浚测量　harbor dredge survey　07.026

港湾测量　harbor survey　07.025

港湾锚地图集　harbor/anchorage atlas　07.274

港湾图　harbor chart　07.219

高程　height　02.135

高程测量　vertical survey　06.053

高程点　elevation point　06.063

高程基准　height datum, vertical datum　01.023

高程控制测量　vertical control survey　06.051

高程控制网　vertical control network　06.052

高程系统　height system　01.030

高程中误差　standard deviation of height　02.401

高度表　height scale　04.253

高度角　elevation angle, altitude angle　02.253

高光谱地物精细识别　hyperspectral object fine recognition　03.507

高光谱遥感　hyperspectral remote sensing　03.500

高斯-克吕格投影　Gauss-Krüger projection　04.162

高斯平面子午线收敛角　Gauss grid convergence　02.353

高斯平面坐标系　Gauss plane coordinate system　02.352

＊高斯投影　Gauss-Krüger projection　04.162

高斯投影方向改正　arc-to-chord correction in Gauss projection　02.351

高斯投影距离改正　distance correction in Gauss projection　02.350

高斯中纬度公式　Gauss midlatitude formula　02.346

告警时间　alarm time　02.544

告警限值　alarm limit, AL　02.547

格林尼治标准时　Greenwich mean time, GMT　02.757

＊格林尼治平太阳时　Greenwich mean solar time　02.749

格洛纳斯导航卫星系统　Global Navigation Satellite System, GLONASS　02.512

格网　grid　04.131

格网电离层垂直误差　grid ionosphere vertical error, GIVE　02.567

格网法　grid method　04.290

格网简化　mesh simplification　05.160

格网数据　grid data　05.058

格网数据结构　grid data structure　05.085

跟踪站　tracking station　02.030

工厂现状图测量　survey of present state at industrial site　06.291

工程测量学　engineering surveying　01.008

工程测量专用仪器　engineering survey instrument　06.305

工程控制网　engineering control network　06.046

工程摄影测量　engineering photogrammetry　03.215

工程水准仪　engineer's level　06.311

工点地形图　topographic map of construction site　06.223

工业测量　industrial measurement　06.115

工业测量系统　industrial measuring system　06.317

工业摄影测量　industrial photogrammetry　03.214

公开服务　open service, OS　02.576

公路工程测量　road engineering survey　06.251

功率谱　power spectrum　03.366

共面方程　coplanarity equation　03.173

共视法时间比对　common view time comparing　02.782

共线方程　collinearity equation　03.172

构架航线　control strip　03.128

构像方程　imaging equation　03.171

古地图　ancient map　04.066

固定平极　fixed mean pole　02.223

＊固定台　base station　07.188

固定误差　fixed error, constant error　02.487

固定相移　fixed phase drift, phase bias　07.200

固体潮　earth tide　02.232

关系数据　relational data　05.054

关系数据库管理系统　relational database management system　05.104

关注点　point of interest, POI　05.258

观测方程　observation equation　02.385

管线点　surveying point of underground pipeline　06.296

贯通测量　holing through survey, breakthrough survey　06.250

惯性测量单元　inertial measurement unit, IMU　02.176

惯性测量系统　inertial surveying system, ISS　02.175

＊惯性测量装置　inertial measurement unit, IMU　02.176

惯性大地测量　inertial geodetic surveying　02.177

惯性导航　inertial navigation　02.677

惯性导航系统　inertial navigation system, INS　02.679

惯性与匹配组合导航　INS/matching integrated navigation　02.731

惯性坐标系　inertial coordinate system　02.010

惯用名　conventional name　04.205

灌区平面布置图　irrigation layout plan　06.265

光电测距导线　EDM traverse　06.014

光电测距仪　electro-optical distance meter　02.428

光电等高仪　photoelectric astrolabe　02.433

光电遥感器 photo-electronic sensor 03.417

光电中星仪 photoelectric transit instrument 02.435

光密度 optical density 03.079

光谱测量 spectral measurement 03.502

光谱定标 spectral calibration 03.508

光谱分辨率 spectral resolution 03.503

光谱分析 spectral analysis 03.501

光谱感光度 spectral sensitivity 03.081

*光谱灵敏度 spectral sensitivity 03.081

光谱匹配 spectral matching 03.509

光谱特征参量化 spectral feature parameterization 03.510

光谱特征提取 spectral feature extraction 03.604

光谱重建 spectral reconstruction 03.511

光圈 aperture 03.039

光圈号数 f-number, stop-number 03.040

光束法空中三角测量 bundle aerial triangulation 03.297

光束法区域网平差 bundle block adjustment 03.305

光学传递函数 optical transfer function, OTF 03.086

光学对中器 optical plummet 02.458

光学机械纠正 optical-mechanical rectification 03.270

光学机械投影 optical-mechanical projection 03.260

光学经纬仪 optical theodolite 02.409

光学纠正 optical rectification 03.269

光学水准仪 optical level 02.422

光学天文导航 optical celestial navigation 02.691

光学条件 optical condition 03.274

光学投影 optical projection 03.259

光学图解纠正 optical graphical rectification 03.272

光学陀螺仪 optic gyroscope 02.684

光学纤维电扫描 fiber scan 03.483

光学镶嵌 optical mosaic 03.281

光学遥感器 optical sensor 03.415

光学[仪器]定位 optical instrument positioning 07.168

光栅 grating 02.476

*光栅海图 raster chart 07.251

广播星历 broadcast ephemeris 02.600

广播钟差参数 broadcast clock bias 02.602

广域差分 wide area differencing 02.558

广域差分全球导航卫星系统 wide area differential GNSS, wide area differential global navigation satellite system 02.102

广域差分信息格式 wide area differential information format 02.634

广域完好性监测 wide area integrity monitoring 02.561

广域增强系统 wide area augmentation system, WAAS 02.570

归化纬度 reduced latitude 02.335

归心改正 reduction to centring 02.277

归心元素 elements of centring 02.276

规划测量 planning survey 06.268

规划道路定线测量 planning road alignment survey 06.278

规划地图 planning map 04.042

规矩线 register mark 04.371

规则格网模型 regular grid model 05.072

规则格网索引 regular grid index 05.095

轨道控制网 track control network, CP Ⅲ 06.215

轨道坐标系统 orbital coordinate system 02.012

国际导航卫星系统服务 International Global Navigation Satellite System Service, IGS 01.066

国际地球参考框架 international terrestrial reference frame, ITRF 02.019

国际地球参考系统 international terrestrial reference system, ITRS 02.004

*国际地球自转服务 International Earth Rotation and Reference Systems Service, IERS 01.065

国际地球自转和参考系统服务 International Earth Rotation and Reference Systems Service, IERS 01.065

国际海图 international chart, INT chart 07.269

国际海图翻印国 INT chart printer nation 07.272

国际海图生产国 INT chart producer nation 07.271

国际天球参考框架 international celestial reference frame, ICRF 02.018

国际协议原点 conventional international origin, CIO 02.005

国际原子时 international atomic time, TAI 02.754

1971国际重力基准网 International Gravity Standardization Net 1971, IGSN 1971 02.162

2000国家大地坐标系 China Geodetic Coordinate System 2000, CGCS2000 02.291

1985国家高程基准 National Vertical Datum 1985 02.297

国家天文大地网 national astro-geodetic network 02.287

国家系列比例尺地图 national series scale maps 01.046

国家重力基准网　national gravity fundamental network 02.161

1957 国家重力基准网　National Gravity Fundamental Network 1957, NGFN 1957　02.163

1985 国家重力基准网　National Gravity Fundamental Network 1985, NGFN 1985　02.164

2000 国家重力基准网　National Gravity Fundamental Network 2000, NGFN 2000　02.165

H

海岸　coast　07.041

海岸带　coastal zone　07.043

海岸地形测量　coast topographic survey　07.134

海岸图　coast chart　07.218

海岸线　coastline　07.042

海岸性质　nature of coast　07.044

海拔　height above the mean sea level　01.031

海潮模型　ocean tidal model　02.242

海道测量　hydrographic survey　07.019

海底采样器　seabed sampler　07.367

*海底底质探测　bottom characteristics exploration 07.039

海底地貌　submarine geomorphology　07.308

海底地貌图　submarine geomorphologic chart　07.236

海底地势图　submarine situation chart　07.231

海底地形测量　bathymetric survey, bathymetry　07.051

海底地形模型　bathymetric model, seafloor elevation model　07.130

海底地形图　bathymetric chart　07.232

海底地质构造图　submarine geological structure chart 07.238

海底控制点　submarine control point　07.004

海底控制网　submarine control network　07.003

海底倾斜改正　seafloor slope correction　07.081

海底施工测量　submarine construction survey　07.132

海底隧道测量　submarine tunnel survey　07.133

海底图像系统　seafloor imaging system　07.357

海福德椭球　Hayford ellipsoid　02.328

海籍　marine cadastral document　07.141

海籍测量　marine cadastral survey　07.143

海籍图　marine cadastral chart　07.276

海控点　hydrographic control point　07.005

*海流观测　current survey　07.122

海流计　current meter　07.374

海面地形　sea surface topography　07.008

海区界线　sea area boundary line　07.323

海区资料调查　sea area information investigation　07.140

海区总图　general chart of the sea　07.216

海上信息目标　marine information object　07.282

海图　chart　07.213

* POD 海图　POD chart　07.278

海图比例尺　chart scale　07.288

海图编号　chart numbering　07.287

海图编辑设计　compilation design of chart　07.330

海图编制　chart compilation　07.285

海图标题　chart title　07.301

海图出版　chart publishing　07.328

海图大改正　chart large correction　07.296

海图单元　chart cell　07.248

海图分幅　chart subdivision　07.286

海图符号　chart symbol　07.307

海图符号库　chart symbol library　07.252

海图改正　chart correction　07.294

海图基准面　chart datum　07.010

*海图设计　compilation design of chart　07.330

海图数据库　chart database　07.249

海图投影　chart projection　07.289

海图图廓　chart boarder　07.298

海图图式　symbols and abbreviations on chart　07.214

海图小改正　chart small correction　07.295

海图制图　charting　07.212

海图制图综合　chart generalization　07.331

海图注记　lettering of chart　07.293

海洋测绘数据库　marine surveying and mapping database 07.128

海洋测绘学　marine surveying and mapping　01.009

海洋测量　marine survey　07.001

海洋测量定位　marine positioning　07.162

海洋测量信息系统　marine survey information system 07.129

海洋潮汐　ocean tide　02.229

海洋磁力测量　marine magnetic survey　07.150

海洋磁力图　marine magnetic chart　07.240

海洋磁力仪　marine magnetometer　07.379

海洋磁力异常　marine magnetic anomaly　07.158

海洋大地测量　marine geodetic survey, marine geodesy　07.002

海洋负荷　ocean load　02.230

海洋工程测量　marine engineering survey　07.131

海洋光泵磁力仪　optical pumping magnetometer　07.381

海洋划界测量　marine demarcation survey　07.138

海洋环境图　marine environmental chart　07.241

海洋气象图　marine meteorological chart　07.244

海洋生物图　marine biological chart　07.246

海洋水文图　marine hydrological chart　07.242

海[洋]图集　marine atlas　07.273

海洋卫星　oceanography satellite　03.403

海洋质子磁力仪　marine proton magnetometer　07.380

海洋重力测量　marine gravimetry　07.144

海洋重力仪　marine gravimeter　07.378

海洋重力异常　marine gravity anomaly　07.148

海洋重力异常图　chart of marine gravity anomaly　07.239

海洋专题测量　marine thematic survey　07.135

海洋资源图　marine resource chart　07.245

航标　aid to navigation　07.312

航标测量　navigation mark survey　07.136

航测内业　photogrammetric office work　03.174

航测外业　photogrammetric field work　03.175

航磁补偿　airplane magnetic field compensation　07.161

航带　strip　03.118

航带法空中三角测量　strip aerial triangulation　03.295

航带法区域网平差　block adjustment with strip method　03.304

航道　fairway, channel　07.326

航高　flying height, flight altitude　03.119

航海书表　nautical publication　07.329

航海天文历　nautical almanac　02.697

航海通告　notice to mariners, NtM　07.253

航海图　nautical chart　07.215

航空摄谱仪　aerial spectrograph　03.438

航空摄影　aerial photography　03.004

航空摄影测量　aerophotogrammetry, aerial photogrammetry　03.108

航空摄影机　aerial camera　03.008

航空图　aeronautical chart　04.034

航空遥感　aerial remote sensing　03.387

航空影像　aerial image　03.098

航空重力测量　airborne gravimetry　02.173

航摄计划　flight plan of aerial photography　03.117

航摄领航　navigation of aerial photography　03.116

航摄漏洞　aerial photographic gap　03.122

航摄软片　aerial film　03.073

航摄无人机　unmanned aerial vehicles for aerial photogrammetry　03.186

航摄像片　aerial photograph　03.132

航摄质量　quality of aerophotography　03.115

航天飞机　space shuttle　03.389

航天器自主天文导航　spacecraft autonomous celestial navigation　02.702

航天摄影　space photography　03.003

航天摄影测量　space photogrammetry　03.106

航天摄影机　space camera　03.007

航天遥感　space remote sensing　03.388

航天影像　space image　03.097

航位推算导航　dead reckoning navigation　02.678

航向重叠度　longitudinal overlap, end overlap　03.126

航向倾角　longitudinal tilt, pitch　03.155

航向向上显示　course-up display　07.261

航行图　sailing chart　07.217

航行障碍物　navigation obstruction　07.049

航行障碍物探测　observation of navigation obstruction　07.029

合成地图　synthetic map　04.040

合成孔径激光雷达　synthetic aperture LiDAR　03.492

合成孔径雷达　synthetic aperture radar, SAR　03.449

合成孔径雷达干涉测量　interferometric synthetic aperture radar, InSAR　03.454

合成孔径雷达极化测量　synthetic aperture radar polarimetry　03.465

合成视觉系统　synthetic vision system　05.174

合点控制　vanishing point control　03.277

合线　true horizon, image horizon, horizon trace, vanishing line　03.141

河道整治测量　river improvement survey　06.264

河外射电源　extragalactic radio radiation　02.704

河外致密射电源　extragalactic compact radio source　02.112

核点　epipole　03.326

核面　epipolar plane　03.331

核面几何　epipolar geometry　03.200

核线　epipolar line, epipolar ray　03.327

核线相关 epipolar correlation 03.351

核线影像 epipolar image 03.334

盒式分类法 box classification method 03.596

黑白片 black-and-white film 03.064

黑白摄影 black-and-white photography 03.089

黑体辐射 black body radiation 03.377

恒时钟 sidereal clock 02.438

恒星 star 02.693

恒星敏感器 stellar sensor 02.179

恒星摄影机 stellar camera 03.012

恒星时 sidereal time 02.745

恒星中天测时法 method of time determination by star transit 02.259

横断面测量 cross-section survey 06.243

横断面图 cross-section profile 06.244

横轴投影 transverse projection 04.154

红外辐射 infrared radiation 03.495

红外辐射计 infrared radiometer 03.427

红外片 infrared film 03.067

红外扫描仪 infrared scanner 03.423

红外摄影 infrared photography 03.092

红外遥感 infrared remote sensing 03.493

红外影像 infrared image 03.100

后方交会 resection 06.076

后向散射 back scattering 03.451

弧度测量 arc measurement 02.292

弧段 arc 05.134

湖泊测量 lake survey 07.028

互补色地图 anaglyphic map 04.063

互补色镜 anaglyphoscope 03.239

互补色立体观察 anaglyphical stereoscopic viewing 03.249

互操作性 interoperability 05.025

滑坡监测 landslide monitoring 06.096

环境地图 environmental map 04.015

环境探测卫星 environmental survey satellite 03.405

缓冲区 buffer 05.197

缓冲区分析 buffer analysis 05.198

缓和曲线测设 transition curve location 06.233

换能器 transducer 02.480

换能器吃水改正 correction for transducer draft 07.071

换能器动态吃水 transducer dynamic draft 07.073

换能器基线 transducer baseline 07.074

换能器基线改正 correction of transducer baseline 07.075

换能器静态吃水 transducer static draft 07.072

1956黄海平均海[水]面 Huang Hai mean sea level 02.295

灰度变换 gray-scale transformation 03.564

回归分析 regression analysis 05.192

回声测冰仪 ice fathometer 07.377

回声测深 echo sounding 07.054

回声测深仪 echo sounder 07.355

回头曲线测设 hair-pin curve location 06.234

回照器 helioscope, helios 02.462

汇水分析 catchment analysis 05.222

汇水面积测量 catchment area survey 06.262

绘图板 graphic tablet 04.328

绘图机 plotter 04.329

混合潮港 mixed tidal harbor 07.110

混合像素 hybrid pixel 03.512

混合像素分解 spectral unmixing 03.513

*混合像元 hybrid pixel 03.512

J

机场测量 airport survey 06.301

机场跑道测量 airfield runway survey 06.302

机电陀螺仪 mechatronics gyroscope 02.683

机载激光测深 airborne laser sounding 07.058

机载遥感器 airborne sensor 03.420

机助测图 computer-assisted plotting, computer-aided mapping 03.314

机助分类 computer-assisted classification 03.601

基本重力点 basic gravimetric point 02.158

基础测绘 fundamental surveying and mapping 01.056

基础地理信息系统 fundamental geographic information system 05.039

基高比 base-height ratio 03.125

基线 baseline 02.306

基线测量 baseline measurement 02.308

基线网 baseline network 02.307

基准台 track station 07.190

基准纬度 latitude of reference 07.290

*基准站 global navigation satellite system continuously operating reference station, GNSS CORS 02.028

激光测高仪 laser altimeter 03.432

激光测深仪 laser sounder 07.356

激光测月 lunar laser ranging, LLR 02.108

激光地形仪 laser topographic position finder 02.419

激光经纬仪 laser theodolite 02.411

激光雷达 light detection and ranging, LiDAR 03.440

激光目镜 laser eyepiece 02.452

*激光扫描仪 light detection and ranging, LiDAR 03.440

激光扫描仪 laser scanner 03.193

激光扫平仪 rotating laser, rotary laser 06.312

激光水准测量 laser leveling 06.059

激光水准仪 laser level 02.426

激光投点 laser plumbing 06.185

激光遥感 laser remote sensing 03.479

激光照排机 imagesetter 04.397

激光指向仪给向 driving direction guided by laser 06.194

激光准直法 method of laser alignment 06.107

激光准直仪 laser aligner 06.310

极轨卫星 polar orbit satellite 03.393

极化 polarization 03.466

极化合成 polarization synthesis 03.477

极化合成孔径雷达干涉测量 polarimetric synthetic aperture radar interferometry 03.478

极化目标分解 polarimetric target decomposition 03.476

极化散射矩阵 polarimetric scattering matrix 03.471

极化散射矢量 polarimetric scattering vector 03.473

极化椭圆 polarization ellipse 03.467

极化相干矩阵 polarimetric coherency matrix 03.475

极化协方差矩阵 polarimetric covariance matrix 03.474

极化总功率 polarimetric total power 03.472

极限误差 limit error 02.359

极移 polar motion 02.221

极坐标定位 polar coordinate positioning 07.173

极坐标定位系统 polar coordinates positioning system 07.337

*集成传感器定向 POS-supported aerotriangulation 03.302

集中滤波 centralized filtering 02.726

几何查询 geometric query 05.182

几何定标 geometric calibration 03.531

几何定向 geometric orientation 06.181

几何反转原理 principle of geometric reverse 03.254

几何畸变 geometric distortion 03.532

几何校正 geometric correction, geometric rectification 03.529

几何精度衰减因子 geometric dilution of precision, GDOP 02.536

几何模型 geometric model 03.263

几何配准 geometric registration of imagery 03.530

几何数据 geometric data 05.052

几何条件 geometric condition 03.275

计曲线 index contour 04.301

加常数 addition constant 02.491

加密点 pass point 03.288

加密探测 interline examing of sounding 07.060

加速度计 accelerometer 02.685

加速度计零位偏值 accelerometer bias 02.688

架空索道测量 aerial cableway survey 06.255

*假彩色片 color infrared film, false color film 03.069

假彩色摄影 false color photography 03.091

假彩色图像 false color image 03.560

假定坐标系 assumed coordinate system 06.038

间接法纠正 indirect scheme of digital rectification 03.338

间接估计 indirect estimation 02.722

*间接平差 indirect adjustment 02.366

间曲线 half-interval contour 04.302

监测台 monitor station, check station 07.191

监测站 monitoring station 02.524

监督分类 supervised classification 03.593

*检查台 monitor station, check station 07.191

检校场 calibration field 03.184

建井测量 shaft construction survey 06.190

建筑工程测量 building engineering survey 06.281

建筑红线 boundary line of building 06.288

*建筑控制线 boundary line of building 06.288

建筑摄影测量 architectural photogrammetry 03.216

建筑物沉降观测 building subsidence survey 06.292

建筑轴线测量 building axis survey 06.289

渐长区间 projection interval 07.292

渐长纬度 meridional part 07.291

江河测量 river survey 07.027

江河图 river chart 07.264

交叉测量 across survey 06.226

交叉耦合效应　cross-coupling effect　07.146

交会高程测量　vertical survey by intersection　06.065

交通地图　traffic map　04.026

交线条件　condition of intersection　03.278

交向摄影　convergent photography　03.191

胶片晒版　film to plate　04.352

胶片摄影机　film camera　03.016

＊胶片输出机　imagesetter　04.397

胶印打样　offset proofing　04.359

焦耳矢量　Joule vector　03.468

焦距　focal length　03.033

＊焦面快门　focal plane shutter, curtain shutter　03.043

角度测量　angle measurement　06.026

教学地图　school map　04.035

接触印刷　contact printing　04.367

Galileo 接收机　Galileo receiver　02.531

GLONASS 接收机　GLONASS receiver　02.530

GPS 接收机　GPS receiver　02.529

接收机冷启动　receiver cold start　02.629

接收机热启动　receiver hot start　02.631

接收机数据通信格式　receiver data communication format　02.632

接收机通用交换格式　receiver independent exchange format, RINEX　02.026

接收机温启动　receiver warm start　02.630

接收机钟差　receiver clock bias　02.621

接收机自主完好性监测　receiver autonomous integrity monitoring, RAIM　02.563

接收中心　receiving center　07.202

＊节点　node　05.131

结点　node　05.131

结点匹配　node snap　05.133

结构化查询语言　structured query language，SQL　05.181

结构选取模型　structural selection model　04.217

捷联式惯性导航系统　strapdown inertial navigation system　02.681

截断误差　truncation error　02.360

截面差改正　correction from normal section to geodesic　02.184

截止高度角　masking angle　02.589

解析测图　analytical mapping　03.313

解析测图仪　analytical plotter　03.315

解析定向　analytical orientation　03.290

解析纠正　analytical rectification　03.311

解析空中三角测量　analytical aerial triangulation　03.294

解析摄影测量　analytical photogrammetry　03.283

解析图根点　analytic mapping control point　06.072

＊解译　interpretation　03.177

界址点　boundary mark，boundary point　06.130

金属弹簧重力仪　metallic spring gravimeter　02.441

津格尔测时法　method of time determination by Zinger star-pair　02.260

紧组合导航　tightly coupled integration　02.718

近程定位系统　short-range positioning system　07.332

近海测量　offshore survey　07.021

近景摄影测量　close-range photogrammetry　03.208

近空遥感平台　near space remote sensing platform　03.385

经度　longitude　01.018

经度起算点　origin of longitude　02.255

经济地图　economic map　04.025

经纬[线]网　fictitious graticule　04.240

经纬仪　theodolite, transit　02.408

经纬仪测绘　theodolite surveying　06.084

经纬仪导线　theodolite traverse　06.011

精码　precise code，P code　02.056

精密测距　precise ranging　06.114

精密测距码　precise ranging code　02.582

精密测距码模块　precise ranging code module, PRM　02.591

精密单点定位　precise point positioning, PPP　02.094

精密导线测量　precise traversing　02.273

精密度　precision　01.033

精密工程测量　precise engineering survey　06.111

精密工程控制网　precise engineering control network　06.112

精密机械安装测量　precise mechanism installation measurement　06.117

精密立体测图仪　precision stereoplotter　03.247

精密三角高程测量　precise trigonometric leveling　06.113

精密水准测量　precise leveling　02.303

精密水准仪　precise level　02.424

精密星历　precise ephemeris　02.079

精密星历服务　precise ephemeris service　02.085

精密钟差服务　precise clock error service　02.086

K

空间感知仿真　spatial perception simulation　05.166

空间关联规则　spatial association rule　05.236

空间关系　spatial relation　05.008

空间聚类分析　spatial cluster analysis　05.194

空间聚类规则　spatial clustering rule　05.232

空间决策支持　spatial decision support　05.227

空间例外　spatial outlier　05.239

空间量算　spatial measuring and caculation　05.189

空间六分仪天文定位　space sextant celestial positioning
　　02.700

空间前方交会　space intersection　03.293

空间区分规则　spatial discriminate rule　05.234

空间认知　spatial cognition　04.089

空间数据安全　spatial data security　05.120

空间数据版权　spatial data copyright　05.123

空间数据不确定性　spatial data uncertainty　05.116

空间数据仓库　spatial data warehouse　05.224

空间数据处理　spatial data processing　05.126

空间数据格式　spatial data format　05.138

空间数据更新　spatial data updating　05.143

空间数据管理　spatial data management　05.067

空间数据过滤　spatial data filtering　05.146

空间数据基础设施　spatial data infrastructure, SDI
　　01.050

空间数据集成　spatial data integration　05.142

空间数据加密　spatial data encryption　05.121

空间数据结构　spatial data structure　05.084

空间数据可视化　spatial data visualization　01.051

空间数据库　spatial database　05.016

空间数据库管理系统　spatial database management sys-
　　tem　05.103

空间数据库引擎　spatial database engine　05.107

空间数据立方体　spatial data cube　05.226

空间数据粒度　spatial data granularity　05.005

空间数据匹配　spatial data matching　05.141

空间数据清理　spatial data cleaning　05.225

空间数据融合　spatial data fusion　05.140

空间数据数字水印　spatial data digital watermarking
　　05.124

空间数据数字指纹　spatial data digital fingerprinting
　　05.125

空间数据索引　spatial data index　05.093

空间数据同化　spatial data assimilation　05.139

空间数据挖掘　spatial data mining　05.223

空间数据挖掘规则　spatial data mining rule　05.231

空间数据文件　spatial data file　05.101

空间数据压缩　spatial data compression　05.144

空间数据隐写　spatial data steganography　05.122

空间数据质量　spatial data quality　05.108

空间数据质量元素　spatial data quality element　05.109

空间数据转换　spatial data conversion　05.137

空间数据组织　spatial data organization　05.102

空间特征规则　spatial characteristic rule　05.233

空间体视化　spatial volume visualization　05.148

空间统计分析　spatial statistical analysis　05.190

*空间信号精度　SISA　02.535

*空间信号误差　SISE　02.533

空间演变规则　spatial evolution rule　05.235

空间依赖规则　spatial dependent rule　05.238

空间异常　free-air anomaly　02.187

空间优化分析　spatial optimization analysis　05.205

空间预测规则　spatial predicatable rule　05.237

空间域滤波　spatial filtering　03.546

空间自相关分析　spatial auto-correlation analysis
　　05.191

空间坐标变换　space coordinate transformation　03.533

控制测量　control survey　06.001

控制网平差　control network adjustment　06.048

库容测量　reservoir storage survey　06.260

跨河水准测量　river-crossing leveling　02.304

块改正　block correction　07.254

块状图　block diagram　04.417

块状图表法　block diagram method　04.291

快门　shutter　03.041

宽角航摄仪　wide-angle aerial camera　03.028

宽巷观测值　wide lane observation　02.061

矿场平面图　mining yard plan　06.170

*矿井测量　underground survey　06.195

矿区测量　mining area survey　06.161

矿区控制测量　control survey of mining area　06.162

矿山测量交换图　exchanging documents of mining survey
　　06.177

矿山测量图　mine map　06.168

矿山测量学　mine surveying　01.013

矿山经纬仪　mining theodolite　06.307

矿山控制网　mine control network　06.050

矿体几何制图　geometrisation of ore body　06.163

*矿图　mine map　06.168

框标　fiducial mark　03.131
框幅摄影机　frame camera　03.018

扩散转印　diffusion transfer　04.374

L

拉普拉斯点　Laplace point　02.310
拉普拉斯方位角　Laplace azimuth　02.272
兰勃特投影　Lambert projection　04.160
勒夫数　Love number　02.240
雷达测高仪　radar altimeter　02.507
＊雷达高度计　radar altimeter　02.507
雷达摄影测量　synthetic aperture radar photogrammetry, radar photogrammetry　03.230
雷达遥感　radar remote sensing　03.447
雷达应答器　radar responder　07.314
雷达影像　radar image　03.450
类别视觉感受　perceptual grouping　04.115
类间距离　class distance　03.590
＊类星体　extragalactic compact radio source　02.112
离心力　centrifugal force　02.116
离心力位　potential of centrifugal force　02.127
离轴三反相机　off-axis three-mirror-anastigmat camera　03.026
里程测量　measure mileage　06.227
理论地图学　theoretical cartography　04.088
理论最低潮面　theoretical lowest tide surface　07.097
力高　dynamic height　02.138
历史地图　historic map　04.027
历元平极　mean pole of the epoch　02.224
立井导入高程测量　induction height survey through shaft　06.189
立井定向测量　shaft orientation survey　06.180
立井激光指向［法］　laser guide［method］of vertical shaft　06.193
立面测量　surveying the vertical side of building　06.147
立面图　vertical side of building map　06.146
立体测图仪　stereoplotter　03.245
立体地图　relief map　04.061
立体感　stereoscopic perception　04.126
立体观测　stereoscopic observation　03.248
立体观测模型　stereoscopic model　03.262
立体镜　stereoscope　03.238
立体判读仪　stereointerpretoscope　03.241
立体摄影测量　stereo photogrammetry　03.233

立体摄影机　stereo camera, stereo metric camera　03.022
立体视觉　stereoscopic vision　03.236
立体像对　stereo pair　03.234
立体坐标量测仪　stereocomparator　03.244
粒子加速器测量　particle accelerator survey　06.118
连接点　tie point　03.289
连接三角形法　connection triangle method　06.187
连续调　continuous tone　04.273
连续对比　successive contrast　04.119
连续性风险概率　continuity risk probability　02.551
帘幕式快门　focal plane shutter, curtain shutter　03.043
联邦滤波　federated filtering　02.727
联测比对　comparison survey　07.201
联合平差　combined adjustment　03.307
联合战术信息分发系统　joint tactical information distribution system, JTIDS　02.676
联合作战图　joint operations map　04.031
联机空中三角测量　on-line aerotriangulation　03.299
联系测量　connection survey　06.179
联系数　correlate　02.386
＊链　arc　05.134
量测摄影机　metric camera　03.015
量底法　quantity base method　04.288
量化　quantizing, quantization　03.320
量子成像　quantum imaging　03.441
裂缝观测　fissure observation　06.097
邻带方里网　kilometer grid of neighboring zone　04.242
邻接　adjacency　05.135
邻近点内插法　nearest neighbor interpolation method　03.358
邻近分析　proximity analysis　05.196
邻图拼接比对　comparison with adjacent chart　07.092
临界基线　critical baseline　03.461
零潮汐系统　zero-tidal system　02.235
零漂改正　correction of zero drift　02.171
零［位］线改正　correction of zero line　07.086
零相位效应　zero-phase effect　07.210
领海基点测量　territorial sea basepoint survey　07.137

流体静力水准测量　hydrostatic leveling　06.060
六分仪　sextant　07.344
漏警率　dismissal alarm probability　02.546
露天矿测量　opencast survey　06.166
露天矿矿图　opencast mining plan　06.174
鲁洛夫斯太阳棱镜　Roelofs solar prism　02.465
陆地卫星　Landsat　03.400
路径分析　route analysis　05.212
轮廓　outline　04.108
＊罗经圈　compass rose　07.304

罗兰-C 定位系统　Loran-C positioning system　07.340
罗兰 C 系统　LORAN-C system　02.673
罗兰海图　Loran chart　07.226
罗盘经纬仪　compass theodolite　02.413
罗盘仪　compass　02.420
逻辑数据模型　logical data model　05.081
逻辑一致性　logical consistency　05.114
旅游地图　tourist map　04.044
滤光片　aerophotographic filter　03.044
略最低低潮面　lower low water　07.100

M

麦氏自主天文导航系统　microcosm autonomous navigation system, MANS　02.701
脉冲测量　pulse measurement　03.489
脉冲无线电高度表　pulse radio altimeter　02.666
脉冲星　pulsar　02.706
脉冲星导航　pulsar navigation　02.710
脉冲星定时　pulsar timing　02.709
脉冲星定位　pulsar positioning　02.708
脉冲星探测器　pulsar detector　02.707
芒塞尔色系　Munsell color system　04.267
盲色片　achromatic film　03.070
卯酉面　prime vertical plane　02.320
卯酉圈　prime vertical　02.322
卯酉圈曲率半径　radius of curvature in prime vertical　02.325
密度测量法　densitometry　04.389
密度分割　density slicing　03.552
密度计　densitometer　04.393
面实体　area entity　05.049
面水准测量　area leveling　06.280
面向对象空间数据模型　objectoriented spatial data model　05.083
面向对象数据库管理系统　object-oriented database management system　05.105
面状符号　area symbol　04.171

瞄直法　sighting line method　06.184
民族地图　ethnic groups map　04.018
名从主人　naming after local host　04.190
名义量表　nominal scaling　04.311
明显地物点　outstanding point　03.180
模糊分类法　fuzzy classification method　03.597
模拟地图　analog map　04.098
模拟法测图　analog plotting　03.258
模拟立体测图仪　analog stereoplotter　03.246
模拟摄影测量　analog photogrammetry　03.232
模型连接　bridging of model　03.291
模型缩放　scaling of model　03.265
模型置平　leveling of model　03.266
莫洛坚斯基公式　Molodensky formula　02.206
莫洛坚斯基理论　Molodensky theory　02.205
墨卡托海图　Mercator chart　07.222
墨卡托投影　Mercator projection　04.163
目标反射器　target reflector　02.485
目标区　target area　03.354
目标识别　image recognition　03.612
目标提取　object extraction　03.202
目标重建　object reconstruction　03.207
目视判读　visual interpretation　03.179
目视天顶仪　visual zenith telescope　02.459

N

挠度测量　deflection observation　06.099
内部定向　interior orientation　03.165

内插　interpolation　03.521
内方位元素检定　interior orientation parameter calibration

03.149

能见度　visibility　02.466

能见敏锐度　visibility acuity　04.105

拟稳平差　quasi-stable adjustment　02.372

逆转点法　reversal points method　06.198

年差　annual change of magnetic variation　07.306

年平均海面　annual mean sea level　07.016

鸟瞰图　bird's eye view map　04.051

凝视卫星　staring-imaging satellite　03.397

O

*欧洲地球静止卫星重叠导航服务　European geostationary navigation overlay service, EGNOS　02.572

欧洲星基增强系统　European geostationary navigation

overlay service, EGNOS　02.572

偶然误差　random error　01.036

P

排版　composition　04.335

判读　interpretation　03.177

判读标志　interpretation sign　03.582

判读仪　interpretoscope　03.240

*判释　interpretation　03.177

旁向重叠度　lateral overlap, side overlap　03.127

旁向倾角　lateral tilt, roll　03.156

喷墨印刷　ink-jet printing　04.380

彭纳投影　Bonne projection　04.161

匹配导航　matching navigation　02.711

偏角法　method of deflection angle　06.235

偏距　deflection distance　06.297

偏振光立体观察　vectograph method of stereoscopic viewing　03.250

拼大版　sheet assembly　04.344

频率基准　primary frequency standard　02.767

频率间偏差　interfrequency bias　02.623

频率校准　frequency calibration　02.768

频率漂移率　frequency drift ratio　02.766

频率稳定度　frequency stability　02.765

频率误差　frequency error　02.502

频率域滤波　frequency domain filtering　03.547

频率准确度　frequency accuracy　02.764

频偏　frequency offset　02.058

频漂　frequency drift　02.059

平板胶印机　sheet-fed offset press　04.405

平板仪　plane-table equipment　06.314

平板仪测绘　plane-table surveying　06.083

平板仪导线　plane-table traverse　06.013

[平版]胶印　offset printing　04.365

平版印刷　lithography printing　04.366

平差　adjustment　01.041

平差值　adjusted value　02.363

平衡潮　equilibrium tide　02.233

平极　mean pole　02.222

平均潮汐系统　mean-tidal system　02.236

平均大潮低潮面　mean low water springs, MLWS　07.098

平均大潮高潮面　mean high water springs, MHWS　07.099

平均大潮高潮线　mean high water spring tide, MHWST　07.125

平均地球椭球　mean earth ellipsoid　02.150

平均海面归算　correction of mean sea level　07.018

平均海[水]面　mean sea level　02.294

平均曲率半径　mean radius of curvature　02.326

平均误差　average error　02.358

平均运动　mean motion　02.043

平面基准　horizontal datum　01.022

平面控制测量　plane control survey　06.002

平面控制网　horizontal network　06.042

平面曲线测设　plane curve location　06.231

*平面直角坐标网　kilometer grid　04.241

平面坐标　horizontal coordinate　06.003

平时钟　mean-time clock　02.439

平台式惯性导航系统　gimbaled inertial navigation system　02.680

平太阳时　mean solar time　02.748

平行圈　parallel circle　02.323
平移参数　translation parameter　02.015
平整土地测量　survey for land consolidation　06.279
苹果工作站　Apple Macintosh　04.402
坡度测设　grade location　06.228
坡度尺　slope scale　04.254

坡度分析　slope analysis　05.220
坡面经纬仪　slope theodolite　02.415
剖面图　profile　04.415
普通地图　general map　04.001
普通地图集　general atlas　04.068
普通海图　general chart　07.230

Q

气候图　climatic map　04.008
气象代表误差　meteorological representation error　07.206
*气象改正　atmospheric correction　07.205
气象图　weather map　04.009
气象卫星　weather satellite　03.406
恰可查觉差　just noticeable difference, JND　04.103
*恰普斯基条件　Czapski condition　03.278
千米尺　kilometer scale　07.300
*铅垂线　plumb line　02.122
前方交会　forward intersection　06.074
钱德勒摆动　Chandler wobble　02.257
浅地层剖面测量　subbottom profiling　07.139
浅地层剖面仪　sub-bottom profiler　07.366
浅色调　tint　04.275
嵌入式地理信息系统　embedded geographic information system　05.035
桥墩定位　pier location　06.248
桥梁测量　bridge survey　06.245
桥梁控制测量　bridge construction control survey　06.246
桥梁轴线测设　bridge axis location　06.247
切线支距法　tangent off-set method　06.236
切向畸变　tangential distortion, tangential lens distortion　03.048
倾斜测量　tilt observation　06.100
倾斜地球同步轨道　inclined geo-synchronous orbit, IGSO　02.520
倾斜摄影　oblique photography　03.095
倾斜摄影机　oblique camera　03.021
倾斜像点位移　tilt displacement of image point　03.145
倾斜仪　clinometer　02.447
清绘　fair drawing　04.324
求积仪　planimeter, platometer　06.316
球面剖分　global partition　05.002

球面投影　stereographic projection　04.152
球心投影　gnomonic projection　04.149
区划地图　regionalization map　04.037
区域改正数技术　area correction parameter, FKP　02.733
区域网平差　block adjustment　03.303
曲线测设　curve setting-out　06.230
*曲线放样　curve setting-out　06.230
趋势分析　trend analysis　05.193
全景畸变　panoramic distortion　03.050
全景摄影　panoramic photography　03.096
全景摄影机　panoramic camera, panorama camera　03.023
全景图模型　paranoma model　05.162
全景影像　panoramic image　03.101
全能法测图　universal method of photogrammetric mapping　03.255
全球大地测量观测系统　global geodetic observing system, GGOS　02.020
全球导航卫星系统　global navigation satellite system, GNSS　01.054
全球导航卫星系统测量　Global Navigation Satellite System survey　06.007
全球导航卫星系统辅助空中三角测量　global navigation satellite system-supported aerotriangulation　03.301
全球导航卫星系统水准　global navigation satellite system leveling　02.302
全球导航卫星系统组合接收机　global navigation satellite system combined receiver　02.532
全球定位系统　Global Positioning System, GPS　02.511
全色红外片　panchromatic infrared film　03.068
全色片　panchromatic film　03.066
全色影像　panchromatic image　03.099
全息摄影　hologram photography, holography　03.222
全息摄影测量　hologrammetry　03.231

全向天线　omnidirectional antenna　02.478

*全站仪　electronic tacheometer, electronic stadia instrument, electronic tachymeter total station　02.418

全站仪测绘　total station surveying　06.087

全站仪导线　total station traverse　06.015

全组合测角法　method in all combinations　02.274

权　weight　02.378

权函数　weight function　02.381

权矩阵　weight matrix　02.383

权逆阵　inverse of weight matrix　02.384

权属测量　ownership survey　06.126

权系数　weight coefficient　02.382

R

扰动位　disturbing potential　02.142

扰动重力　disturbing gravity　02.141

热辐射　thermal radiation　03.376

热红外图像　thermal infrared imagery, thermal IR imagery　03.494

热红外温度反演　thermal infrared temperature retrieval　03.499

人工标志　artificial target　03.181

人口地图　population map　04.020

人文地图　humanities human map　04.016

人眼视觉　human vision　03.235

人仪差　personal and instrumental equation　02.265

认知制图　cognitive mapping　04.091

任意比例尺　arbitrary scale　04.134

任意设站　free setting station　06.088

任意投影　arbitrary projection　04.144

任意轴子午线　arbitrary axis meridian　06.036

日本星基增强系统　multi-functional transport satellite-based augmentation system, MSAS　02.573

日变改正　diurnal variation correction　07.159

日潮港　diurnal tidal harbor　07.108

*日晷投影　gnomonic projection　04.149

日平均海面　daily mean sea level　07.014

日月引力摄动　lunisolar gravitational perturbation　02.037

入网注册　access registration　02.656

入站信号　inbound signal　02.646

软打样　soft proofing　04.361

软件接收机　software receiver　02.590

软式扫海具　wire sweeper　07.364

闰秒　leap second　02.753

S

赛博地图　cyber map　04.084

赛博空间　cyberspace　04.083

三北方向图　sketch of three-north direction　04.246

三边测量　trilateration　06.004

三边网　trilateration network　06.043

三差相位观测　triple-difference phase observation　02.084

三杆分度仪　three-arm protractor　07.343

三角测量　triangulation　02.284

三角点　triangulation point　02.281

三角高程测量　trigonometric leveling　06.055

三角高程导线　polygonal height traverse　06.062

三角高程网　trigonometric leveling network　02.305

三角基座　tribrach　02.456

三角锁　triangulation chain　02.283

三角网　triangulation network　02.282

三脚架　tripod　02.468

三频定位　triple frequency positioning　02.626

三维重建　3D reconstruction　03.203

三维地理信息系统　3D geographic information system　05.036

*三维电子航海图　three-dimensional nautical chart　07.280

三维航海图　three-dimensional nautical chart　07.280

三维景观仿真　three-dimensional landscape simulation　05.168

三维空间数据模型　3D spatial data model　05.079

三维控制测量　three-dimensional control measurement　06.066

三维控制网　three-dimensional network　06.067

三维态势建模　3D situation modeling　05.163

三维态势推演　3D situation inference　05.164

三轴稳定平台　three-axis stabilized platform　02.689

扫海测量　wire drag survey, sweep　07.030

扫海测深仪　sweeping sounder　07.352

扫海具　sweeper　07.363

扫海区　swept area　07.324

扫海深度　sweeping depth　07.037

扫海趟　sweeping trains　07.038

扫描数字化　digitizing by scanning method　05.065

扫描仪　scanner　04.392

色彩管理　color management　04.383

色调　tone　04.271

色度测量法　colorimetry　04.390

色度计　spectrophotometer　04.394

色环　color wheel　04.270

色相　hue　04.269

色域压缩　color gamut compression　04.385

沙盘　sand table　04.065

晒版机　contact copier　04.398

栅格地图数据库　raster map database　05.022

栅格海图　raster chart　07.251

栅格数据　raster data　05.057

栅格数据结构　raster data structure　05.087

栅格数据模型　raster data model　05.071

＊栅格数字地图　digital raster graph, DRG　04.075

闪闭法立体观察　blinking method of stereoscopic viewing　03.251

扇区开角　fan width, swath width　07.080

扇谐系数　coefficient of sectorial harmonics　02.133

上下视差　vertical parallax, y-parallax　03.161

舍入误差　round-off error　02.361

设计水位　design level　07.101

社会经济地图　social economic map　04.021

射电天文导航　radio celestial navigation　02.703

射电天文观测系统　radio astronomical observation system　02.705

X 射线摄影测量　X-ray photogrammetry　03.229

射影几何　projective geometry　03.198

摄动函数　disturbing function　02.039

摄动力　disturbing force　02.033

摄谱仪　spectrograph　03.437

摄影比例尺　photographic scale　03.112

摄影测量内插　photogrammetric interpolation　03.357

摄影测量视觉　photogrammetric vision　03.212

摄影测量学　photogrammetry　03.001

摄影测量学与遥感　photogrammetry and remote sensing　01.005

摄影测量坐标系　photogrammetric coordinate system　03.284

摄影处理　photographic processing　03.056

摄影分区　flight block　03.111

摄影航线　flight line of aerial photography　03.110

摄影机　photographic apparatus, camera　03.006

摄影机检定　camera calibration　03.052

摄影机主距　principal distance of camera　03.035

摄影基线　photographic baseline, air base　03.114

摄影经纬仪　photo theodolite　06.308

摄影稳定平台　photographic stabilized platform　03.031

摄影学　photography　03.002

摄影中心　camera station, exposure station　03.109

伸缩仪　extensometer　02.448

深度感　depth perception　04.125

深度基准　sounding datum　01.024

深度基准面　depth datum level　07.009

深度基准面保证率　assuring rate of depth datum　07.012

深空基准　deep space datum　02.104

深空探测卫星　deep space satellite　03.394

深空遥感平台　deep space remote sensing platform　03.386

深色调　shade　04.274

深组合导航　deep coupled integration　02.719

甚长基线干涉测量　very long baseline interferometry, VLBI　02.312

甚高频全向信标系统　very high frequency omnidirectional range, VOR　02.670

生物医学摄影测量　biomedical photogrammetry　03.227

声呐　sonar　07.345

声呐扫海　sonar sweeping　07.034

＊声呐图像　sonar image　07.035

声速改正　correction of sound velocity　07.067

声速计　sound velocimeter　07.358

声速剖面测量　sound velocity profiling　07.068

＊声速剖面仪　sound velocimeter　07.358

声图　sonar image　07.035

声图判读　interpretation of echograms　07.036

声学多普勒海流剖面仪　acoustic Doppler current profiler, ADCP　07.375

声学水位计　acoustic water level　07.371

R 树索引　R-tree index　05.097

竖盘指标差　index error of vertical circle, vertical collimation error　02.495

竖曲线测设　vertical curve location　06.238

竖直摄影　vertical photography　03.094

数据编辑　data editing　05.066

数据可用性　data availability　05.117

数据目录　data catalogue　05.029

*数据溯源　data lineage, data provenance　05.028

数据探测法　data snooping　03.309

数据同化　data assimilation　03.617

数据完整性　data completeness　05.113

数据现势性　data timeliness　05.115

数据志　data lineage, data provenance　05.028

数据质量检查　data quality check　05.118

数据质量评价　data quality evaluation　05.119

数据注册　data registration　05.030

数据字典　data dictionary　05.027

*数据族系　data lineage, data provenance　05.028

数量感　overall perception　04.124

数码打样机　digital proofing press　04.400

*数位板　graphic tablet　04.328

数学制图学　mathematical cartography　04.129

数字表面模型　digital surface model, DSM　03.344

数字测图　digital mapping　03.335

数字打样　digital proofing　04.360

*数字地面模型　digital terrain model, DTM　04.077

数字地图　digital map　04.073

数字地图模型　digital cartographic model　04.099

数字地图制图　digital cartography　04.237

数字地形模型　digital terrain model, DTM　04.077

数字高程模型　digital elevation model, DEM　04.076

数字高程模型数据库　digital elevation model database, DEM database　05.019

数字海图　digital chart　07.247

数字化测图　digitizing mapping　06.086

数字化器　digitizer　04.327

数字化影像　digitized image　03.318

数字近景摄影测量　digital close-range photogrammetry　03.219

数字近景摄影测量系统　digital close-range photogrammetric system　03.220

数字景观模型　digital landscape model　04.078

数字栅格地图　digital raster graph, DRG　04.075

数字摄影测量　digital photogrammetry　03.316

数字摄影测量工作站　digital photogrammetric station　03.362

数字摄影机　digital camera　03.017

数字矢量地图　digital line graph, DLG　04.074

数字水深模型　digital bathymetric model　07.095

数字图像处理　digital image processing　03.520

数字微分纠正　digital differential rectification　03.336

*数字线划地图　digital line graph, DLG　04.074

数字线划图　digital line graph　03.346

数字印刷　digital printing　04.379

数字印刷机　digital printer press　04.406

数字影像　digital image　03.317

数字影像镶嵌　digital mosaic　03.341

数字正射影像　digital orthophoto　03.339

双标准纬线投影　projection with two standard parallels　04.159

双差相位观测　double-difference phase observation　02.083

双介质摄影测量　two-medium photogrammetry　03.223

双频测深仪　dual-frequency sounder　07.351

双频定位　double frequency positioning　02.625

双曲线导航图　hyperbolic navigation chart　07.225

双曲线定位　hyperbolic positioning　07.172

双曲线定位系统　hyperbolic positioning system　07.338

双曲线格网　hyperbolic positioning grid　07.185

双三次卷积内插法　bicubic interpolation method　03.360

双色激光测距仪　two-color laser ranger, distance meter　02.429

双线性内插法　bilinear interpolation method　03.359

双向定时　two way timing　02.651

双向法时间比对　two-way time comparing　02.783

双向反射分布函数模型　bidirectional reflectance distribution function model, BRDF model　03.381

双向航道　two-way route　07.327

水尺　tide staff　07.373

*水道测量　hydrographic survey　07.019

水库测量　reservoir survey　06.257

水库淹没线测设　setting-out of reservoir flooded line　06.261

水利工程测量　hydro-engineering survey　06.256

水面水准　surface level　07.007

水墨平衡　ink dampening solution balance　04.372

水平保护值 horizontal protection level, HPL 02.548

水平角 horizontal angle 06.027

水平精度衰减因子 horizontal dilution of precision, HDOP 02.538

水平折光差 horizontal refraction error 02.278

水深 water depth 07.309

水深测量 sounding, bathymetry 07.053

水深抽稀 soundings thining 07.094

水深密度 density of sounding 07.061

水深信号杆 depth signal pole 07.315

水声定位 acoustic positioning 07.174

水声定位系统 acoustic positioning system 07.342

水声应答器 underwater acoustic responder 07.359

水听器 hydrophorce 07.360

水砣 lead 07.361

水位 water level 07.119

水位分带改正 correction with tidal zoning 07.065

水位改正 correction of water level 07.064

水位曲线 curve of water level 07.120

水位遥报仪 communication device of water level 07.372

＊水文测验 hydrologic observation 07.121

水文观测 hydrologic observation 07.121

水文图 hydrologic map 04.010

水系图 drainage map 06.263

水下地形测量 underwater topographic survey 07.050

水下摄影测量 underwater photogrammetry 03.224

水下摄影机 underwater camera 03.011

水下声标 underwater acoustic beacon 07.175

水准测量 leveling 06.054

水准尺 leveling staff 02.473

水准点 benchmark 02.300

水准控制网 leveling control network 02.293

水准路线 leveling line 02.301

水准面 level surface 02.209

水准器 spirit level, bubble level 02.455

水准仪 level 02.421

水准原点 leveling origin 02.296

顺序量表 ordinal scaling 04.312

瞬时极 instantaneous pole 02.220

瞬时视场 instantaneous field of view, IFOV 03.037

丝网印刷 screen printing 04.378

斯托克斯公式 Stokes formula 02.204

斯托克斯理论 Stokes theory 02.203

斯托克斯矢量 Stokes vector 03.469

四叉树索引 quadtree index 05.098

四色印刷 four-color printing 04.369

似大地水准面 quasi-geoid 02.212

松组合导航 loosely coupled integration 02.717

搜索区 searching area 03.355

素图 monochromatic map 04.052

岁差 precession 02.216

碎部测量 detail survey 06.080

碎部点 detail point 06.081

隧道测量 tunnel survey 06.249

穗帽变换 tasseled cap transformation 03.543

缩微地图 microfilm map 04.059

缩微摄影 microphotography, microcopying 03.209

锁相环 phase locked loop, PLL 02.069

T

塔尔科特测纬度法 Talcott method of latitude determination 02.261

塔康系统 tactical air navigation system, TACAN 02.672

台卡定位系统 Decca positioning system 07.339

台卡海图 Decca chart 07.227

台链 station chain 07.192

太阳辐射 solar radiation 03.378

太阳辐射波谱 solar radiation spectrum 03.379

太阳光压摄动 solar radiation pressure perturbation 02.036

太阳时 solar time 02.746

太阳同步卫星 sun-synchronous satellite 03.392

态势地图 posture map 04.033

泰森多边形分析 Thiessen polygon analysis 05.202

套印 registering 04.336

特宽角航摄仪 superwide-angle aerial camera 03.029

特殊水深 special depth 07.089

特征编码 feature coding 03.609

特征级融合 feature level image fusion 03.555

特征码 feature code 05.062

特征提取 feature extraction 03.603

特征选择　feature selection　03.610

特种地图　particular map　04.054

特种摄影测量　special photogrammetry　03.221

特种印刷　special printing　04.373

体实体　body entity　05.050

体状符号　volume symbol　04.172

天波干扰　sky-wave interference　07.203

天波修正　sky-wave correction　07.204

天顶方向总电子含量　vertical total electron content, VTEC　02.067

天顶距　zenith distance, zenith angle　02.252

天球历书极　celestial ephemeris pole　02.225

天球坐标系统　celestial coordinate system　02.011

天体　celestial body　02.692

天体高度　celestial altitude　02.698

天体敏感器　celestial sensor　02.699

天文大地垂线偏差　astro-geodetic deflection of the vertical　02.271

天文大地网平差　adjustment of astro-geodetic network　02.288

天文导航　celestial navigation　02.690

天文点　astronomical point　02.254

天文定位系统　astronomical positioning system　07.335

天文方位角　astronomical azimuth　02.251

天文经度　astronomical longitude　02.249

天文经纬仪　astronomical theodolite　02.412

天文年历　astronomical ephemeris, astronomical almanac　02.269

天文时　astronomical time　02.744

天文水准　astronomical leveling　02.210

天文纬度　astronomical latitude　02.250

天文与惯性组合导航　celestial/INS integrated navigation　02.730

天文钟　astronomical clock　02.696

天文重力水准　astro-gravimetric leveling　02.211

天文坐标量测仪　astronomical coordinate measuring instrument　02.437

天线方向性　directivity of antenna　07.207

天线高度　antenna height　07.208

天线相位中心　antenna phase center　02.080

田谐系数　coefficient of tesseral harmonics　02.134

填充地图　outline map for filling　04.056

条带测深　swath sounding　07.056

条件符号化　conditional symbology procedures　07.284

条件平差　condition adjustment　02.367

调焦误差　error of focusing　02.499

调频式无线电高度表　frequency-modulated radio altimeter　02.663

调制传递函数　modulation transfer function, MTF　03.085

调制频率　modulation frequency　02.483

调制器　modulator　02.479

铁路工程测量　railway engineering survey　06.252

听觉仿真　auditory simulation　05.170

通道　passage　05.207

通道时延　channel time delay　02.622

通视分析　visibility analysis　05.219

通用横墨卡托投影　universal transverse Mercator projection, UTM　04.164

通用极球面投影　universal polar stereographic projection, UPS　04.165

同步观测　simultaneous observation　02.070

同步摄影　synchronous photography　03.211

同步验潮　tidal synobservation　07.107

同名光线　corresponding image ray　03.159

同名核线　corresponding epipolar line　03.330

同名像点　corresponding image point, homologous image point　03.158

同轴三反相机　coaxis three-mirror-anastigmat camera　03.025

统计地图　statistic map　04.036

投影比例尺　projection scale　04.135

投影差　relief displacement, height displacement　03.146

投影方程　projection equation　03.105

投影器主距　principal distance of projector　03.261

投影晒印　projection printing　03.059

透光率　transmittance　03.078

透明负片　transparent negative　03.061

透明正片　diapositive, transparent positive　03.063

透视截面法　perspective tracing method　04.293

透视投影　perspective projection　04.151

透视旋转定律　rotation axiom of the perspective, rotation theorem, Chasles theorem　03.279

透写图　overlay tracing　07.093

图册装订机　bookbinding machine　04.408

图幅　map-sheet　04.316

图幅编号　sheet designation, sheet number　04.249

图幅接边　sheet join　04.317

W

卫星运动方程　equation of satellite motion　02.044

卫星钟差测定　satellite clock bias determination　02.607

卫星钟差预报　satellite clock bias prediction　02.608

卫星重力测量　satellite gravimetry　02.174

卫星重力梯度测量　satellite gravity gradiometry　02.170

卫星自主导航　satellite autonomous navigation　02.643

卫星自主完好性监测　satellite autonomous integrity monitoring, SAIM　02.564

位图符号　bitmap symbol　04.176

位移观测　displacement observation　06.104

位置差分　position differencing　02.555

位置服务　location-based service, LBS　01.055

位置函数　position function　07.164

位置精度　positional accuracy　05.110

位置精度衰减因子　position dilution of precision, PDOP　02.537

＊位置数据　geometric data　05.052

位置线　line of position, LOP　07.163

位置线方程　equation of line of position　07.165

位置［线交］角　intersection angle of line of position　07.166

文化地图　cultural map　04.017

纹理分析　texture analysis　03.606

纹理特征提取　texture feature extraction　03.605

纹理映射　texture mapping　05.147

纹理增强　texture enhancement　03.571

＊稳健估计　robust estimation　02.364

沃尔什变换　Walsh transformation　03.540

沃罗诺伊图　Voronoi diagram　05.204

无潮汐系统　free-tidal system　02.234

无缝深度基准面　seamless depth datum　07.011

无线电导航　radio navigation　02.658

无线电定位　radio positioning　07.181

无线电罗盘系统　radio compass system　02.660

无线电频率导航　radio frequency navigation　02.662

无线电时间导航　radio time navigation　02.665

无线电相位导航　radio phase navigation　02.669

无线电与惯性组合导航　radio/INS integrated navigation　02.729

无线电振幅导航　radio amplitude navigation　02.659

无线电指向标　radio beacon　07.313

五角棱镜　pentaprism　02.464

物方匹配　object space image matching　03.353

物镜分辨力　resolving power of lens　03.046

物空间坐标系　object space coordinate system　03.287

物理大地测量学　physical geodesy　02.114

物理数据模型　physical data model　05.092

误差　error　01.035

误差检验　error test　02.405

误差椭球　error ellipsoid　02.404

误差椭圆　error ellipse　02.403

误警率　false alarm probability　02.545

X

1980 西安坐标系　Xi'an Geodetic Coordinate System 1980　02.290

系列地图　series map　04.072

系统误差　systematic error　01.037

细节层次　level of detail, LOD　05.150

弦线支距法　chord off-set method　06.237

显示比例尺　display scale　07.262

显微摄影　photomicrography　03.210

显微摄影测量　microphotogrammetry　03.218

显影　developing　03.057

线路高程控制测量　route vertical control survey　06.214

线路工程测量　route engineering survey　06.209

线路勘测　line reconnaissance and survey　06.210

线路平面控制测量　route horizontal control survey　06.213

线路平面图　route plan　06.225

线路水准测量　route leveling　06.222

线实体　line entity　05.048

线纹米尺　standard meter　02.474

线性调频脉冲　chirp　07.349

线阵摄影机　linear array camera, push-broom camera　03.019

线阵遥感器　linear array sensor, push-broom sensor　03.412

线状符号　line symbol　04.170

线状符号法　liner symbol method　04.282

陷印　trapping　04.337

乡村规划测量　rural planning survey　06.276

相对定位　relative positioning　02.090

相对定向　relative orientation　03.167

相对定向元素　elements of relative orientation　03.169

相对航高　relative flying height　03.120

相对漏洞　relative gap　03.124

相对论改正　relativistic correction　02.609

相对误差　relative error　02.357

相对重力测量　relative gravity measurement　02.169

相干声呐测深系统　interferometric seabed inspection sonar　07.348

相干性　degree of coherence　03.456

相关平差　adjustment of correlated observation　02.373

相位测量　phase measurement　03.490

相位传递函数　phase transfer function, PTF　03.084

相位多值性　phase ambiguity　07.198

相位激光扫描仪　phase-based laser scanner　03.433

相位解缠　phase unwrapping　03.459

相位模糊度解算　phase ambiguity resolution　02.076

相位漂移　phase drift　07.199

相位稳定性　phase stability　07.197

相位滞后　phase lag　02.068

相位周　phase cycle, lane　07.195

相位周值　phase cycle value, lane width　07.196

镶嵌索引图　index mosaic　03.282

响应时间　response time　02.655

＊向甫鲁条件　Scheimpflug condition　03.278

＊巷　phase cycle, lane　07.195

巷道验收测量　footage measurement of workings　06.208

＊巷宽　phase cycle value, lane width　07.196

象限仪　quadrant　02.436

象形符号　replicative symbol　04.179

像场角　objective angle of image field, angular field of view　03.038

像等角点　isocenter of photograph　03.136

像底点　photo nadir point　03.134

[像点]畸变差　image distortion　03.053

像点位移　displacement of image point　03.144

像幅　picture format　03.130

像空间坐标系　image space coordinate system　03.286

像片　photo, photograph　03.129

像片比例尺　photo scale　03.113

像片调绘　annotation　03.176

像片定向　image orientation　03.164

＊像片定向参数　photo orientation elements　03.151

像片方位角　azimuth of photograph　03.147

像片方位元素　photo orientation elements　03.151

像片基线　photo base　03.138

像片控制测量　photo control survey　03.183

像片控制点　photo control point　03.182

像片内方位元素　elements of interior orientation　03.148

像片判读　photo interpretation　03.178

像片平面图　photo plan　03.345

像片倾角　tilt angle of photograph　03.154

像片外方位元素　elements of exterior orientation　03.150

像片镶嵌　photo mosaic　03.280

像片旋角　swing angle, yaw　03.157

像片主距　principal distance of photo　03.036

像平面坐标系　photo coordinate system　03.285

像素　pixel　03.322

像素级融合　pixel level image fusion　03.554

像移补偿装置　forward motion compensation device, FMC　03.030

＊像元　pixel　03.322

像主点　principal point of photograph　03.133

销钉定位法　stud registration　04.368

小潮升　neap rise　07.103

小角度法　minor angle method　06.108

＊C-C效应　C-C effect　07.146

协方差　covariance　02.390

协方差函数　covariance function　02.402

协调世界时　coordinated universal time, UTC　02.759

协同实时精密定位　cooperative real-time precise positioning　02.734

斜截面法　oblique tracing method　04.292

斜距投影　slant range projection　03.452

斜轴投影　oblique projection　04.155

写景法　scenography method　04.295

心象地图　mental map　04.092

新版海图　new edition of chart　07.297

信号重捕　signal re-acquisition　02.597

信号传播群时延　signal transmission group delay, TGD　02.604

信号失锁　signal loss of lock　02.049

信息提取　information extraction　03.611

信噪比　signal to noise ratio, SNR　03.518

＊兴趣点　point of interest, POI　05.258

星表　star catalogue　02.695

FK4星表　fourth fundamental catalogue, FK4　02.051

FK5星表　fifth fundamental catalogue, FK5　02.052

星等 stellar magnitude 02.694

星地双向时间同步 satellite-ground two-way time synchronization 02.611

星基增强系统 satellite based augmentation systems, SBAS 02.565

星间链路 inter-satellite link 02.642

星间双向时间同步 satellite-satellite two-way time synchronization 02.613

星历误差 ephemeris error 02.054

*星相仪 celestial globe 03.435

星象仪 celestial globe 03.435

*星载多普勒定位和定轨系统 Doppler orbitograph and radio positioning integrated by satellite, DORIS 02.021

星载遥感器 satellite-borne sensor 03.419

行差 run error 02.501

行星参考框架 planet reference frame 02.106

行星参考系统 planet reference system 02.105

行星大地测量学 planetary geodesy 02.103

行星摄影测量 planetary photogrammetry 03.107

行星重力场 planetary gravity field 02.107

行政区划图 administrative map 04.022

形状特征提取 shape feature extraction 03.607

虚地图 virtual map 04.097

虚拟参考站 virtual reference station, VRS 02.027

虚拟地理环境 virtual geographic environment, VGE 05.154

虚拟景观 virtual landscape 05.177

虚拟现实建模语言 virtual reality modeling language 05.175

虚拟现实系统 virtual reality system 05.172

序关系 ordering relation 05.012

序贯平差 sequential adjustment 02.370

悬式经纬仪 suspension theodolite 02.416

旋转参数 rotation parameter 02.016

旋转棱镜扫描 rotating mirror scan 03.481

选取指标 index of selection 04.221

选权迭代法 iteration method with variable weights 03.310

选择可用性 selective availability, SA 02.636

选址测量 surveying for site selection 06.282

选址分析 location analysis 05.209

寻北器 north-finding instrument, polar finder 02.460

训练样本 training sample 03.587

Y

压力验潮仪 pressure gauge 07.370

沿岸测量 coastal survey 07.020

颜色空间 color space 04.277

颜色空间转换 color space transformation 04.384

颜色模式 color mode 04.339

颜色匹配 color match 03.562

眼动仪 eye tracker 04.325

验潮 tidal observation 07.096

验潮仪 gauge meter 07.368

验潮站 tidal station 07.104

验潮站零点 zero point of the tidal 07.105

样图审校 map revision 04.362

遥感测深 remote sensing sounding 07.057

遥感传感器 remote sensor 03.408

遥感反演 remote sensing inversion 03.618

遥感几何 remote sensing geometry 03.528

遥感平台 remote sensing platform 03.382

遥感图像处理 remote sensing image processing 03.534

遥感图像解译 remote sensing image interpretation 03.580

遥感卫星 remote sensing satellite 03.390

遥感卫星网 remote-sensing satellite network 03.396

遥感物理 remote sensing physics 03.363

遥感影像 remote sensing image 03.514

*web 要素服务 web feature service, WFS 05.243

页面制作 page-making 04.334

夜光地图 luminous map 04.058

*一距离一方位定位 polar coordinate positioning 07.173

*一距离一方位定位系统 polar coordinates positioning system 07.337

*一览图 geographical map 04.002

仪表着陆系统 instrument landing system, ILS 02.661

移动测量系统 mobile mapping system 03.195

*移动测图系统 mobile mapping system 03.195

移动地理信息系统 mobile geographic information system 05.037

移动地图 mobile map 04.085

移动互联网位置服务　LBS of mobile internet　02.738

＊移动台　mobile station　07.189

已知高程定位　known height positioning　02.648

异常高程　height anomaly　02.140

异常水深　anomalous depth　07.090

意译地名　place name paraphrase　04.207

因瓦基线尺　invar baseline wire　02.475

音译地名　place name transliteration　04.206

引潮力　tide-generating force　02.226

引潮位　tide-generating potential　02.227

引航图集　pilot atlas　07.275

引力　gravitation　02.115

引力位　gravitational potential　02.125

引张线法　method of tension wire alignment　06.105

印版检测仪　plate reader device, plate measuring device　04.395

＊印度大潮低潮面　Indian spring low water　07.100

印度区域导航卫星系统　Indian Regional Navigation Satellite System, IRNSS　02.515

印度星基增强系统　GPS and GEO augmented navigation system, GAGAN　02.574

印前处理　prepress　04.332

印刷版　printing plate　04.350

印刷机　printing machine　04.404

荧光地图　fluorescent map　04.057

＊影像　image, imagery　01.042

影像地图　image map　04.087

影像分辨率　image resolution　03.088

影像解译　image interpretation　03.585

影像金字塔　image pyramid　03.347

影像匹配　image matching　03.348

影像融合　image fusion　03.553

影像扫描仪　image scanner　03.319

影像数据库　image database　05.018

影像相关　image correlation　03.350

影像匀色　image color dodging　03.342

影像质量　image quality　03.087

硬式扫海具　bar swpeeper　07.365

永久散射体　permanent scatterer, persirstent scatterer　03.462

永久散射体干涉测量　permanent scatterer synthetic aperture radar interferometry　03.463

用户差分距离误差　user differential range error, UDRE　02.566

用户等效距离误差　user equivalent range error, UERE　02.534

用户高程数据库　user height database　02.647

用户距离精度　user range accuracy, URA　02.535

用户距离误差　user range error, URE　02.533

用户身份识别号　user identification number　02.657

游艇用图　yacht chart, smallcraft chart　07.266

有理函数模型　factional function model　03.103

＊有效孔径　effective aperture　03.039

渔业用图　fishing chart　07.267

语义转换　semantic transform　05.015

预报地图　prognostic map　04.043

预打样图　pre-press proof　04.356

预制符号　preprinted symbol　04.177

原稿获取　original acquiring　04.333

原子时　atomic time　02.751

原子时秒　atomic time second　02.752

原子钟　atomic clock　02.769

圆曲线测设　circular curve location　06.232

圆-圆定位　range-range positioning　07.171

圆柱投影　cylindrical projection　04.146

圆锥镜扫描　conical scan　03.482

圆锥投影　conic projection　04.147

远程定位系统　long-range positioning system　07.334

远程无线电导航　long-range radio navigation　07.182

远海测量　pelagic survey　07.022

＊远洋作业图　plotting chart, plotting sheet　07.221

月面测量学　lunar surface surveying, selenodesy　02.110

月平均海面　monthly mean sea level　07.015

月球测绘　lunar surveying and mapping, selenodesy　02.109

月球轨道飞行器　lunar orbiter　03.395

月球重力场　lunar gravity field　02.111

云导航　cloud navigation　02.737

云地理信息系统　cloud geographic information system　05.260

运动方程解析解　analytical solution of motion equation　02.045

运动方程数值解　numerical solution of motion equation　02.046

运动线法　arrowhead method　04.286

运控系统　operational control system, OCS　02.521

晕滃法　hachuring method　04.296

晕渲法　hill shading method　04.306

Z

载波平滑伪距 carrier phase smoothing pseudorange 02.598

载波相位 carrier phase 02.594

载波相位测量 carrier phase measurement 02.074

载波相位差分 carrier phase differencing 02.557

*在线空中三角测量 on-line aerotriangulation 03.299

在线制图综合 on-line cartographic generalization 04.235

凿井施工测量 construction survey for shaft sinking 06.192

增强现实系统 augmented reality 05.176

窄巷观测值 narrow lane observation 02.060

站间双向时间同步 ground-ground two-way time synchronization 02.612

站心坐标系统 topocentric coordinate system 02.014

章动 nutation 02.217

照相排字机 phototypesetter 04.396

照准点 sighting point 06.034

照准点归心 reduction to target center 06.035

折手 imposition 04.345

真实孔径雷达 real-aperture radar 03.448

真太阳时 true solar time 02.747

真误差 true error 02.355

真正射影像 true orthophoto 03.340

整体感 associative perception 04.121

整周模糊度 integer ambiguity 02.075

正常磁场 normal magnetic field 07.152

正常高 normal height 02.137

[正常]水准椭球 [normal] level ellipsoid 02.151

正常引力位 normal gravitational potential 02.126

正常重力 normal gravity 02.120

正常重力场 normal gravity field 02.144

正常重力公式 normal gravity formula 02.145

正常重力位 normal gravity potential 02.121

正常重力线 normal gravity line 02.123

*正锤法 direct plummet observation 06.109

正锤[线]观测 direct plummet observation 06.109

正方形分幅 square map sheet 06.091

正高 orthometric height 02.136

正立体效应 orthostereoscopy 03.252

正片 positive 03.062

正色片 orthochromatic film 03.071

正射投影 orthographic projection 04.150

正射影像立体配对片 orthophoto stereomate 03.343

正直摄影 normal case photography 03.189

正轴投影 normal projection 04.153

郑和航海图 Zheng He's Nautical Chart 07.270

政府地理信息系统 government geographic information system 05.042

政治地图 political map 04.023

支导线 open traverse 06.010

支水准路线 open leveling line 06.058

知觉恒常性 perceptual constancy 04.112

知识地图 knowledge map 04.053

直方图 histogram 03.517

直方图规格化 histogram specification 03.566

直方图均衡 histogram equalization 03.565

直角坐标网 rectangular grid 06.089

直接地理参考 direct georeferencing 03.102

直接法纠正 direct scheme of digital rectification 03.337

直接估计 direct estimation 02.721

直接线性变换 direct linear transformation, DLT 03.201

直接制版 computer to plate, CTP 04.351

直接制版机 computer to plate system 04.401

植被图 vegetation map 04.012

植被指数 vegetation index 03.542

志田数 Shida's number 02.239

制图分割 cartographic split 04.227

制图分级 cartographic hierarchy 04.230

制图概括 cartographic abstraction 04.229

制图合并 cartographic merging 04.226

制图化简 cartographic simplification 04.225

制图精度 mapping accuracy 04.318

制图夸大 cartographic exaggeration 04.228

制图量表 cartographic scaling 04.310

制图位移 displacement 04.233

制图选取 cartographic selection 04.224

制图资料 source material, cartographic document 04.309

注册测绘师　registered surveyor　01.064

注入站　uploading station　02.523

专色印刷　spot-color printing　04.370

专题测图仪　thematic mapper, TM　03.422

专题地图　thematic map　04.003

专题地图集　thematic atlas　04.069

专题海图　thematic chart　07.235

专业地理信息系统　professional geographic information system　05.040

专业管线图　special pipeline map　06.299

专用地图　special use map　04.028

专用海图　special chart　07.277

状态向量　state vector　02.042

准确度　accuracy　01.034

准天顶导航卫星系统　Quasi-zenith Satellite System, QZSS　02.514

姿态　attitude　03.152

姿态参数　attitude parameter　03.153

姿态测量传感器　attitude-measuring sensor　03.436

姿态控制系统　attitude control system, ACS　02.180

资源三号卫星　ZY-3 satellite　03.402

子午面　meridian plane　02.318

子午圈　meridian　02.321

子午圈曲率半径　radius of curvature in meridian　02.324

紫外成像仪　ultraviolet imager　03.429

自动安平水准仪　automatic level, compensator level　02.425

自动空中三角测量　automatic aerial triangulation　03.298

自动判读　automatic interpretation　03.581

自动制图综合　automated cartographic generalization　04.234

自检校　self-calibration　03.306

自轮廓重建　shape from contour　03.205

自然地图　physical map　04.004

自然语言空间查询　natural-language spatial query　05.187

自适应卡尔曼滤波　adaptive Kalman filter　02.725

自适应可视化　self-adaptive visualization　05.145

自适应滤波　adaptive filtering　03.548

自阴影重建　shape from shading　03.206

自准直目镜　autocollimating eyepiece　02.449

宗地　land lot　06.131

宗地测量　land lot survey　06.136

宗海　parcel sea　07.142

宗教地图　religious map　04.019

综合测绘系统　general surveying system　06.318

综合地图　comprehensive map　04.039

综合地图集　comprehensive atlas　04.070

综合法测图　photo planimetric method of photogrammetric mapping　03.257

综合管线图　synthesis pipeline map　06.298

综合原子时　general atomic time　02.774

纵断面测量　profile survey　06.241

纵断面图　profile diagram　06.242

组合查询　combinational query　05.186

组合导航　integrated navigation　02.716

组合地图　homeotheric map　04.041

组合定位　integrated positioning　07.170

组合滤波器　integration filter　02.723

最大似然分类　maximum likelihood classification　03.598

最低天文潮面　lowest astronomical tide, LAT　07.126

最短路径分析　shortest path analysis　05.214

最高天文潮面　highest astronomical tide, HAT　07.127

最小二乘法　least squares method　02.365

*最小二乘拟合推估法　least squares collocation　02.375

最小二乘配置法　least squares collocation　02.375

最小二乘相关　least squares correlation　03.352

最小距离分类　minimum distance classification　03.599

最小外接矩形　minimum bounding rectangle, MBR　05.094

最优分割　optimum partition　05.195

最优路径分析　optimal path analysis　05.213

左右视差　horizontal parallax, x-parallax　03.160

坐标测设法　method of coordinate setting-out　06.239

坐标地籍　coordinate cadastre　06.132

坐标方位角　grid bearing　02.338

坐标格网　coordinate grid　04.132

*坐标函数　position function　07.164

坐标量测仪　coordinate measuring instrument　03.242

坐标系　coordinate system　01.027

坐标增量　increment of coordinate　06.039

坐标增量闭合差　closing error in coordinate increment　06.040

坐标中误差　standard deviation of coordinate　02.399

ISBN 978-7-5030-4192-1

9 787503 041921 >

定价：135.00元